浙江伦理学论坛 ⅣV

ZHEJIANG
ETHICS FORUM IV

主　编　陈寿灿

副主编　郑根成

浙江工商大学出版社
ZHEJIANG GONGSHANG UNIVERSITY PRESS

图书在版编目(CIP)数据

浙江伦理学论坛. Ⅳ / 陈寿灿主编. —杭州：浙江工商大学出版社，2017.12

ISBN 978-7-5178-2454-1

Ⅰ. ①浙… Ⅱ. ①陈… Ⅲ. ①伦理学—文集 Ⅳ. ①B82—53

中国版本图书馆 CIP 数据核字(2017)第 292778 号

浙江伦理学论坛 Ⅳ

主编 陈寿灿　　副主编 郑根成

责任编辑	刘淑娟　白小平
封面设计	林朦朦
责任印制	包建辉
出版发行	浙江工商大学出版社
	(杭州市教工路 198 号　邮政编码 310012)
	(E-mail:zjgsupress@163.com)
	(网址:http://www.zjgsupress.com)
	电话:0571-88904980,88831806(传真)
排　　版	杭州朝曦图文设计有限公司
印　　刷	虎彩印艺股份有限公司
开　　本	710mm×1000mm　1/16
印　　张	16.25
字　　数	291 千
版 印 次	2017 年 12 月第 1 版　2017 年 12 月第 1 次印刷
书　　号	ISBN 978-7-5178-2454-1
定　　价	48.00 元

序

伦理学以道德为研究对象,但这绝不意味着伦理学只研究关于道德的理论而不涉及其他。事实上,当伦理学家们说"伦理学以道德为研究对象"时,伦理学家们所要表达的意思是:其一,伦理学以道德为唯一的研究对象,这是使得伦理学区别于其他所有学科的独有规定性;其二,伦理学研究道德的全部内容,既包括关于道德的理论,也包括生活的道德实践,在这里,伦理学从来都是一个与道德生活实践有着高度同一性的概念;其三,道德是人的道德,只有"人"及其活动才具有道德属性。故伦理研究从来就是人对自身及其自身活动的"自研究",是人对自身生活的自主反思与建构。正因为这样,伦理理念就不只是从"人应该做什么""人何以为人"这些命题中引申出伦理、道德规范,而更要将这些命题与"专业的伦理学问题""现实的伦理生活"结合起来探究,以"伦理学"的方式把握"存在",以助益人们正视现实道德生活的丰富性、多样性、复杂性以及新的挑战性,尝试以哲学·伦理学的方式理解、回应、解释并重塑我们的道德观念和行为方式。

当下时代,我们所面临的道德事实是:在某种意义上,道德生活世界已然呈现出前所未有的碎片化困局。阿伦特的"传统的断裂""权威的丧失"与"超越的不可能"等对现代社会的预言已经成为显明的现实,这不能不引起人们的反思。毫无疑问,这一现实也提出了当代浙江伦理学研究的基本方向与使命,即伦理学研究应当至少解决以下三个基本问题:其一,如何使人类在价值的多元中避免走向虚无主义;其二,如何探索共同体之中人的"好生活";其三,如何在文化兴国、建设浙江文化强省与道德高地等实务中有所担纲。

浙江历史悠久,钟灵毓秀,伦理思想成果丰硕。汉代的王充引领了当时的批判性思想,并在某种意义上开创了浙江文化"重现世、致功用"的学风。宋代以降,浙江伦理思想随浙学之兴逐成江南最具盛势之力量,永嘉学派、永康学派在承继北宋二程伊洛之学、张载关学的基础上建构了我国思想史上之系统功利主义,并在与朱熹理学、象山心学的交汇融贯中发扬光大;吕祖谦开创的金华学派则是中国思想史上历史哲学的典型代表;甬上心学承象山心学而启阳明心学。综而观之,浙学学者们的思想交相辉映,他们每个人都在承启的意义上建构了自己的伦理思想,在中国伦理学思想史上有着极其重要的地位。更为重要的是,他们在各自思想的建构中的交互激昂更是铸就了中国伦理思想史上最灿烂的文化景观。明以降至近代,浙江伦理思想不仅光耀中华,更是引领了有明以来中国社会的启蒙、改革与救亡的先声:王阳明、黄宗羲、章学诚、龚自珍等都在自身伦理思想的建构中化身为浙江学术与中国实践的先行者。我们可以毫不夸张地说,在传统中国文化史中,特别是南宋以来的中国文化史中,浙江伦理学始终是中国传统伦理思想的主流力量之一。然而,中华人民共和国成立以来,浙江伦理学的发展却明显缺失了那种独有的锐利与魅力,与其经济发展、法治建设等领域的强势相比,浙江伦理学的发展却呈极不协调的后发态势。当代意义上的浙江伦理学的发展则要追溯至 20 世纪 70 年代末,这一发展伴随着反思"文革"和改革开放的进程而展开。不容否认的是,在 30 余年的发展中,浙江伦理学研究面向伦理实践,关注伦理思想的传承、社会主义道德建设、市场经济中的道德问题等,在元伦理学、伦理思想史和应用伦理学方面均获得了理论突破。然而,就全国范围来看,浙江伦理学界的话语仍相对较弱,特别是与北京、上海、江苏、湖南等伦理强省(市)相比,浙江伦理学界在学科建设、伦理研究、实践参与等方面尚有太多的欠缺。如何在队伍建设研究,学术研究的视野、内容、方法等方面致力革新,以及如何实现伦理研究自身化革的同时实现伦理研究与本土经济、文化建设的互促互进已经成为浙江伦理学研究者所面临的重大而急迫的理论与实践任务。这一任务当然不是任何一个人或任何一个团体能在短时期内完成的,它需要浙江伦理学界的长期的共同努力。值得振奋的是,在全国伦理学界前辈们的关怀与支持下,浙江伦理学人正振作精神,勉力前行,且果累枝头。

　　基于此,浙江省伦理学会拟自 2013 年起,每年推出一部《浙江伦理学论坛》,其初衷有三:其一,以文字记录浙江伦理学的发展。在记录中呈现、反思伦理学者、学术、学科与时代之间的关联,旨在努力实现思想传播、理论创新与伦理践行的融合,以一个开放式的结构呈现浙江伦理学研究近况。主要围绕着伦理学基础理论研究、中西伦理思想史研究、应用伦理学前沿、社会热点问题探析、社会主义道德建设与浙江实践、伦理学与大学生德育、研究生论坛、新著简介、浙江伦理学研究年度综述、浙江伦理学名家访谈、浙江伦理学研究团队推介等设计、规划论坛主题,并不断探索浙江伦理学研究的新问题、新动向,完善论坛的内容,增强学术的丰富性。其二,构建一个学术交流的平台。《浙江伦理学论坛》拟动态呈现浙江伦理学研究的发展状况,本集作品多为浙江伦理学青年才俊之作,并不代表浙江伦理学的全部学者与实际水准,作品的集中更多的是旨在展现当代浙江伦理学人的伦理思考,并借名家访谈、浙江伦理学年度综述、学术团体推介等各类栏目增进浙江伦理学研究者间的相互了解;论坛的深层初衷实乃期待学人能在动态呈现中把握既有研究的不足,在批评与反思中确立新的研究方向与方法的逻辑起点。其三,助力浙江文化强省、道德高地建设。理论研究固然当执守其自身的逻辑进路与学术品格,但这一理论同时也意味着理论研究须能为现实提供合理解释与有效解决的思路借鉴与决策参考。在这个意义上,浙江伦理研究者的作为则在于为浙江经济、文化发展中的道德问题做合理解释,并为其有效解决提供决策参考,同时,亦须为现实道德建设提供理论支撑与方向指导。

是为序。

陈寿灿

2017 年 8 月

目 录

◆中国伦理思想研究

论冯契的理想说对马克思主义
哲学的理论贡献及其智慧启迪

张应杭①

【摘　要】理想是冯契智慧说的核心概念之一。冯契把理想范式引入认识论,其理论贡献在于不仅为马克思主义哲学"解释世界"和"改变世界"相统一提供了由此达彼的必要环节,也为马克思主义哲学确立了真善美理想人格培养的逻辑归宿。从学理层面上探讨冯契理想说的智慧启迪可以为当代中国马克思主义哲学的发展与创新寻找到一条高扬理想职能的具体路径,在生活实践层面可以为当代中国人克服物欲的逼仄,为实现自我解放提供必要的理想指引。

【关键词】冯契;理想说;马克思主义哲学;理论贡献;智慧启迪

冯契先生一直以中国哲学史家享誉学界,大概缘于他出版的《中国古代哲学的逻辑发展》和《中国近代哲学的革命进程》这两部堪称经典的专著。其实,冯先生在马克思主义哲学中国化的研究领域里也是一位建构了独特理论体系的大

---

①　张应杭,浙江大学法学院教授。

家,其代表作即《智慧说三篇》(《认识世界和认识自己》《逻辑思维的辩证法》和《人的自由和真善美》)。事实上,关于哲学史和哲学本身的关系,冯先生自己曾经有这样的概述:"哲学是哲学史的总结,哲学史是哲学的展开。"①可见,在冯先生看来,哲学史与哲学理论这两者的研究本来就是有着内在关联的。学界之所以对冯先生以智慧说为代表的研究成果一直关注不够,一个重要的缘由或许是学科分隔而导致的。这不能不说是当下马克思主义哲学理论研究中的一桩憾事。

所幸的是,在冯契先生诞辰100周年的纪念活动中,有越来越多的学者开始意识到冯先生在马克思主义哲学中国化研究领域里的独特贡献,一些学者甚至呼吁:"学习研讨冯契先生的智慧说,扩大冯契先生在马克思主义哲学界的影响,从而推进当代马克思主义哲学和中国哲学的发展。"②正是基于这样的现实语境,本文试图以冯先生智慧说中的理想说为切入点,讨论其对马克思主义哲学的独特理论贡献,以期达到窥斑见豹之功效。不当之处,恳请不吝指正。

一、冯契先生的理想说概述

冯契在师从金岳霖先生做研究生时,因为不满足于金先生的《知识论》把知识只理解为理智之果的立场,与导师讨论时提出了"理智并非'干燥的光',认识论也不能离开'整个的人'"③的观点。据此,冯契主张:"广义的认识论不应限于知识的理论,而且应该研究智慧的学说。"④这应该是冯先生智慧说的发端。几十年之后冯先生出版的《认识世界和认识自己》《逻辑思维的辩证法》和《人的自由和真善美》这三部专著,正是这样一个广义认识论体系宏大而精致的构建。

理想正是冯先生智慧说理论体系中的一个重要范式。冯先生认为,在人类精神的任何活动领域,都表现为从现实中汲取理想,再把理想转化为现实的这样一个互动过程。所谓的自由就是人的理想得到实现。在冯先生的智慧说中,理想这一概念是广义的,他认为应该"把革命理想、社会理想、道德理想、艺术理想、建造师的设计、人们改造自然的蓝图,以及哲学家讲的理想人格、理想社会,都包括在内。"⑤

---

① 冯契:《冯契学述》,浙江人民出版社1999年版,第1页。
② 杨海燕、方金奇:《智慧的回望:纪念冯契先生百年诞辰访谈录》,广西师范大学出版社2015年版,第25页。
③④ 同①,第4页。
⑤ 《冯契文集第三卷:人的自由和真善美》,华东师范大学出版社1996年版,第6页。

冯先生通过对马克思在《资本论》中的一段话进行解读,进而探讨了理想的基本要素。马克思说最蹩脚的建筑师也要比蜜蜂高明,因为建筑师在劳动过程开始之前,未来的结果已存在于观念之中了。① 冯先生认为建筑师这个对自己劳动对象的未来状态在观念、表象中预先有一个自觉的意识构建,这就是理想。据此,冯先生提出理想必须具备如下三个基本的要素:其一,"理想总是反映现实的可能性,而不是虚假的可能性"。只要建筑师遵循建筑学中的客观规律,只要客观条件具备,就能够化可能性为现实性,通过劳动将房子建成。其二,"理想还必须体现人的合乎人性的要求,特别是社会进步力量的要求"。建筑师的蓝图正是对人的住房需求的积极回应。其三,"理想还必须是人们用想象力构想出来的。只有这样,理想才能激发人们的情感,成为人们前进的动力"。建筑师的蓝图一定是诉诸感性的,有着具象的感召力。②

冯先生在这里提出了理想的真善美内涵。理想之"真"是因为理想具备了现实的可能性,它是合规律的,它不是抽象的可能性,更不是不可能性,否则它就沦为幻想或空想。理想之"善"是它体现了人的愿望、要求和目的,它是充分体现主体性需求的一个价值范畴。理想不可能是一种超社会、超功利的纯粹理智的产物。理想之"美"是它还要凭借想象力而被不同程度地形象化。而且,从人的类特性而言,这个形象化的过程以马克思的话说一定是"按照美的规律来塑造的"③。

这样一个体现着真善美统一的理想范式的建构,在冯先生的广义认识论体系内又必然衍生出诸如"真与人生理想""善与道德理想""美与审美理想""理想人格的培养"等文化各领域的具体探寻。正是在这些不同的领域里,"人在化理想为现实活动中培养自己成为自由的人格,同时也改变了世界的面貌,使之成为人化的自然,成为适应于自由个性发展的环境。人类的全部历史就是走向自由的历程"④。可见,在冯先生的智慧说中,被马克思称为"人的类特性"⑤的自由恰恰是通过理想的不断构建和实践才真正得以实现的。自由的获得与理想的实现具有内在的一致性。

---

① 《马克思恩格斯全集》第23卷,人民出版社1975年版,第202页。
② 《冯契文集第三卷:人的自由和真善美》,华东师范大学出版社1996年版,第7—8页。
③ 《马克思恩格斯全集》第42卷,人民出版社1979年版,第97页。
④ 同②,第327页。
⑤ 同③,第96页。

二、冯契理想说对马克思主义哲学的理论贡献

通过对冯先生理想说的如上概述,我们可以明显地感觉到他的广义认识论体系构建的新颖独到之处。它对我们探索马克思主义哲学在当下的发展显然有着诸多积极的借鉴意义。就本文作者个人的理解而言,冯先生的理想说对马克思主义哲学至少具有如下几个方面的理论贡献:

其一,有效地解决了"解释世界"如何走向"改变世界"的桥梁问题。众所周知,马克思主义哲学强调"解释世界"和"改变世界"相统一的特性。这集中体现在马克思《关于费尔巴哈提纲》中的最后一条:"哲学家们只是用不同的方式解释世界,而问题在于改变世界。"[1]但是,这样一个"解释世界"和"改变世界"相统一的问题,我们以往简单地认为随着"实践"范畴的引进就不证自明了。其实,问题远没有那么简单。冯先生的研究表明,在理论解释世界与实践改变世界之间,还有一个必要的环节,那就是理想的有效构建。这是"解释世界"如何走向"改变世界"由此达彼的桥梁。

冯先生把这样一个过程描述为:"反映现实的可能性的概念和人的本质需要相结合而成为人的活动的目的,活动所要达到的未来结果被预先构想出来,概念便取得了理想形态。"[2]可见,解释世界的概念(以及作为概念展开的判断和许多判断综合的理论)必须取得理想的形态。也就是说,并不是所有理论都要取得理想形态的。理想区别于一般的理论就在于理想不仅反映现实而且这种反映具有合目的性的超前性。所谓的合目的性的超前性实质上指的是它舍弃了现实的不好的、消极的东西,而对现实加以合理的指向未来的想象,从而使其构成主体活动的努力方向。因此,在冯先生看来理论仅反映现实,而理想则是反映现实和创造现实的统一。

也正因为理想具有这样双重的特性,可以认为理想是认识把握现实的一种较理论为高的形式。理想要优越于理论。理想的这种优越性是在认识的目的中得以体现的。认识世界的目的在于改造世界。但是,一般的理论只反映事物存在和发展的规律性,解决客观世界"是怎样"的问题,而人类改造世界的活动是一种创造性的合目的性的自觉活动。这个活动既要遵循事物的客观规律,即使其

---

[1] 《马克思恩格斯选集》第1卷,人民出版社1995年版,第61页。

[2] 冯契:《冯契学述》,浙江人民出版社1999年版,第18页。

符合"物种的尺度",但同时这个活动也必须体现和渗透着人的主体利益,使之符合"主体内在的固有尺度"。这就正如马克思说的那样,人的活动不同于动物的活动就在于"他不仅使自然物发生形式的变化,同时还在自然物中实现自己的目的"①。因此,认识仅有其理论的形态(亦即解决"是怎样"的问题)是不够的,认识在解决了客观世界"是怎样"的基础上,还必须按照主体的目的进而解决客观世界"应怎样"的问题。这样一个"应怎样"的问题,是由认识的理想形态来回答和解决的。可见,从主体活动的目的性而言,可以认为理论向理想的转化是认识过程中的一个质的飞跃。

其二,为"改变世界"的实践活动确立了一个必要的逻辑起点。如果对认识和实践关系做进一步的审视,就可以发现在从认识到实践的飞跃过程中存在着这样一个问题:单纯的理论知识无法构成飞跃的直接起点。对实践的要素和过程进行剖析便会看到,人的实践活动是以目的为指向的。目的在这其中构成实践活动中人的行动规律。这也就是冯先生援引的马克思所说的劳动过程的结果预先在劳动者的观念中存在的意思。② 也就是说,人类创造历史的活动正如恩格斯指出的那样:"是具有意识的、经过思虑或凭激情行动的、追求某种目的的人;任何事情的发生都不是没有自觉的意图,没有预期的目的的。"③一般的理论由于仅解决对象"是怎样"的问题,故不包含人的目的成分在其之中,而理想则正好符合了实践的目的性要求。正如冯先生指出的那样,一旦理论转化为理想,概念便摆脱了抽象性,取得了具体的形态,一方面它包含了真理性的认识,而且这些认识是被分析和综合了的,故能够直接与实践活动相关联;另一方面,它还包含了主体的愿望、利益、要求等目的性因素在其之中,直接体现了实践主体的目的性。这样,实践活动的目的性要求,便与包含了目的性在其之中的认识的理想形态相吻合和衔接了。

不仅如此,如果做进一步的考察,那么我们还可以发现,认识要回到实践中去除了必须取得目的形态外,而且还要求这种目的形态转化为表象的形态。皮亚杰的发生认识论(genetic epistemology)研究就表明,在认识和活动之间有一个表象思维和直观思维的过渡阶段。④ 其实,马克思也有类似的思想。马克思分析建筑师的劳动时说:"劳动过程结束时得到的结果,在这个过程开始时就已

---

① 《马克思恩格斯全集》第23卷,人民出版社1972年版,第202页。

② 《冯契文集第三卷:人的自由和真善美》,华东师范大学出版社1996年版,第6页。

③ 《马克思恩格斯选集》第4卷,人民出版社1972年版,第247页。

④ 让·皮亚杰:《发生认识论原理》,王宪钿等译,商务印书馆1981年版,第29页。

经在劳动者的表象中存在着。"①可见,在人的实践活动中,目的形态不是以抽象概念的方式而是以形象化的方式,即表象的方式存在于主体的观念之中。一般的理论显然不具备这一特点,唯有认识的理想形态才符合这个要求。因为理想作为一种具体的指向未来的构想,它总是不同程度地被主体表象化了。

因此,理论要能够真正回到实践中去指导实践,就必须首先使自己取得理想的形态。只有这样,认识过程的第二次飞跃才能真正地得以实现,精神变物质也才成为可能。也就是说,理想既作为理性认识的逻辑归宿,同时又作为实践活动的逻辑起点,正是这样双重品格的统一,使得它成为由认识向实践转化过程中不可逾越的一个必要环节。但是,无论是毛泽东的《实践论》,还是现有的马克思主义哲学教科书中均没有论及这一问题。冯先生的理想说显然弥补了这一理论缺憾。

其三,为"解释世界"和"改变世界"寻找到了终极目的——理想人格的培养。依据康德"人生目的"的理论立场来看,我们现行的源于苏联的马克思主义哲学教科书体系显然缺乏人学理论的应有阐述,"解释世界"和"改变世界"的活动仿佛只局限于外部世界。于是,人的德性生成、幸福的体验和自由的实现等问题便被严重地疏忽了。这不仅成为许多西方学者责难马克思主义哲学存在"人学空场"的口实,更重要的还在于马克思主义哲学在实践上导致了诸如"文革"十年那样人性被践踏之类的异化现象的出现。这其中显然有太多太沉重的理论思维教训值得认真反省和总结。

冯先生明确把自己的哲学认识论界定为广义认识论,他主张要把认识活动与"整个的人"相勾连。正是基于这样的理路,冯先生在其理想说的进一步阐述中具体讨论了"真与人生理想""善与道德理想""美与审美理想"诸形态后,最后落脚点是"真善美理想人格的培养"和"自由的实现"。而且,在冯先生看来,自由的获得与真善美理想的实现这两者具有相同的理论内涵:"从认识论来说,自由就是根据真理性的认识来改造世界,也就是对现实的可能性的预见同人的要求结合起来构成的科学理想得到了实现;从伦理学来说,自由意味着自愿地选择、自觉地遵循行为中的当然之则,从而使体现人类进步要求的道德理想得到了实现;从美学来说,自由就在于在人化的自然中直观自身,审美的理想在灌注了人们情感的生动形象中得到了实现。"②可见,在冯先生的理想说中,作为马克思主

---

① 《马克思恩格斯全集》第 23 卷,人民出版社 1975 年版,第 202 页。
② 冯契:《冯契述》,浙江人民出版社 1999 年版,第 210—211 页。

义哲学核心范畴的自由不再只是被"干燥"地理解为对必然的认识和改造,而是与"整个的人"的真善美理想(科学理想、道德理想、审美理想)的构建与实现相关联,与真善美的理想人格的构建与实现相关联。

在冯先生的智慧说中,理想人格的培养和自由的实现是其理论构建的逻辑归宿。由于理想人格的培养与自由的实现具有的内在统一性,所以他有时把理想人格也称为自由人格,"人类在创造有真善美价值的文化,改变现实世界面貌的同时,也发展了自我,培养了以真善美统一为理想的自由人格"[①]。这样一个理想人格(或称自由人格)的培养过程,表现为理论通过理性、情感、意志的整合作用转化为理想,理想又生成了信念,在理想与信念的作用下,人的德性便"习成而性与成"。冯先生认为这是一个"化理论为德性"的过程,既是变自在为自为的过程,也是由必然而走向自由的过程,它体现的是"天道"与"人道"的会通与统一。

重要的还在于,在冯先生看来,真善美理想人格(自由人格)的培养,"是一个凝道而成德、显性以弘道的日新不已的过程"[②]。这也就意味着理想人格(自由人格)的培养与造就必然地体现为一个不断向上永无终结的历史过程。因此,以真善美理想人格(自由人格)的培养作为马克思主义哲学理论体系的逻辑归宿,就必然使得这个理论体系具有不断与时俱进,面向未来的开放性特征。

三、探讨冯契理想说之理论贡献的智慧启迪

理论探讨的旨归在于指引实践。本文探讨冯先生理想说的理论贡献固然是借此表达对先哲的一种怀念与敬仰之情,但更重要的还在于可以据此发掘出对当下中国社会生活所具有的智慧启迪。这或许也是冯先生智慧说中一直倡导的"转识成智"[③]命题的题中应有之义。

从理论研究层面而言,探讨冯先生理想说之理论贡献的智慧启迪在于它可以为当代中国马克思主义哲学的发展与创新寻找到一条高扬理想职能的具体路径。正如冯先生所言,综观中外哲学史,可以发现一个规律性的现象,那就是凡在历史上发生了持久而深远影响的哲学,它们几乎都关注、研究和探讨

---

① 冯契:《冯契学述》,浙江人民出版社 1999 年版,第 251 页。
② 同①,第 129 页。
③ 同①,第 5 页。

理想问题。以中国哲学史为例,为什么战国时期百家争鸣中尤以儒道两家对后世的影响最大?这个中缘由除了社会历史根源外,也可以从儒道哲学思想内部找到根源。这就是他们都十分注重探讨理想生活的可能性与必要性,甚至他们的哲学本身就是和道德理想、艺术理想等有机地结合在一起的。比如孟子提出了王道、仁政的理想社会,也提出了"富贵不能淫,威武不能屈,贫贱不能移"的理想人格。庄子也有"至德之世"的理想境界,和"天地与我并生,万物与我合一"的理想人格。很显然,后人不难从文天祥、岳飞、史可法、朱自清,甚至那些高吟着"砍头不要紧,只要主义真"的共产党人那里看到孟子这一理想人格思想的影响;也可以从嵇康、阮籍、陶渊明、李白、柳亚子等人身上找到庄子《逍遥游》的影子。

的确,哲学作为人安身立命之本归根结底是一种"人学",其穷究天人之际、会通百家之说的终极使命正是为了使人能在自己创造的理想社会里培养真善美的理想人格。以这样的方式来理解马克思主义哲学,我们的理论工作者一定要善于化理论为理想,即不仅要把马克思主义哲学认识论视为关于世界最一般规律的理论体系,同时更要将其视为人类全部生活实践的理想指南;不仅要在哲学理论的研究中揭示自然和人类社会发展的客观规律,同时也要在这个基础上为人类自身提供真善美的理想。只有这样,马克思主义哲学才可能既是人类认识世界和改造世界的科学理论和方法,又是人们生活实践的安身立命之本。

因此,当下马克思主义哲学发展和创新的一个重要途径是高扬哲学的理想职能。马克思主义哲学当然只有植根于当代中国的现实才能获得理论生命力。但长期以来我们的学界却往往把理论联系实际理解为一种对现实的图解或诠释。比如对中国特色社会主义道路做必要性和可能性的论证、对市场经济做合理性的辩护,甚至对某些具体方针、政策做理论性的诠释。这些理论思考也许很深刻,但毕竟只是对现实的解释而已。为了不一味地沦为这种对现实的图解和诠释,学界的另一现象是遁入抽象的"理念王国"之中自说自话,并且自得其乐,严重地游离于现实世界之外。我们认为,只有高扬马克思主义哲学的理想职能,才能消除这种摇摆于对立两极的迷误。

高扬理想职能的马克思主义哲学理论本身是批判与建构的统一。依据冯先生对理想内涵的真善美界定,哲学高扬理想职能而对社会现实所展开的批判本身具有真善美的特性:"真"表明这个批判有着充分的必然性根据,而不是感情上的任性和冲动;"善"意味着这个批判有明确的向善的价值目标,不是为批判而批判；"美"则表明这种批判是以"感性的悦人"的形式而进行的,具有情感上的感召力。重要的还在于,当代马克思主义哲学在自己理想职能的展开中,在对现实批判的基础上更着力于对未来的积极建构。批判只是手段,其目的则是建构一个属人的理想社会和造就真善美的理想人格。因而,哲学对现实社会的批判不仅仅是否定,而且还要精当地把握现实发展的未来可能性,并在这一可能性的基础上为中国特色社会主义现代化展示出绚丽多姿的理想蓝图。

从现实生活层面而言,探讨冯先生理想说之理论贡献的智慧启迪在于它或许可以为当代中国人在现时代克服物欲的逼仄,实现自我解放提供重要的理想指引。当下中国的一个基本现实是,改革与开放正激发着国人对物质利益的执着追求,市场经济体制的迅速确立与发展,又使这种对物欲的追求有了一只看不见却无处不在的推手。于是,我们多少有些无奈地承认,市场经济在带来了社会生活的效力与活力的同时,也出现了一些令人忧虑的现实:商品及其一般等价物——金钱对当代中国人的逼仄正在不断蔓延,从前些年"没有钱是万万不能的"这一口头禅的出现,到现如今"有钱就是这么任性"之类网络语言的流行表明,马克思当年批判的货币拜物教事实上已经形成,对豪车、大宅之类的物欲的占有和满足似乎正取代着我们生命中的所有需要。许多人似乎是为了物欲及用以满足物欲的金钱而活着。物欲压抑着德性、激情、情感、意志、想象等属人的品性。面对这一现实,作为主流意识形态的马克思主义哲学必须要为当代中国人如何摆脱这一份似乎有些无奈的现实给予理论和方法的指引。我们的哲学要在高扬自己理想职能的过程中给当代中国人以超越现实的理想和信仰,否则哲学理论对现实世界的所谓终极关怀只是虚幻的。

可以肯定地说,就当代中国现实而论,在理想和现实的追求中,我们似乎正处于一个二律背反的窘境:一方面,我们已有的和正在有的历史经验表明,当代中国社会的发展需要认同物质利益的追求,需要发展市场经济。只有这样,我们的社会才会有效率和活力,否认物质利益和市场经济,就是否认我们所处的这个时代;但是另一方面,这种以效率、功利为主导性价值取向的时俗,其消极的一面则在于它会降低乃至消解对真善美之人文价值的建构和追求,真善美的理想自然也就被任性地视为凌空蹈虚的说教。这一时代问题的存在,亟待我们的哲学理论高扬"人是目的"这一理性旗帜,"人以本身为目的来发展自己的创造才能,发展自己多方面的素质,发展具有真善美价值的文化"①。一旦我们借助于哲学

① 冯契:《冯契学述》,浙江人民出版社 1999 年版,第 256 页。

的理性洞察和批判,在社会生活实践中能清醒而深刻地意识到这一点,那么,理想主义在当代中国的回归应该是可以期待的。

论政权行使的道德合理性基础①

——基于王船山政治哲学的视域

彭传华②

【摘　要】政治权力行使的道德合理性的基础问题是中国政治哲学的核心问题之一,王船山对于这一问题的思考是其政治哲学的重要组成部分。船山认为政权行使的道德合理性基础包括三个方面的重要内容:"生民之生死高于一姓之兴亡"的人道主义原则;"可禅可继可革不可使异类间之"的民族主义原则;"公天下而私存,因天下用而用天下"的民主主义原则。三原则有着内在的逻辑关系,其中最高最普遍的是人道主义原则;人道主义原则和民族主义原则二者存在着冲突和紧张,而民族主义原则和民主主义原则二者有着辩证的联结。人道主义、民主主义、民族主义三大原则是王船山政治哲学具有近代性因素的重要体现。王船山对于政权行使的道德合理性基础问题的深刻思考对于我们今天的政治生活依然有着很好的启迪作用。

【关键词】王船山;政权;道德合理性;人道主义;民主主义;民族主义

人类为什么要有政治思想? 很多哲人对此问题都有过深刻的思考,在金岳霖看来,"在人类中间,对于同情与理解的渴望不可避免地要产生对获得正当理由的愿望"③;又说:"人类希望和需要有正当理由。既然正当理由在如此众多的人类活动中被需要着,它在成其为政治性的活动中就更加需要了。政治思想就

① 基金项目:国家社科基金青年项目"王船山与中国政治思想的近代转型研究"(11CZX036);"王船山与中国近代实践观的转型研究"(14BZX034);中国博士后基金特别资助项目"王船山与近代政治思想的转型研究"(2015T80633)。本文作为与会论文参加了 2016 年 6 月于武汉大学召开的"当代中国政治哲学理论建构"学术研讨会,其间吴根友、段忠桥、乔瑞金、李佃来、李勇等师友提出诸多宝贵建议和意见,在此谨致谢忱!
② 彭传华,浙江财经大学伦理研究所教授,浙江大学人文学院博士后流动站工作人员。
③ 金岳霖:《论政治思想》,载《金岳霖集》,中国社会科学出版社 2000 年版,第 374 页。

是对政治活动给出的正当理由，并且它自身间接地就是乔装着的政治活动。"①
诚然，政治思想也就是要对诸如政权的来源、转移、行使、目的等重要的政治活动
给出正当的理由。而政治思想又与政治哲学不同，我们要把政治思想与政治哲
学区别开来。在施特劳斯看来："政治思想是对政治观念的反思或阐释，而政治
观念是有关政治的基本法则或要素的印象、意见、幻想等等。因此，可以说，一切
政治哲学都是政治思想，但不能说所有的政治思想都是政治哲学。"②按照吴根
友的看法，中国古典政治哲学的核心问题是思考政治权力来源的正当性、政治权
力行使的道德合理性的基础问题以及政治活动的目的性三个主要问题。③ 这三
者分别探讨政治权力的来源、行使、目的，也即探讨政治权力的起点、过程、归宿
问题，因此三者是合乎逻辑的统一体。就王船山政治哲学研究而言，关于政治权
力的正当性和政治活动的目的性问题④，笔者已撰专文论述，因此本文尝试讨论
王船山政治哲学视域中的政权行使的道德合理性基础问题。

在近代，合理性是理性主义的基本问题。⑤ 在现代，理性主义成为现代多元
化思潮中的一种思潮，合理性则从中脱离出来扩展成一个具有更广泛意义的公
共问题。⑥ 道德合理性问题涉及事实判断与价值判断两个方面，是合目的性与
合规律性的有机统一。道德合理性是一切社会运作和政治理论的基础，政治统
治必须以道德合理性为基础。所谓政治权力行使的道德合理性也就是政权实施
和运行的合理性和正当性。人类的道德合理性是相对的，即相对于某种特定的
文化传统所具有的合理性，同时也就自然而然地意味着人类用以证明这类道德
合理性原则的"理性"（reason，理由）绝不止一种，而是多种。所以，麦金太尔说，
这"理性"或"理由"是个复数，即"reasons"，而非单数，即"reason"⑦。可见，单一
化的理性主义难以成为普遍道德的充分论证方式。

---

① 金岳霖：《论政治思想》，载《金岳霖集》，中国社会科学出版社 2000 年版，第 374 页。
② 李天然：《译者前言》，载施特劳斯、约瑟夫·克罗波西：《政治哲学史》，李天然译，河北人民出版社
1991 年版，第 2 页。
③ 吴根友：《序：政治哲学与中国政治哲学》，《在道义论与正义论之间——比较政治哲学诸问题初
探》，武汉大学出版社 2009 年版，第 2 页。
④ 笔者撰文《正统、道统、治统—王船山对于政权合法性来源的思考》[《南昌大学学报》（人文社科
版)2013 年第 2 期]讨论王船山对于政权的合法性来源的思考，撰文《论王船山"公天下"的社会理想—兼
驳韦伯命题》（《齐鲁学刊》2014 年第 4 期）讨论政治活动的目的性问题。
⑤ 黑格尔：《法哲学原理》，范杨、张企泰译，商务印书馆 1961 年版，第 64 页。
⑥ 丁大同：《论道德合理性》，《现代哲学》2013 年第 1 期。
⑦ 参见麦金太尔为其《三种对立的道德探究观》一书中译本所写的序言，万俊人译，载《读书》1998
年第 3 期。

王船山作为明清之际那个特定的历史条件下的伟大政治思想家,其深刻的政治思想对于中国近现代历史产生了深远的影响,在中国政治思想史中具有重要历史地位。[①] 作为伟大的政治思想家,王船山对于政治哲学的核心问题——政权行使的道德合理性基础问题有过系统的思考,当然,正如上文所言,船山认为政权行使的道德合理性基础原则也不是单一的,而是多元的,主要包括人道主义原则、民族主义原则、民主主义原则,下文分别论述。

一、"生民之生死高于一姓之兴亡"的人道主义原则

王船山是在明清之际公私观发生重要转变的背景下提出了"生民之生死高于一姓之兴亡"的人道主义原则的。

明清之际公私观发生了重要的转变。沟口雄三认为:"明末时期对'欲'的肯定和'私'的主张,是儒学史上、思想史上的一个根本的变化。"[②]明清之际公私之辨与义利之辨的分离,意味着宋明儒学将公—私关系视作与义—利关系一样皆具有二元对立之结构的传统正逐渐被解构,不仅对作为国家或社会的公共利益之"公利"的追求公开化,甚至于对作为利己性的"私利""私欲"也开始得到正视。正如余英时所认为的那样:"明清以来,'公'与'私'的关系已从'离'转向'合','义'与'利'的关系也由此转向。"[③]明清之际公私观的基调是"合私成公",如顾炎武所言:"自天下为家,各亲其亲,各子其子,而人之有私,固情之所不能免矣。故先王弗为之禁。非惟弗禁,且从而恤之。建国亲侯,胙土命氏,画井分田,合天下之私以成天下之公。"[④]又说:"天下之人各怀其家,各私其子,其常情也。为天子,为百姓之心,必不如其自为。此在三代以上已然矣。圣人者因而用之。用天下之私以成一人之公而天下治。"[⑤]

王船山在公私观上的突出贡献在于其相对公私观。船山认为公与私是相对而言的,在权衡比较之中才能知晓孰公孰私:"以一人之义,视一时之大义,而一人之义私矣;以一时之义,视古今之通义,而一时之义私矣。"[⑥]"一人之义""一时

<hr>

① 彭传华:《王船山政治思想的历史定位》,《政治学研究》2013年第6期。
② 沟口雄三:《中国前近代思想的演变》,索介然、龚颖译,中华书局1997年版,第27页。
③ 余英时:《士商互动与儒学转向》,载《现代儒学论》,上海人民出版社1997年版,第85页。
④ 顾炎武:《日知录集释》,上海古籍出版社2006年版,148页。
⑤ 顾炎武:《亭林文集》卷一,《郡县论五》,中华书局1959年版,第14—15页。
⑥ 王夫之:《读通鉴论》卷十七,《船山全书》第10册,岳麓书社1996年版,第669页。

之义""古今之通义"形成了一种"差序格局"(借用费孝通语),"一人之义"相比"一时之义"是私,"一时之义"相比"古今之通义"又是私。公私既分,则不可以以私废公,"不可以一时废千古,不可以一人废天下";船山又曰:"以在下之义而言之,则寇贼之扰为小,而篡弑之逆为大;以在上之仁而言之,则一姓之兴亡,私也,而生民之生死,公也。……则宁丧天下于庙堂,而不忍使无知赤子窥窃弄兵以相吞噬也。"①认为"一姓之兴亡"相对于"生民之生死"而言也是私,所以船山说:"君臣者,义之正者也,然而君非天下之君,一时之人心不属焉,则义徙矣;此一人之义,不可废天下之公也。"②应当注意的是,此处所言之"一人"并非普通的个体生命,而是特指帝王所代表的"一姓"之利益,故而有"不可以一人废天下"的意思。所谓"一时之大义",是指某朝某代的历史需要;而"古今之通义"③则是一个民族恒久的生存原则。吴根友曾将马尔库塞在《爱欲与文明》一书中所揭示人类文明的两种压抑形式诠释船山上述思想,认为"一人之义"和"一时之义"属于"非必要的压抑",而"古今通义"属于"必要的压抑"。他说:"我们可以这样说,王夫之所说的'一人之义'和'一时之义',相当于特殊政治集团和一段时期内的社会形态的规范对于个人生存与发展需求的压抑,而'古今之通义'对于个人需求乃至于生存的压抑似属于必要压抑的类型。这种压抑是为了'类'的延伸与发展,同时亦是为了更好地发展个人的全面需求而设置的低度的社会规范。……因此,王夫之的政治哲学所具有的深刻性,超越了一般的政治学的思考。"④这种诠释非常具有新意,有助于我们理解船山所言之"义"的三个层次。当然,强调"古今之通义"是为了"类"的延伸和发展是正确的,但必须说明的是,船山所言之"类"⑤大多是指"族类"而不是"人类"⑥。

船山从族类生存的基本自然权力出发,挣脱了正统儒家把君臣大义看得高于一切的政治伦理至上主义观念的束缚,明确提出了"一姓之兴亡,私也,而生民之生死,公也"的著名论断,因而得出了"生民之生死"高于"一姓之兴亡"的近代

---

① 王夫之:《读通鉴论》卷十七,《船山全书》第 10 册,岳麓书社 1996 年版,第 669 页。

② 同①,第 536 页。

③ 船山很多时候特指"古今夷夏之通义",即民族大义,船山有"不以一时之君臣,废古今夷夏之通义"之语。参见王夫之:《读通鉴论》卷十四,《船山全书》第 10 册,岳麓书社 1996 年版,第 536 页。

④ 吴根友:《中国现代价值观的初生历程——从李贽到戴震》,武汉大学出版社 2007 年版,第221 页。

⑤ 船山多处提到"类"这个概念,如"仁以自爱其类""仁莫切于笃其类""今族类不能自固而何他仁义之云云也哉!""不可使异类间之"等等,这个"类"都是指"族类",相当于"民族"的概念。

⑥ 船山所言之人道主义主要是针对本民族内部而言的,这是船山人道主义原则的局限性所在,也是很多船山学研究者未能重视之处。

政治学原则,即人道原则高于一切政治、伦理原则的近代观念。从这一原则出发,王船山对史家宣扬的"臧洪杀妾"和"张巡杀妾"的"义""忠"的观念进行了严厉的批判:

> 张巡守睢阳,食尽而食人,为天子守以抗逆贼,卒全江、淮千里之命,君子犹或非之。臧洪怨袁绍之不救张超,困守孤城,杀爱妾以食将士,陷其民男女相枕而死者七八千人,何为者哉?张邈兄弟党吕布以夺曹操之兖州,于其时,天子方蒙尘而寄命于贼手,超无能恤,彼其于袁、曹均耳。洪以私恩为一曲之义,奋不顾身,而一郡之生齿为之併命,殆所谓任侠者与!于义未也,而食人之罪不可逭矣。①

上文所言之"义"指涉的是与一姓之兴亡相关的政治伦理。如果张巡杀妾飨士的行为是出于为国尽忠的话,这一行为勉强符合"义"的要求,当然此"义"也是"异化之义"。尽管如此,食人之罪不可原谅!因为食人行径违背了把人当人看的最基本的人道主义原则。也就是说,不能出于政治、伦理原则的需要而违背人道主义原则,因为,在船山看来,任何伦理、政治原则都必须以仁爱思想为其根基,凡是违背仁爱精神的伦理、政治原则,都是"异化的伦理"(借用萧萐父语)。换言之,要平等地珍视、珍爱本民族内部每个个体的生命价值,任何人不得以任何伦理的或者政治的理由(如为国尽忠之类)来残杀他人的生命以实现所谓的伦理价值目标(忠、义)。船山认为,在任何时候、任何地方,政治、伦理原则都不能凌驾于人道主义原则之上,人道主义原则无疑是政权行使的道德合理性基础的最为核心的原则!

在船山看来,违背了最基本的把人当人看的人道主义原则的臣子是无法尽君臣之分义的("人之视蛇蛙也无以异,又何有于君臣之分义哉"②),即违背了人道主义原则就无法成全一切政治的伦理的原则,人道主义原则是其他一切政治的伦理的原则的基础!船山又曰:

> 若巡者,知不可守,自刭以徇城可也。若洪,则姑降绍焉,而未至丧其大节;愤兴而懵毒,至不仁而何义之足云?孟子曰:"仁义充塞,人将相食。"夫杨、墨固皆于道有所执者,孟子虑其将食人而亟拒之,臧洪之

---

①② 王夫之:《读通鉴论》卷九,《船山全书》第10册,岳麓书社1996年版,第352页。

义,不足与于杨、墨,而祸烈焉。君子正其罪而诛之,岂或贷哉!①

在船山看来,张巡宁可自刎,臧洪宁可降绍,也不至于丧其大节。然而"不仁"的行径却会伤害义,至不仁之人对于君臣之义没有任何的裨益,因为人之相食是文明沦丧的标志,其祸比之杨、墨且尤烈焉! 王船山批评食人行径也就是批评这样一种文明沦丧的行为。② 因此,王船山对于张巡的忠与不仁的双重伦理品质都进行了恰如其分的区分,一方面固然肯定其政治伦理层面的"忠烈",一方面又谴责其"不仁"的食人行径:

> 张巡捐生殉国,血战以保障江、淮,其忠烈功绩,固出颜杲卿、李澄之上,尤非张介然之流所可企望,贼平,廷议褒录,议者以食人而欲诛之,国家崇节报功,自有恒典,诛之者非也,议者为已苛矣。虽然,其食人也,不谓之不仁也不可。③

虽然,从尽忠报国的角度来看,张巡可以接受朝廷的"崇节报功"的嘉奖,批评者不能全然对此加以指责,但张巡杀妾食人的行径无论如何是逃脱不了"不仁"的罪名的。就"忠烈"与"不仁"两相比较,"忠烈"的光环完全为"不仁"的罪恶所掩盖。在此,王船山表达了这样的观点:"无论城之存亡也,无论身之生死也,所必不可者,人相食也!"④人道主义原则作为绝对的政权行使的道德合理性基础的原则,超越了一城一池的存亡,超越了一家一姓的兴亡。因为"生民之生死"高于"一姓之兴亡"的人道主义原则是其他所有政治、伦理原则的基础,政权行使在任何时候都要坚持这一人道主义原则,这是政权行使的底线。

王船山上述这些论述集中反映了人道主义原则理应作为政权行使的道德合理性基础的最根本的原则,这一思想即使到了现代也具有很好的借鉴意义。

---

① 王夫之:《读通鉴论》卷九,《船山全书》第 10 册,岳麓书社 1996 年版,第 353 页。
② 也即顾炎武所谓的"亡天下"是也,顾炎武告诉我们,"亡国"那种的改朝换代的事件是正常的,属于肉食者谋之的社会事件,而"亡天下"却是每个文明人要避免发生的事情。也就是说君臣之义的成全与否只是涉及改朝换代的"亡国"与否的问题,而人将相食则属于文明沦丧的"亡天下"的大事,是每个人都要尽力避免的事情。
③④ 王夫之:《读通鉴论》卷二十三,《船山全书》第 10 册,岳麓书社 1996 年版,第 870 页。

二、"可禅可继可革不可使异类间之"的民族主义原则

王船山的民族思想是明清之际思想家民族思想的重要代表。其激烈的民族思想蕴含着三个层次的民族主义思想因素,也就是蕴含着种族民族主义、文化民族主义、政治民族主义三个层次由浅到深、由低到高的逻辑发展。①

气论思想是王船山民族主义思想因素的第一个层次——种族民族主义思想的理论基础。气这种宇宙中创造性的力量,聚集起来呈现出不同的形状和景象,船山曰:"同者取之,异者攻之,故庶物繁兴,各成品汇。乃其品汇之成各有条理,故露雷霜雪各以其时,动植飞潜各以其族,必无长夏霜雪、严冬露雷、人禽草木互相淆杂之理。"②认为气禀之不同是万物包括民族产生差别的主要原因。又说"天以洪钧一气生长万族,而地限之以其域,天气亦随之而变,天命也随之而殊"③,也就是说由于各民族生活的地理环境不同,造成生活环境的差异,因此形成了不同的风俗习惯和民族特性。又说:"故裔夷者,如衣之裔垂于边幅,而因山阻漠以自立,地形之异,即天气之分;为其性情之所便,即其生理之所存。滥而进宅乎神皋焉,非不歆其美利也,地之所不宜,天之所不佑,性之所不顺,命之所不安。"④在此基础上,王船山提出其种族民族主义思想学说:"天下之大防二:中国、夷狄也,君子、小人也。非本末有别,而先王强为之防也。中国之与夷狄,所生异地,其地异,其气异矣;气异而习异,习异而所知所行蔑不异焉。乃于其中亦自有其贵贱焉,特地界分、天气殊,而不可乱;乱则人极毁,中国之生民亦受其吞噬而憔悴。防之于早,所以定人极而保人之生,因乎天也。"⑤船山这种地理环境决定民族特性的观点以及其"气类""种性"的观念是其民族思想的一大特色,与传统的民族观大异其趣。萧公权评价说:"船山民族本位之政治观与历史观已多独到之论。至其抛弃传统思想中以文化为标准之民族观而注重种族之界限,尤为前人所罕发,足与近代民族主义相印证。"⑥船山这种种族民族主义思想因素

---

① 笔者曾经写了三篇文章论述船山民族思想的这三个层次,分别是《王船山种族民族主义思想萌芽片论》,《学理论》2010 年第 21 期;《王船山民族同化论及文化民族主义思想萌芽探析》,《民族论坛》2010 年第 7 期;《王船山政治民族主义思想萌芽发微》,《浙江学刊》2010 年第 6 期。
② 王夫之:《张子正蒙注》,《船山全书》第 12 册,岳麓书社 1996 年版,第 19 页。
③④ 王夫之:《读通鉴论》卷十三,《船山全书》第 10 册,岳麓书社 1996 年版,第 485 页。
⑤ 同③,第 502 页。
⑥ 萧公权:《中国政治思想史》,载刘梦溪主编:《中国现代学术经典·萧公权卷》,河北教育出版社 1999 年版,第 538 页。

落实到政权行使上就是坚决反对异族通婚和和亲政策。在王船山论述的婚姻的三大伦理原则中(族类必辨,年齿必当,才质必堪),"族类必辨"是最重要的原则,所以反对异族通婚也就是理所当然的了。基于反对异族通婚的理论原则,自然就会得出反对朝廷的和亲政策的结论。因为在船山看来和亲政策会导致少数民族后代的基因得到改良,因而出现少数民族后代"駤戾如其父,慧巧如其母,益其所不足以佐其所有余"①的严重后果,这将会对汉民族的政权构成极大的威胁,历史上的刘渊、石勒、高欢、宇文黑獭之流即是典型的例证。王船山的这种种族民族主义思想因素在清末受到广泛的关注和重视,成为革命派"排满革命"思想的重要理论来源。

当然,王船山的民族思想不只是停留在排外的第一个浅的层次,也有文化民族主义的思想情结。对于船山这种具有文化民族主义思想因素的民族思想,熊十力曾给予很高的评价:"船山民族思想,确不是狭隘的种界观念。他却纯从文化上着眼,以为中夏文化是最高尚的,是人道之所以别于禽兽的,故痛心于五胡辽金元清底暴力摧残。他这个意思,要把他底全书融会得来,便见他字字是泪痕。然而近人表章他底民族主义者,似都看做是狭隘的种界观念,未免妄猜了他也。他实不是这般小民族的鄙见。须知中夏民族原来没有狭隘自私的种界观念,这个观念,是不合人道而违背真理且阻碍进化的思想,正是船山先生所痛恨的。"②王船山文化民族主义思想因素落实到政权行使的层面上就是用夏变夷。王船山指出:"孟子曰:'吾闻用夏变夷者。'帝王之至仁大义存乎变,而安曰:'天地所以隔内外。'不亦慎乎!"③船山认为中华文化是最优秀的,希望中华文化能够自然同化落后的夷狄,④其曰:"遐荒之地,有可收为冠带之伦,则以广天地之德而立人极也;非道之所可废,且抑以纾边民之寇攘而使之安。"⑤即以"冠带之伦"(指儒家的礼乐文明)去同化少数民族居住的"遐荒之地",以达"广天地之德而立人极"之目的。因此他说:"移人之余,就地之旷,分画其田畴,收教其子弟,

---

① 王夫之:《读通鉴论》卷二,《船山全书》第 10 册,岳麓书社 1996 年版,第 90 页。
② 熊十力:《十力语要》卷四,《熊十力全集》(第四卷),湖北教育出版社 2001 年版,第 518—519 页。不过此处熊十力过于强调船山的文化民族主义倾向而断然否定船山的种族民族主义倾向也是不可取,萧公权和熊十力分别看重船山的种族民族主义思想倾向和文化民族主义思想倾向,双方各执一端,均失之偏颇。
③ 王夫之:《读通鉴论》卷三,《船山全书》第 10 册,岳麓书社 1996 年版,第 127 页。
④ 彭华辉:《王船山民族同化论及文化民族主义思想萌芽探析》,《民族论坛》2010 年第 7 期,第 42、43 页。
⑤ 同③,第 137—138 页。

定其情,达其志,使农有恒产,士有恒心,国有恒赋,劳费于一时,而利兴于千载,六有为之君相,裁成天地以左右民,用夏变夷,迪民安土,非经世之大猷乎!"①认为"用夏变夷,迪民安土"是"经世之大猷"。王船山的文化民族主义思想因素虽然不如其种族民族主义思想因素对于清季的影响之大,但也对康有为为首的以儒教为中心的文化民族主义思想产生了直接或间接的影响。

最后,最为重要的是,船山的民族思想还不只是停留在前两个较浅层次,他有着更强烈的政治民族主义思想的诉求,船山的许多论述表明船山已经萌生出了国家的观念。他从族类的立场出发,认为国家是一个族类为了本族利益而建立起来的,国家是"族类斗争"的工具。可见船山的国家观是典型的族类国家观,而非阶级国家观。在船山那里,国家是族类的同义语,而非君主的同义语。② 与重视文化认同的传统民族观不同,船山民族思想更加关注政治认同。就船山"夷夏之防"的内容而言,中国疆土之不可侵犯与中国文化之不容侵犯③,二者相较,疆土之不可侵犯重于文化之不容侵犯。所以船山明言:"今族类之不能自固,而何他仁义之云云也哉!"④,在船山那里,对于儒家"仁义道德"的文化认同显然应该让位于对于"族类自固"的政治认同。因此,船山的民族思想最后表现出强烈的政治民族主义思想倾向,其政治民族主义思想因素落实到政权行使的层面上主要有两个原则:"族类自固"的原则和"可禅可继可革,不可使异类间之"的原则。船山认为"族类自固",是自然界和人类社会共同遵循的普遍规律。其曰:"今夫玄驹之有君也,长其穴壤,而赤蚍、飞蚔之窥其门者,必部其族以噬杀之,终远其垤,无相干杂,则役众蠢者,必有以护之也。"⑤蚁类也好,人类也罢,无不以"族类自固"作为根本原则,因此,船山宣称:"民之初生,自纪其群。远其害沴,摈其夷狄,统建唯君。故仁以自爱其类,义以自制其伦。强干自辅,所以凝黄中之氤氲也。"⑥因此保类卫群、自畛其类成了政权行使的首要原则。而"可禅可继可革,不可使异类间之"⑦是关于政权转移的一条根本原则。船山在《黄书》中庄严

① 王夫之:《读通鉴论》卷十二,《船山全书》第10册,岳麓书社1996年版,第437页。
② 冯天瑜、谢贵安:《解构专制——明末清初"新民本"思想研究》,湖北人民出版社2003年版,第156页。
③ 萧公权:《中国政治思想史》,载刘梦溪主编:《中国现代学术经典·萧公权卷》,河北教育出版社1999年版,第539、540页。
④ 王夫之:《黄书·后序》,《船山全书》第12册,岳麓书社1996年版,第538页。
⑤ 王夫之:《黄书·原极》,《船山全书》第12册,岳麓书社1996年版,第504页。
⑥ 同④,第538页。
⑦ "可禅可继可革,不可使异类间之"蕴含着丰富的民族主义思想内涵,参见彭传华:《王船山政治民族主义思想萌芽发微》,《浙江学刊》2010年第6期。

宣告:"智小一身,力举天下,保其类者为之长,卫其群者为之邱。故圣人先号万姓而示之以独贵,保其所贵,匡其终乱,施于孙子,须于后圣,可禅可继可革而不可使异类间之。"①"可禅可继可革,不可使异类间之"意味着政权转移的方式可以是禅让、世袭、革命中的任何一种,也就是说政权转移的方式是灵活的、可变的,但"不可使异类间之"也即决不可使异类介入政权的转移和更替是根本的不变的原则,任何时候都是不能动摇的。以此为原则,王船山发出了许多诸如"即令桓温功成而篡,犹贤于戴异类以为中国主"②这样惊世骇俗的言论,强调政权即使是被奸臣、盗贼篡夺,也强于异族的统治。王船山这种激烈的政治民族主义思想因素对清末的革命派产生了重大的影响,"族类自固""可禅可继可革,不可使异类间之"成了革命派加以援引采借的、以推动排满革命运动的最为响亮的口号。③

船山民族思想集种族民族主义、文化民族主义、政治民族主义三种民族主义思想因素于一身,最终还是将重心放在了对于民族的政治认同上,表现出极强的政治民族主义的思想倾向,这正是船山民族思想具有近代性因素的典型反映,晚清革命派"排满革命"运动正是以船山激烈的民族主义作为思想武器的。

三、"公天下而私存,因天下用而用天下"的民主主义原则

"天下"的含义向来众说纷纭、莫衷一是。应该可以这么说,传统中国所主导的"天下"是一个集地理、心理和社会制度于一体的"世界"。明清之际启蒙思想家们对于"天下"的理解并不完全相同,顾炎武有"亡国"和"亡天下"的区分,他所言的"天下"是指文化价值,而船山讲的"天下"很多时候是指政治层面,即是以中国为地理中心的华夏中心主义的"族类"的意思。正如冯天瑜、谢贵安所说:"王夫之'公天下'中天下的含义指族类。亡天下即族类灭亡。"④

"公天下"本是古老命题,与"公天下"相关的重要概念有"家天下"和"私天

---

① 王夫之:《黄书·原极》,《船山全书》第12册,岳麓书社1996年版,第503页。
② 王夫之:《读通鉴论》卷十二,《船山全书》第10册,岳麓书社1996年版,第487页。
③ 彭传华:《清末革命派对王船山政治思想的采借与转化》,《哲学与文化》2016年第6期。
④ 冯天瑜、谢贵安:《解构专制——明末清初"新民本"思想研究》,湖北人民出版社2003年版,第156页。

下"。应当注意的是,与"公天下"相对立的是"私天下"而不是"家天下"①。"家天下"是以天下为家之意,船山并不反对"家天下":

> 王者以天下为家。能举天下而张之乎? 不能也。能昵天下而恩之乎? 不能也。苟其不能,则虽至仁神武而固不能也。故涣者,无私之卦也,而曰"涣王居,无咎"。张之、弛之、恩之、威之,先行自近,涣乎王居,而固非私也。若夫天下,则推焉而已矣。……故曰:王者家天下。有家也,而后天下家焉,非无家之谓也。②

船山所言的"王者以天下为家"并不是指王者将天下作为自己的私有财产,而是说王者以主人翁的态度对待天下,身先士卒地为天下做贡献,如此也就能够治理好天下,天下这个大家庭也就安定了。正如《礼运》末段文:"圣人能以天下为一家,中国为一人,非意之也。必知其情,辟于义,明于其利,达于其患,然后能为之。"③大家庭安定了,每个人的小家庭也就无忧了,此船山所谓"有家也,而后天下家焉,非无家之谓也"。船山并不反对"家天下",却猛烈地抨击"私天下"的观念:

> 有天下者而有私财,……业业然守之以为固,而官天地、府万物之大用,皆若与己不相亲,而任其盈虚。鹿桥、钜台之愚,后世开创之英君,皆习以为常,而贻谋不靖,非仅生长深宫、习奄人污陋者之过也。灭人之国,入其都,彼之帑皆我帑也,则据之以为天子之私。……奢者因之以侈其嗜欲,吝者因之以卑其志趣,赫然若上天之宝命、祖宗之世守,在此怀握之金赀而已矣。祸切剥床,而求民不已,以自保其私,垂至其

---

① 在点评中国古代有关思想现象时,许多研究者把"公天下"与"家天下"简单地对立起来,将"家天下"归入"私天下"的范畴。他们认为前者是对后者的否定,两者格格不入,进而判定前者为"民主主义",后者为"专制主义"。这种认识是颇值得推敲的。它实际上是在用今人的观念解读古人的观念,因为按照现代政治观念,家天下无疑属于私天下。但是中国古代政治观念不完全是在这个意义上认识私天下的。尽管古代思想家的确普遍将禅让贤能的"官天下"与世袭传子的"家天下"进行区分,品分高下,却很少有人将"公天下"与"家天下"直接对立起来,视为性质根本不同的两种政治制度。在一定条件下,"家天下"不属于"私天下"范畴。《礼运》将大同与小康分属于两个不同层次的理想境界的思路就是典型代表(刘泽华、张荣明:《公私观念与中国社会》,中国人民大学出版社 2003 年版,第 288 页)。
② 王夫之:《诗广传》卷三,《船山全书》第 3 册,岳麓书社 1996 年版,第 406—407 页。
③ 《十三经注疏》第 3 册,阮元校刻,中华书局 2009 年版,第 3080 页。

亡而为盗资,夫亦何乐有此哉![①]

船山在此指出私天下的结果只能是自取灭亡,所聚敛的财物只能是沦为"盗资"。所以对于君主而言,"公天下"应当是政权行使要遵循的重要原则。船山认为孤秦陋宋正是以一姓之私治理天下,违反"公天下"的原则,从而导致国家衰败、民族沦亡的,所以圣人应该反孤秦陋宋之所为,"公天下而私存,因天下用而用天下",他说:

> 圣人坚揽定趾以救天地之祸,非大反孤秦、陋宋之为不得延,固以天下为神器,毋凝滞而尽私之。……天地之产,聪明材勇,物力丰犀,势足资中区而给其卫。圣人官府之,公天下而私存,因天下用而用天下。故曰"天无私覆,地无私载,王者无私以一人治天下",此之谓也。今欲宰制之,莫若分兵民而专其治,散列藩辅而制其用。[②]

船山认为君王应当把个人的私利融入天下之公,服从国家和民族的利益。所谓"公天下而私存"意指以天下为公,客观上也能获得个人的最大利益。但王船山并不是要维护帝王之私,其主张"分兵民而专其治,散列藩辅而制其用",是为了使本民族在遭遇外族入侵时能够积极地组织有效的抵抗以达"自固其类"之目的罢了。所谓"因天下用而用天下"意指"公天下"则可以广尽天下之材、人物之力,从而达到天下为天下所用。王船山此处强调的即是政权行使要贯彻民主主义的原则。

关于明清之际早期启蒙思想家具有民主性思想因素这一点,笔者曾经撰文论证:"民主的精髓更多的是体现在对于实现人民权利的理想追求上,而不在其实现的方法,因为人民权利的完全实现永远只是一个梦想。……从这个意义上说,明清之际的政治思想中蕴含着丰富的民主性因素的说法是可以成立的,虽然明清之际的民主制度没有确立,没有现实的民主,更没有现代意义的民主政治的操作程序,但是把实现人民的权利作为一种理想确是诸多早期启蒙思想家所憧憬的。"[③]据此,笔者又撰文指出船山"公天下"的社会理想的三个制度层次:土地民有制的呼唤、财产共享制的追求和职位开放制的憧憬,分别凸显了民有、民享、

---

① 王夫之:《读通鉴论》卷二,《船山全书》第 10 册,岳麓书社 1996 年版,第 76 页。
② 王夫之:《黄书·宰制》,《船山全书》第 12 册,岳麓书社 1996 年版,第 508 页。
③ 彭传华:《王船山政治思想的历史定位》,《政治学研究》2013 年第 6 期。

民治的民主主义原则。① 深入研究王船山的政治思想即可发现，船山对于政治权力的产生、转移、约束、限制以及行使的目的等政治哲学的核心问题的讨论中均蕴含着民主主义的因素，王船山的政治思想因而成为近代维新派采借与转化的重要对象，成了中国政治思想的近代转型的思想酵母之一。②

四、结语：诸原则之间的内在关系及其启示

船山在《黄书》中有段著名的话："人不自畛以绝物，则天维裂矣。华夏不自畛以绝夷，则地维裂矣。天地制人以畛，人不能自畛以绝其党，则人维裂矣。是故三维者。三极之大司也。"③船山在此清楚地说明了政权行使要严格遵循"天维""地维""人维"三大原则。"天维""地维""人维"分别对应王船山关于政权行使的道德合理性基础的三大原则：人道主义、民族主义、民主主义。人道主义原则在船山那里体现的是自畛以绝物的"天维"，民族主义原则在船山那里体现的是华夏自畛以绝夷的"地维"，民主主义原则在船山那里体现的是自畛以绝其党的"人维"。

上述三原则中，体现自畛以绝物的"天维"的人道主义是最高、最普遍的原则，超越任何其他道德原则，上文对此已经论述得非常详备。而关于人道主义原则和民族主义原则的关系，船山有曰："仁莫切于笃其类，义莫大于扶其纪。"④说明"笃其类"的民族主义是以"仁"为核心内容的人道主义的最实质的内容。诚然，人与人之间的爱是有层次的，对于自己族类的爱应该多于其他族类，这是情理之中的。船山又曰："故仁以自爱其类，义以自制其伦，强干自辅，所以凝黄中之绪缊也。今族类不能自固，而何他仁义之云云也哉！"⑤"仁以自爱其类"说明民族主义是人道主义的题中应有之义。"今族类不能自固，而何他仁义之云云"说明在族类危亡之际，族类自固是古今之通义。因此，在船山的视域中，对于入侵的夷狄是不能讲人道原则的，其曰："夷狄者，歼之不为不仁，夺之不为不义，诱之不为不信。何也？信义者，人与人相于之道，非以施之

① 彭传华：《王船山论"公天下"的社会理想——兼驳韦伯命题》，《齐鲁学刊》2014 年第 4 期。
② 彭传华：《王船山政治思想的历史地位与历史影响》，《哲学与文化》2015 年第 10 期。
③ 王夫之：《黄书·原极》卷十二，《船山全书》第 12 册，岳麓书社 1996 年版，第 501 页。
④ 王夫之：《尚书引义》卷五，《船山全书》第 2 册，岳麓书社 1996 年版，第 508 页。
⑤ 王夫之：《黄书·后序》，《船山全书》第 12 册，岳麓书社 1996 年版，第 538 页。

非人者也。"①又曰:"夷狄者,欺之而不为不信,杀之而不为不仁,夺之而不为不义者也。"②在这些言辞激烈的话语中,我们看到了船山人道主义与民族主义原则的冲突和紧张。在船山看来,在正常情况下,诚信是邦交都应奉行的一般性原则,但是如果夷狄逾防入侵,为了保卫民族独立,维护民族的利益可以不必讲道德信义;如果超出战争的范围对夷狄不讲仁义,则属于不道德的行为:"如其困穷而依我,远之防之,犹必矜而全其生;非可乘约肆淫、役之残之、而规为利也。"③确实如此,战争是残酷无情的,在自卫反击时,面对你死我活的战争丝毫不能虚仁假义,不能讲宋襄公之仁,否则就是出卖民族利益。但是如果敌人在战争中放下了武器,杀之则为不仁不义("杀降者不仁,受其降而杀之不信"④)。船山这种对待入侵之敌的态度也是符合人道主义的精神实质的。虽然船山注意到人道主义和民族主义之间存在冲突和紧张,但总体来讲,船山还是以凸显"天维"的人道主义原则作为首要的基本的原则,高于体现"地维"的民族主义原则。

而在船山那里,体现"地维"的民族主义原则和彰显"人维"的民主主义原则二者之间有着辩证的联结。船山有曰:"仁莫切于笃其类,义莫大于扶其纪。笃其类者,必公天下而无疑;扶其纪者,必利天下而不吝。"⑤说明"笃其类"的民族主义是"公天下"的民主主义的前提和基础,"公天下"的民主主义是"笃其类"的民族主义的目的和归宿。船山又曰:"仁以厚其类则不私其权,义以正其纪则不妄于授。"⑥一方面说明"不私其权"的民主主义是"厚其类"的民族主义的必然结果;另一方面,"不私其权"的民主主义也是"厚其类"的民族主义的维护和保障。因为船山深知只谈民族主义而不对内倡导民主主义的话,就无法凝聚共识、统合人心,民族主义也就会付之东流;而只谈民主主义不讲民族主义的话,就不能很好地接续历史传承、荣耀自己的民族、光大先人遗志,民主主义也就不能长久。因此在船山看来,政权行使应当处理好民族主义和民主主义的辩证关系。

总之,王船山认为政权行使的道德合理性基础包括人道主义原则、民族主义

① 王夫之:《读通鉴论》卷四,《船山全书》第 10 册,岳麓书社 1996 年版,第 155 页。
② 王夫之:《读通鉴论》卷二十八,《船山全书》第 10 册,岳麓书社 1996 年版,第 1081 页。
③ 王夫之:《读通鉴论》卷十二,《船山全书》第 10 册,岳麓书社 1996 年版,第 450 页。
④ 王夫之:《读通鉴论》卷二十六,《船山全书》第 10 册,岳麓书社 1996 年版,第 1005 页。
⑤ 王夫之:《尚书引义》卷五,《船山全书》第 2 册,岳麓书社 1996 年版,第 508 页。
⑥ 同⑤,第 401 页。

原则、民主主义原则三个方面的重要内容。三原则有着内在的逻辑关系，其中最高最普遍的是人道主义原则；人道主义原则和民族主义原则二者存在着冲突和紧张，而民族主义原则和民主主义原则二者有着辩证的联结。人道主义、民主主义、民族主义三大原则是王船山政治哲学具有近代性因素的重要体现。王船山对于政权行使的道德合理性基础问题的深刻的思考对于我们今天的政治生活依然有着很好的启迪作用。

论儒家仁孝关系的内在逻辑^①

吴凡明^②

【摘 要】儒家对仁孝关系的理论设定,秉持仁孝一体的思考方式与逻辑路向,把仁爱建立在血亲之爱的基础之上,仁的本然之源内在于每个人的爱亲之心,从而寻找到仁的先验理据。孝既是仁的原点,"施由亲始",由爱亲扩大至广大地域的人际关系,进而将仁爱之心扩大到爱一切事物,所谓"亲亲而仁民,仁民而爱物",儒家的仁爱思想于是具有了普遍意义。并以理一分殊与体用关系进一步阐释了仁孝之间的内在关联。从仁孝关系来思考美丽中国构建,根据儒家能近取譬、推己及人的致思理路,孝与血亲之爱可以构建家庭和谐之美、由亲亲而仁民可以构建社会和谐之美,由仁民而爱物可以构建生态和谐之美。儒家仁孝关系的理论从先天赋予人的爱心出发,把家庭、社会与生态之美有机地融合起来,构成了人我一体与人物共生的伦理图景。

【关键词】仁孝;仁孝互释;理一分殊;体用

近年来在儒家仁孝关系的讨论中,几乎出现了一边倒的现象,即认为儒家的仁孝观存在着一种"伦理的悖论",即认为"仁者爱人",仁具有普遍意义,而孝者爱亲,孝是一种特殊之爱,其对象仅仅是自己的父母,因此,二者是矛盾的。这种结论不仅彻底否定了古代先哲关于仁孝关系的理论设定,而且完全割裂了仁孝之间的内在统一性。儒家仁孝关系的设定自有其内在的逻辑,主要体现在以下几个方面。

---

① 基金项目:国家社科基金"忠孝仁义与汉代法制研究"(10BZX061)。

② 吴凡明,湖州师范学院马克思主义学院教授。

一、仁孝一体

仁孝互释，是儒家关于仁孝关系的基本设定。儒家以仁孝互释的方式，确立了仁孝一体的思想。学界有人指出，所谓以孝释仁，"是指孔子解答孝仁关系所特有的一种思考方式和话语方式。这种方式的大意是：从孝出发，探求仁的本真含义，寻溯仁的原初起点，解说仁的基本结构，展绘个体人格成仁化的路向"[①]。孔子对仁、孝关系的设定，奠定了儒家关于仁、孝关系的基本路向。孔子对仁的本质含义有多种阐发，目前学界较普遍的观点认为孔子对"樊迟问仁"的回答反映了仁的本质含义，"樊迟问仁，子曰：爱人"[②]。孔子为什么把仁诠释为爱人？根据陈谷嘉先生的考证：孔子的这一论断有其先行者的思想资料凭借。甲骨文"仁"的始初本意就提供了此思想资料。《尚书·金縢》："予人若考，能多材多艺，能事鬼神。"[③]《说文解字》释仁："仁，亲也，从人二。"清代段玉裁注云："此意相人耦也，……独则无耦，耦则相亲，故其字从人二。"[④]从仁的字义来看，仁所表明的是一种人与人之间的关系，"耦则相亲"则说明这种人与人之间的关系是一种相亲的关系，"相亲"自然会产生爱。孔子释仁为"爱人"确有其思想依据。不唯如此，原始社会血亲之爱的自然情感的遗留也为孔子释仁为"爱人"提供了社会历史依据。[⑤]《礼记·中庸》说："仁者，人也，亲亲为大。"何谓亲亲？从语义学的角度分析来看，前者为动词，后者为名词。《说文解字》云："亲，至也。"段玉裁注曰："情意恳到曰至，父母者情之冣至者也，故谓之亲。"[⑥]"亲"原意为至、到，引申为父母之情意恳到所蕴含的血缘亲情。"仁者，人也，亲亲为大"蕴含着仁与孝之间的内在关联，《论语·阳货》记载孔子与学生宰我的一段对话中也说明了二者的联系。

　　宰我问："三年之丧，期以久矣。君子三年不为礼，礼必坏；三年不为乐，乐必崩。旧谷既没，新谷既升，钻燧改火，期可已矣。"子曰："食夫

① 刘泽民：《孔子以孝释仁析》，《中南工业大学学报》（社会科学版）2001年第3期，第270页。
② 刘宝楠：《论语正义》，中华书局1990年版，第511页。
③ 《十三经注疏》，浙江古籍出版社1998年，第196页。
④ 段玉裁：《说文解字注》，上海古籍出版社1997年，第365页。
⑤ 陈谷嘉：《儒家伦理哲学研究》，人民出版社1996年，第3页。
⑥ 同④，第409页。

谷,衣夫锦,于女安乎?"曰:"安。""女安则为之。夫君子之居丧,食旨不
甘,闻乐不乐,居初不安,故不为也。今女安则为之。"宰我出,子曰:"予
之不仁也!子生三年,然后免于父母之怀。夫三年之丧,天下之通丧
也。予也有三年之爱于其父母乎?"①

孔子为什么批评宰我是"不仁"呢?其原因就在于宰我以为三年之丧太久,
不愿意遵守三年通丧之例,违背了爱亲的原则,所以被孔子批评为不仁。反过来
说,如果宰我能够对父母尽守天下之通丧,"也有三年之爱父母乎",能够坚持爱
亲原则,那么就是仁者。由此可见,仁与孝具有内在关联性。那么这种内在关联
是什么呢?孔子弟子有若说:"孝弟也者,其为仁之本与。"②孔子也说:"君子笃
于亲,则民兴于仁。"③"弟子入则孝,出则弟,谨而信,泛爱众而亲仁。"④这说明孝
悌乃"为仁之本",因为孝悌体现了亲子之间的血缘亲情与兄弟之间的同胞之谊。
正是因为血缘亲情与仁所含摄的"相亲"之意相契合,孔子才把仁与孝结合起来,
以孝释仁,不仅把孝作为人之根本,而且以仁为范畴把源于血亲之爱的人类普遍
的自然情感进一步推进至包括家庭血缘关系之外的一切社会关系之中。所谓
"泛爱众而亲仁""仁者爱人"突破了原始的血亲之爱的局限,被推进至全社会,适
应了春秋以来血缘氏族与地域相结合而形成的新的社会政治结构。由此可见,
孔子从仁的血亲之爱出发,以家庭的血缘之爱为原点,进一步推己及人,将血亲
之爱扩大到血族以外广大地域,突破血缘和血亲的限隔,构建了以仁为核心的社
会人际关系所应普遍遵循的价值原则。

孔子开创了仁孝互释特有的一种思考方式和话语方式,其后先秦儒家几乎
都是如此。按照当今学者梁涛先生的观点,孔子以后,出现了以曾子—乐正子
春—《孝经》为代表的重孝派和以曾子—子思—孟子为代表的重仁派两条相互对
立的发展路线。⑤但是,无论是重孝派还是重仁派,无不继承孔子仁孝互释的思
考方式,把孝与仁结合起来,强调仁孝一体。

重孝派对孝做了泛化论的处理,孝不仅涵盖了一切德性,而且成为最高的德

---

① 刘宝楠:《论语正义》,中华书局 1990 年版,第 700—703 页。
② 同①,第 7 页。
③ 同①,第 290 页。
④ 同①,第 18 页。
⑤ 梁涛:《"仁"与"孝"——思孟学派的一个诠释向度》,http://www.confucius2000.com/admin/list.asp? id=1998。

性。"夫孝者,天下之大经也。夫孝置之而塞于天地,衡之而衡于四海,施诸后世而无朝夕,推而放诸东海而准,推而放诸西海而准,推而放诸南海而准,推而放诸北海而准。《诗》云:'自西自东,自南自北,无思不服。'此之谓也。"①曾子把孝看作是"天下之大经",可以充塞天地,放之四海而皆准,施诸后世而长久。又说:"夫仁者,仁此(注:指孝)者也;义者,宜此者也;忠者,中此者也;信者,信此者也;礼者,体此者也;行者,行此者也;强者,强此者也;乐自顺此生,刑自反此作。"②所谓"仁者,仁此者也",直接把孝与仁等同起来。曾子认为君子应以仁为天下之尊,天下何为富贵?不是拥有巨大的物质财富和崇高的社会地位,而是拥有仁。他以舜为例说明,舜在未取得天下之前,只是一个匹夫,后以仁而得天下。"君子以仁为尊;天下之为富,何为富?则仁为富也;天下之为贵,何为贵?则仁为贵也。昔者舜匹夫也,土地之厚,则得而有之,人徒之众,则得而使之,舜唯以仁得之也;是故君子将说富贵,必勉于仁也。"③另据《史记》载,舜是"盲者子。父顽,母嚚,弟傲,能和以孝,烝烝治,不至奸","年二十以孝闻。……尧老,使舜摄行天子政,巡狩。舜得举用事二十年,而尧使摄政。摄政八年而尧崩。三年丧毕,让丹朱,天下归舜"④。舜以孝道闻名而被尧看中,最终尧把天下禅让给舜。正如孔子所言:"舜其大孝也与!德为圣人,尊为天子,富有四海之内。宗庙飨之,子孙保之。故大德必得其位,必得其禄,必得其名,必得其寿。"⑤这里曾子所说的舜以仁得天下与《史记》所载舜是以孝而取天下实际上是一回事,也即是说,在曾子那里,孝与仁是等同的,二者没有区别。

重仁派虽然强调仁是最高的德性,但仁只是抽象的理念,如何落实,自然需要具体的途径。重仁派秉承孔子由孝入仁的方法,并做了进一步的发展。郭店竹简《唐虞之道》对仁孝关系做了新的阐发:"尧舜之行,爱亲尊贤。爱亲故孝,尊贤故禅。孝之方,爱天下之民。禅之传,世亡隐德。孝,仁之冕也。……爱亲忘贤,仁而未义也。尊贤遗亲,义而未仁也。"⑥学术界对简文中"孝之方"的"方"字的解读出现了较大的分歧。"方"字的简文写作"㞢",郭店楚墓竹简的整理者释"㞢"为"方"。李零先生将其解读为"放"字,但是,为什么解读为"放",李零先生

① 戴德:《大戴礼记》,周卢辩注,中华书局 1985 年版,第 71—72 页。
② 同①,第 71 页。
③ 同①,第 86 页。
④ 司马迁:《史记》,中华书局 2005 年版,第 21—38 页。
⑤ 陈戍国:《礼记校注》,岳麓书社 2004 年版,第 418 页。
⑥ 荆门市博物馆:《郭店楚墓竹简》,文物出版社 1997 年版,第 157 页。

没有说明具体原因,只是从"羞"字的构造上说它"从虫从方"①。王博先生对此做了具体阐释,他说:"这里的'方',应该读为'放',所谓的'孝之方',其实是'孝之放',放是放开、展开的意思。……爱从孝开始,然后向外面延伸,这就是'放',或者叫做'推'。"②所以,"孝之放"就是由孝向外面的延伸、展开,由爱亲始,然后达到"爱天下之民"。这和孔子弟子有子"孝弟也者,其为人之本与"的思想是一脉相承的。

《唐虞之道》并不否定爱亲和孝,而是要求在一定程度上要做到爱亲与尊贤的统一,认为"爱亲忘贤,仁而未义也。尊贤遗亲,义而未仁也",事实上就是要做到仁与孝的统一。更为值得关注的是,郭店楚简直接把仁与孝等同视之。《六德》篇指出:"谓之孝,故人则为(人也,谓之)仁。仁者,子德也。"③所谓"子德"就是孝道。这里把仁与孝完全等同起来。在郭店楚简中还有多处相关记载,"丧,仁之端也"④,"爱父,其攸爱人,仁也"⑤。这里无论是"孝"还是"丧",其承担的主体都是"子",所以《六德》明确提出仁就是子德。子德就是爱父,就是孝道。由爱父继而爱及他人,就是仁。仁与孝是人之为人的根本所在,二者是直接同一的。

思孟学派的重要代表人物孟子更是以仁孝互释的思维方式展开其对孔子仁学的阐释。"人之所不学而能者,其良能也;所不虑而知者,其良知也。孩提之童,无不知爱其亲也,及其长也,无不知敬其亲也。亲亲,仁也;敬长,义也。无他,达于天下也。"⑥孟子以"亲亲"释仁,所谓亲亲,就是孝。因此,仁孝是一体不分的。孟子曰:"孝子之至,莫大乎尊亲;尊亲之至,莫大乎以天下养。为天子父,尊之至也;以天下养,养之至也。"⑦尊亲为"孝之至",亲亲、事亲、尊亲皆为仁。孟子对此多有阐发。他说:

> 未有仁而遗其亲者也。
> 盖上世尝有不葬其亲者,其亲死,则举而委之于壑。……掩之诚是

---

① 李零:《郭店楚简校读记》,陈鼓应主编:《道家文化研究》(第十七辑),生活·读书·新知三联书店1999年版,第499页。后来,李零先生又将羞解读为"施",因为在他看来,羞其实是"杀"字的古文写法。笔者注:《中庸》有"亲亲之杀"语,"杀"为减少、降等之意。

② 王博:《论郭店楚墓竹简中的"方"字》,载《简帛思想文献论集》,台湾古籍出版社2001年版,第276—277页。

③ 李零:《郭店楚简校读记》(增订本),中国人民大学出版社2009年版,第171页。

④ 荆门市博物馆:《郭店楚墓竹简》,文物出版社1997年版,第158页。

⑤ 同④,第155页。

⑥⑦ 同③,第252页。

也,则孝子仁人之掩其亲,亦必有道矣。

爱人不亲,反其仁。

事,孰为大?事亲为大。守,孰为大?守身为大。不失其身而能事其亲者,吾闻之矣;失其身而能事其亲者,吾未之闻也。

仁之实,事亲是也。

不得乎亲,不可以为人;不顺乎亲,不可以为子。①

上述所论,孟子专以事亲言孝,亦皆言仁孝之事,仍可见仁孝互释之义。但与重孝派不同的是,孟子也与孔子一样,同样把"事亲"作为"仁"的根本。他说:"事,孰为大?事亲为大。……事亲,事之本也。"②不仅如此,孟子提出"施由亲始",逐渐将源自自然情感的亲亲之情由近及远向外推扩,"老吾老,以及人之老,幼吾幼,以及人之幼。天下可运于掌"③就是说要像对待自己的父母一样去对待他人的父母,要像对待自己的子女一样去对待他人的子女,如果能这样去做,治理天下就像运掌一样容易了。

由上可知,儒家以孝释仁,把仁爱建立在血亲之爱的基础之上,而血亲之爱又是人与生俱来的自然情感,于是仁的本然之源就内在于每个人的爱亲之心,从而寻找到了仁的先验理据。而以仁释孝,则将人的血亲之爱扩大到血族之外的广大人群,孝仅仅是仁的原点,"施由亲始",由爱亲扩大至广大地域的人际关系,进而将仁爱之心扩大到爱一切事物,所谓"亲亲而仁民,仁民而爱物"④。于是,儒家的仁爱思想就具有了普遍意义。儒家通过仁与孝的互释,完成了仁孝内在统一的理论设定。

二、理一分殊

"理一分殊"是宋明理学用语,它主要包括两层含义:"一是指宇宙本体与万物本性的关系;二是指普遍法则与具体法则的关系。"⑤把仁与孝的关系归纳为理一分殊的关系,是在第二层意义上而言的。仁与孝实则包含了普遍之爱与等

---

① 李零:《郭店楚简校读记》(增订本),中国人民大学出版社 2009 年版,第 1—146 页。
② 同①,第 142 页。
③ 同①,第 14 页。
④ 朱汉民:《宋明理学通论》,湖南教育出版社 2000 年版,第 268 页。
⑤ 同④,第 259 页。

差之爱的思想,二者包含了一般与个别的关系。"理一分殊"虽然是宋明理学家提出的,但可以用来分析儒家仁孝关系。从孟子与夷子的论辩中,可以窥探出仁孝关系之"理一分殊"。

> 墨者夷之,因徐辟而求见孟子。孟子曰:"吾固愿见,今吾尚病,病愈,我且往见,夷子不来!"他日又求见孟子。孟子曰:"吾今则可以见矣。不直,则道不见;我且直之。吾闻夷子墨者。墨之治丧也,以薄为其道也。夷子思以易天下,岂以为非是而不贵也?然而夷子葬其亲厚,则是以所贱事亲也。"徐子以告夷子。夷子曰:"儒者之道,古之人'若保赤子',此言何谓也?之则以为:爱无差等,施由亲始。"徐子以告孟子。孟子曰:"夫夷子,信以为人之亲其兄之子为若亲其邻之赤子乎?彼有取尔也。赤子匍匐将入井,非赤子之罪也。且天之生物也,使之一本,夷子二本故也。盖上世尝有不葬其亲者,其亲死,则举而委之于壑。他日过之,狐狸食之,蝇蚋姑嘬之。其颡有泚,睨而不视。夫泚也,非为人泚,中心达于面目。盖归反虆梩而掩之。掩之,诚是也。则孝子仁人之掩其亲,亦必有道矣。"徐子以告夷子。夷子怃然为间曰:"命之矣。"①

墨家主张薄葬,墨者夷之也想以薄葬来改易风俗,但却厚葬其亲,孟子敏锐地发现了夷之在理论上的谬误及其理论与实践的背离。孟子指出夷之不仅在理论上有两个本原,自相矛盾,而且在言行上也不一致。具体而言,孟子认为墨者夷之主张"爱无差等,施由亲始",在伦理原则上陷入了二元论:一方面主张普遍的"兼爱"原则,即所谓的"爱无差等";另一方面又肯定自爱自利的功利原则,所谓"施由亲始"。在孟子看来,如果把这两个极端作为伦理的原则,必然会导致"二本而无分"的两端。"爱无差等,施由亲始",是夷之从墨家立场对儒家仁爱观念的一种曲解。程伊川在《答杨时论西铭书》中指出,墨者夷之的错误就在于不懂得"理一分殊"的道理。他说:"《西铭》明理一而分殊,而墨氏则二本而无分。老幼及人,理一也。爱无差等,本二也。分殊之弊,私胜而失仁;无分之罪,兼爱而无义。分立而推理一,以止私胜之流,仁之方也。无别而迷兼爱,至于无父子之极,义之贼也,子比而同之,过矣。"②程伊川准确地把握了仁孝关系是一种"理

---

① 李零:《郭店楚简校读记》(增订本),中国人民大学出版社 2009 年版,第 103—104 页。
② 程颐、程颢:《二程集》,中华书局 1981 年版,第 609 页。

"一分殊"的关系,认为仁出自"理一",是一个普遍的道理。但由于仁爱所涉及的对象不同,而表现为"分殊",即对自己亲人的所爱程度不能等同于对他人之亲的所爱程度。但是,若一味强调"分殊",其流弊则在于偏私,导致失却仁爱的根本旨趣。若无分别地去爱所有人,即墨家所提倡的兼爱,其必然导致"兼爱是无父也"的不义之举。因此,程伊川批评墨家兼爱之说是"二本而无分",它既不能体现"理一"原则,也不能体现"分殊"原则。

朱熹在《四书章句集注》中对"且天之生物也,使之一本,而夷子二本故也"一句注释道:"且人物之生,必各本于父母而无二,乃自然之理,若天使之然也。故其爱由此立,而推以及人,自有差等。今如夷子之言,则是视其父母本无异于路人,但其施之之序,姑自此始耳。非二本而何哉?"①朱熹把"一本"理解为"且人物之生,必各本于父母而无二",在《朱子语类》中对"一本""二本"做了更进一步的解释:

> 问:"爱有差等,此所谓一本,盖亲亲、仁民、爱物具有本末也。所谓'二本'是如何?"曰:"'爱无差等',何止二本,盖千万本也。"
>
> 或问"一本"。曰:"事他人之亲,如己之亲,则是两个一样重了,如一本有两根也。"
>
> 问:"人只是一父母所生,如木只是一根株。夷之却视他人之亲犹己之亲,如牵彼树根,强合此树根。"曰:"'爱无差等'便是二本。"
>
> 尹氏曰:"何以有是差等,一本故也,无伪也。"既是一本,其中便自然有许多差等。二本,则二者并立,无差等矣。墨子是也。②

朱熹以"爱有差等"为"一本",由此爱亲之自然之理而推己及人。其中的仁爱乃是普遍的自然之理,是"理一",由亲亲而仁民而爱物,则仁爱之"分殊"也,自是有其等差矣。从儒家等差之爱与墨家爱无差等的对比中,可以进一步辨明孟子关于"一本"与"二本"的真正含义。明代大儒王阳明在《传习录》中对此做了对比分析。

> 问:"程子云'仁者以天地万物为一体',何墨氏兼爱,反不得谓之

---

① 朱熹:《四书章句集注》,中华书局 1981 年版,第 262—263 页。
② 黎靖德:《朱子语类》,中华书局 1999 年版,第 1313—1314 页。

仁?"先生曰:"此亦甚难言,须是诸君自体认出来始得。仁是造化生生不息之理,虽弥漫周遍,无处不是,然其流行发生,亦只有个渐,所以生生不息。如冬至一阳生,必自一阳生,而后渐渐至于六阳,若无一阳之生,岂有六阳?阴亦然。惟其渐,所以便有个发端处;惟其有个发端处,所以生;惟其生,所以不息。譬之木,其始抽芽,便是木之生意发端处;抽芽然后发干,发干然后生枝生叶;然后是生生不息。若无芽,何以有干有枝叶?能抽芽,必是下面有个根在,有根方生,无根便死。无根何从抽芽?父子兄弟之爱,便是人心生意发端处,如木之抽芽。自此而仁民,而爱物,便是发干生枝生叶。墨氏兼爱无差等,将自家父子兄弟与途人一般看,便自没了发端处。不抽芽,便知得他无根,便不是生生不息,安得谓之仁?孝弟为仁之本。却是仁理从里面发生出来。"①

儒家的孝道以仁爱为本,是主体内在心体的自然流露,由此而推己及人,亲亲而仁民。差等之爱是内在心性的外在展现,在差等之爱中主体内心的仁爱是一以贯之的,并且由此仁爱之理弥漫周遍,渐渐地流行发生,以至生生不息。这就是孟子所说的"一本",实则是把仁作为普遍之理,由仁为发端,推己及人,而仁民、爱物,其他之人与外在之物都在此过程中无不分享了仁爱之理。这就是理一分殊。反观墨者主张"爱无差等,施由亲始",视"爱无差等"为抽象的普遍原则,而"施由亲始"仅仅是外在的、一次性的活动,这是与普遍的原则相分隔的,这即是所谓"二本"。

三、体用相即

"体"与"用"是中国哲学的固有范畴,体用关系实际上是一种潜在的实体存在与其功能、作用的关系。何谓体用?熊十力先生说:"体者,宇宙本体之省称。(本体,亦云实体。)用者,则是实体变成功用。(实体是变动不居、生生不竭,即从其变动与生生,而说为实体之功用。)功用则有翕辟两方面,变化无穷,而恒率循相反相成之法则,是名功用。(亦简称为用。)"②实体就是本体,简称为体;用,即是功用。所谓体用相即,就是熊十力先生所说的"体用不二"或"即体即用",以此

---

① 王守仁:《王阳明全集》(上册),吴光、钱明等编校,上海古籍出版社1992年版,第25—26页。
② 熊十力:《体用论》,中华书局1994年版,第69页。

来说明体用之间的关系。他说:"功用以外,无有实体。……若彻悟体用不二,当信离用无体之说。"①"当知体用可分,而实不可分。可分者,体无差别(譬如大海水,是浑然的),用乃万殊(譬如众沤,现作各别的)。实不可分者,即体即用(譬如大海水全成为众沤),即用即体(譬如众沤之外,无有大海水),用以体成(喻如无量众沤相却是大海水所成)体待用存(喻如大海水,非超越无量沤相而独在)。王阳明有言,'即体而言用在体,即用而言体在用',此乃证真之谈。"②从体用的关系来看,先秦儒家在仁孝关系的设定上,把仁作为宇宙万物之"体",而把孝当作仁之"用",仁孝关系就是体用关系。

仁本体论,陈来先生以宋儒"仁者以天地万物为一体"一句展开分析,指出:"万物一体,或者说万物的共生共在,万物互相关联,而成为一体。故仁是根本的真实,终极的实在,绝对的形而上学的本体,是世界的根本原理。"③从本体的意义而言,万物存在的不可分割的整体就是仁体,它构成了人与他人、人与万物之间相互联结、彼此共生共存的有机整体。若从仁的含义出发,即"仁,亲也,从人二"④,不难看出,仁本身即包含了个体与他人的联结关系,这种联结关系是互相关爱、和谐共生的。不唯如此,孟子进一步提出"亲亲而仁民,仁民而爱物"⑤的主张,把人与人之间的仁爱由亲人推及至他人,再由爱他人进而推进至万物。仁已不仅仅是人与人之间的互相关爱与和谐共生,而且普遍地存在于人与万物之间,达到了宋儒所说的"视天下无一物非仁"⑥的境界。

根据熊十力先生的观点,"体用不二"或"即体即用",一方面是指"实体变动而成功用"⑦,但另一方面又指"功用变成实体"⑧。就仁体而言,仁除了有爱人之义外,亦有"好生"之义,蕴含有生生不已的创生之机。汉代纬书《春秋元命苞》云:"仁者情志,好生爱人,故其为仁以人。其立字,二人为仁。二人,言不专于己,念施与也。"⑨仁作为真实的存在与世界的根本原理,为什么具有生生不息的本性,王阳明认为:"仁是造化生生不息之理,虽弥漫周遍,无处不是,然其流行发

---

① 熊十力:《体用论》,中华书局 1994 年版,第 44 页。
② 同①,第 83 页。
③ 陈来:《仁学本体论》,《文史哲》2014 年第 4 期,第 41—63 页。
④⑤ 段玉裁:《说文解字注》,上海古籍出版社 1997 年版,第 365 页。
⑥ 杨时:《龟山集·语录二》,文渊阁四库全书电子版。
⑦ 同①,第 44 页。
⑧ 同①,第 119 页。
⑨ 安居香山、中村璋八:《纬书集成》(中册),河北人民出版社 1994 年版,第 619 页。

生,亦只有个渐,所以生生不息。"①仁为实体,具有生生不息之本性与生机,"实体是变动不居、生生不竭,即从其变动与生生,而说为实体之功用"②。也就是说,仁是本体、生机、本性,仁体的功用则在于其变动与生生,这是仁之本有之义。就仁孝而言,仁体之生生不竭之功用则在于孝。有学者从孝的原始字形分析,认为:孝字上面是"爻"字即"交",下面从子,大意为父母交媾生子,它所传达的信息是男女交合,生育子女。③ 孝的原初本意是生殖崇拜以及渊源于生殖崇拜的祖先崇拜,以此强调个体及家族生命的延续,可以生生不息。因此,《易》曰:"天地之大德曰生。"天地化生万物,男女夫妇产生子女,有了子女,才有孝的对象。孝敬父母是人对生生之德的敬畏,孝道所蕴含的贵生意识实为孝的本质,是天地、祖先、父母、子女等生生不息地繁衍与延续的动力。仁本体论强调仁是实体、本体,但立体而不遗用,仁体之变动与生生之功用乃是孝。

在熊十力先生看来,本体是就整体而言的,整体就是总相,相对于个体与别相。他说:"据理而谈,有总相别相故。说万物一体,此据总相说也。凡物各自成一个小己者,此据别相说。若无别相,哪有总相可说。别相在总相中,彼此平等协和合作,而各自有成,即是总相的大成。"④"夫万物一体,是为总相。个人即小己,对总相言则为别相。总相固不是离别相而得有自体,但每一别相都不可离总相而孤存。总相者,别相之大体,别相者,总相之支体。名虽有二,实一体也。"⑤从仁孝关系言,仁是万物之一体者,是为总相;孝是个体事亲者,是为别相。从整体言,仁是一个具有普遍性的道德基础,其内容几乎涵盖儒家所倡导的一切德目。在儒家的道德体系之中,尽管爱是仁德的核心内涵,但仁又总括克己、爱人、惠、恕、孝、忠、信、勇、俭、无怨、直、刚、恭、敬、宽、庄、敏、慎、逊、让等众德目,可以把仁看作是全德之称。因此,仁是一个具有高度抽象而又具有普遍意义的伦理范畴。仁作为儒家伦理的根本性存在,可以看作是儒家伦理之"体"。但是仁之体只能是一种潜在的存在,并不能在现实中自我实现出来。在儒家看来,如果空谈道德理想,而没有具体的实现途径,是没有实在意义的。因此,在儒家的道德体系中,儒家以体用范畴作为一种思维方式,强调体用一源、体用相即,通过明体以达用与由用以得体的方法,来实现仁的道德理想目标。"孝弟也者,其为仁之

① 王守仁:《王阳明全集》(上册),吴光、钱明等编校,上海古籍出版社1992年版,第69页。
② 熊十力:《体用论》,中华书局1994年版,第69页。
③ 钟克钊:《孝文化的历史透视及其现实意义》,《江苏社会科学》1996年第2期,第77页。
④ 同②,第314页。
⑤ 同②,第315页。

本与！"①孝悌是行仁的根本所在，是实现仁德的现实途径。"子贡曰：'如有博施于民而能济众，何如？可谓仁乎？'子曰：'何事于仁，必也圣乎！尧、舜其犹病诸！夫仁者，己欲立而立人，己欲达而达人。能近取譬，可谓仁之方也已。'"②行仁之方就是要"能近取譬"，按照孟子的说法就是："亲亲而仁民，仁民而爱物。"儒家的仁爱是有差等的，实现仁爱的理想必须落实到具体的现实人伦之中，从孝悌出发，推己及人，"老吾老，以及人之老；幼吾幼，以及人之幼"，基于人伦之爱，从人与物的一体同源出发由人而推开去，就可以从亲人到他人再到自然万物。推己及人（物），由近及远，虽然仁爱的表现越来越远，但正是通过这一途径，由用而达体。儒家从现实的道德生活中找到了实现仁爱的具体途径。可以说"仁"是在"孝"的基础上进一步扩而充之的结果，故可说是"以仁为体，以孝为用"，孝成为仁爱的现实存在。如果"仁"而不能发用体现为孝，那么仁的价值就不能实现和落实。

宋代理学家程颐在诠释《论语》中"孝弟也者，其为仁之本与！"这句话时，明确地提出仁孝关系就是体用关系。

> 问："'孝弟为仁之本'，此是由孝弟可以至仁否？"曰："非也。谓行仁自孝弟始。盖孝弟是仁之一事，谓之行仁之本则可，谓之是仁之本则不可。盖仁是性也，孝弟是用也。性中只有仁义礼智四者，几曾有孝弟来？仁主于爱，爱莫大于爱亲。故曰：'孝弟也者，其为仁之本欤！'"③

在理学家程颐看来，仁是"本"，是"性"；而孝悌是"用"，是"仁之一事"。"孝弟为人之本"中"为仁"乃行仁之意，"孝弟"是行仁之本，而不是仁之本。恰恰相反，仁是"孝弟"之本，"孝弟"是仁之用。理学的集大成者朱熹对于程颐的"仁是本，孝弟是用"的思想做了细致、深切的阐发。

> 问："孝弟谓仁之本。"曰："论仁，则仁是孝弟之本；行仁，则当自孝弟始。"
> 问："把孝弟唤做仁之本，却是把枝叶做根本。"曰："然。"
> 仁是孝弟之母子，有仁方发得孝弟出来，无仁则何处得孝弟！

---

① 刘宝楠：《论语正义》，中华书局 1990 年版，第 7 页。
② 同①，第 248—249 页。
③ 程颐、程颢：《二程集》，中华书局 1981 年版，第 183 页。

自亲亲至于爱物,乃是行仁之事,非是行仁之本也。故仁是孝弟之本。

仁是性,孝弟是用。用便是情,情是发出来底。论性,则以仁为孝弟之本;论行仁,则孝弟为仁之本。如亲亲,仁民,爱物,皆是行仁底事但须先从孝弟做起,舍此便不是本。

“由孝弟可以至仁”,则是孝弟在仁之外也。孝弟是仁之一事也。如仁之发用三段,孝弟是第一段也。仁是个全体,孝弟却是用,凡爱处皆属仁。爱之发,必先自亲亲始,“亲亲而仁民”,“仁民而爱物”,是行仁之事也。

问:“孝弟为仁之本。”曰:“此是推行仁道,如‘发政施仁’之‘仁’同,非‘克己复礼为仁’之‘仁’,故伊川谓之‘行仁’。学者之为仁,只一念相应便是仁。然也只是这一个道理。‘为仁之本’,就事上说;‘克己复礼’,就心上说。”①

由此可见,仁是最后的实在,是世界的根本原理,因此它超越了经验,但又不离现实的经验。仁既是天地万物生生不息之理,又是天地万物生生流行之总体。因此,仁作为本体,不是情感,而孝是对祖先、父母的崇敬之心,是情感,情感是用。从体用的关系而言,仁作为本体,其地位自然高于孝,但仁又源于孝。所谓“孝弟乃为仁之本”,就是强调实现仁体需孝之用出发,由用而达体。因为没有离用之体,也就是说离开了孝悌,仁便会成为无本之木,无源之水。孝作为别相,是整体之个体。孝的血亲之爱通过向外层层推扩,即可以上升为朋友间的“信”与君臣间的“忠”,最后达到“泛爱众”,上升为普遍的人类之爱。这样,在作为“端”和“本”的孝与最高目的的仁之间便蕴含着一种矛盾,这种矛盾往往表现在血缘亲情与社会道义之间。从儒家的相关论述来看,当二者产生矛盾之时,原始儒家往往维护血缘亲情的先在性,主张“父为子隐,子为父隐,直在其中矣”②。因为在孔子看来,孝是仁的根源和基础,一旦孝的血缘亲情被破坏,仁的整个大厦也会随之垮塌,因此孔子一方面主张“推孝及仁”,在孝的基础上发展出更为广泛的社会伦理关系;另一方面,当社会伦理乃至法律关系与孝悌发生冲突时,他又极力要维护孝的血缘亲情不被破坏。

---

① 黎靖德:《朱子语类》,中华书局1999年版,第463—473页。
② 刘宝楠:《论语正义》,中华书局1990年版,第7页。

　　由上可知,儒家以孝释仁,把仁爱建立在血亲之爱的基础之上,而血亲之爱又是人与生俱来的自然情感,于是仁的本然之源就内在于每个人的爱亲之心,从而寻找到了仁的先验理据。仁孝关系则包含了普遍之爱与等差之爱的思想,二者在哲学意义上就是整体与个别的关系。从人的血亲之爱扩大到血族之外的广大人群,孝仅仅是仁的原点,"施由亲始",由爱亲扩大至广大地域的人际关系,进而将仁爱之心扩大到爱一切事物,所谓"亲亲而仁民,仁民而爱物"(《孟子·尽心上》)。根据儒家能近取譬、推己及人的致思理路,孝与血亲之爱可以构建家庭和谐之美,由亲亲而仁民可以构建社会和谐之美,由仁民而爱物可以构建生态和谐之美。儒家仁孝关系的理论从先天赋予人的爱心出发,把家庭、社会与生态之美有机地融合起来,构成了人我一体与人物共生的伦理图景。

◆西方伦理思想研究

交换理性批判及其意义

何丽野[①]

【摘　要】通过分工交换以获得自己的生存资料,是人类最基本的活动,在这个活动中,人类思维产生了交换理性。它发源于人类的生存需要,通过劳动分工和市场交换,成为人类一种基本的思维方式。当代市场经济中形成的交换理性,其基本特征是排斥身份和地位的因素,个人通过满足他人需要的利他的行为,交换到自己所需的生活资料,达到利己的目的。交换理性是个人自我意识产生的根源,也是认知理性和实践理性的基础。西方市民社会的商品交换经历了从个人生活必需品简单的使用价值交换到通过市场的商品交换的过程,交换理性从带有个人地位和身份的特殊性发展到排除地位和身份因素的普遍性交换,在这个过程中发展出抽象的商品和人的意识,并在这个基础上产生了个人自由与平等意识。中国在建设社会主义市场经济中的一个重要方面是要做到公平和正义,形成普遍性的交换理性。

【关键词】市场经济;交换理性;市民社会;平等

---

① 何丽野,浙江工商大学马克思主义学院教授。

一、问题的提出

交换理性是理性的一种应用，在人类思维和社会生活中一直存在并且占据非常重要的地位，却长期被哲学家们忽略和误读。如康德说："我们理性的一切兴趣（思辨的以及实践的）集中于下面三个问题：（1）我能够知道什么？（2）我应当做什么？（3）我可以希望什么？"[①]这三个问题来源于理性活动的三大领域：认知领域、道德领域和审美（艺术）领域。康德认为，回答了这三个问题，也就可以回答"人是什么"的问题。但实际上理性尚有一个重要的活动领域：谋生，即追求物质利益。人必须先活下去，然后才能从事认识、道德和审美活动。这种谋生活动不仅存在于经济领域，也同时存在于其他各个领域（现代社会里，各行各业的人从事职业首先都是为了谋生），并且是其他一切领域活动的基础和决定性因素。理性被用于此时，即为"经济理性"。所以，在康德的三大问题之外，理性其实还有一个最感兴趣、最重要的问题。这个问题就是："我能得到什么？"具体地讲，就是：我（在社会活动中）能得到什么（以满足我的物质需求）？只有回答了这个问题，才能最后回答康德的第四个问题：人是什么？

市民社会中的"经济理性"并不能等同于一般的利己主义。康德于此同样有误读。他把理性应用于个人谋利，当作纯粹的利己主义和掠夺、欺诈（他曾举出一个管家如何欺骗主人作为例子），他认为，人如果用理性为自己谋利，就把自己等同于动物了。[②] 其实不然。在笔者看来，市民社会中的经济理性本质上是"交换理性"。它是把理性应用于交换，是在劳动分工和成本计算的基础上形成的。它虽然也是"利己"，但首先却是"利他"：以为他人服务、满足他人的利益与需求的方法来达到利己的目的。亚当·斯密首先指出了这一点："人类几乎随时随地都需要同胞的协助。要想仅仅依赖他人的恩惠，那是一定不行的。他如果能够刺激他们的利己心，使有利于他，并告诉他们，给他做事，是对于他们有利的，他要达到目的就容易多了。……我们每天所需的食料和饮料，不是出自屠户、酿酒家或烙面师的恩惠，而是出于他们自利的打算。我们不说唤起他们利他心的话，

---

① 　康德：《康德三大批判合集》（上），邓晓芒译，人民出版社 2009 年版，第 533 页。
② 　《康德三大批判精粹》，杨祖陶、邓晓芒编译，人民出版社 2001 年版，第 329 页。

而说唤起他们利己心的话。我们不说自己有需要,而说对他们有利。"①亚当·斯密认为,交换是人之为人的标志,是理性的应用,马克思曾转引亚当·斯密的话说:"这种交换倾向或许是应用理性和语言的必然结果。"②人能够从事分工,并用理性进行交换,正体现了人高于动物之处。"(分工交换)这种倾向,为人类所共有,亦为人类所特有。在其他各种动物中是找不到的。"③黑格尔在《法哲学原理》"市民社会"一章中一开头就指出市民社会这个"利己首先利他"的特点:"在市民社会中,每个人都以自身为目的,其他一切在他看来都是虚无。但是,如果他不同别人发生关系,他就不能达到他的全部目的,因此,其他人成为特殊的人达到目的的手段。……在满足他人福利的同时,满足自己。"④

对市民社会的经济交换关系的阐述不仅见于斯密和黑格尔,其同时代经济学家如让·巴·萨伊、斯卡尔培克、穆勒等也有与斯密类似的说法(参见《1844年经济学哲学手稿》,马克思在那里对此有集中的概括介绍)。⑤ 马克思即指出资本主义不同于以往社会之处在于经济领域内的基本关系是交换关系:"两极(工人和资本家)之间以交换关系为基础而不是以统治和奴役关系为基础",资本家"不能直接占有他人的劳动,而是必须向工人本人购买劳动,换取劳动"。在这个交换过程中,资本家付出了交换价值(资本),获得了使用价值(劳动力),工人则相反,付出了使用价值(劳动力),获得了交换价值(钱),从而"在形式上他们之间的关系是一般交换者之间的平等和自由的关系"⑥。马克斯·韦伯对此说得较为具体。他说,资本主义经济的主要标志,是以精确的资本核算为基础在交换中获取利润,"我们可以给资本主义的经济行为下这样一个定义:资本主义的经济行为是依赖于利用交换机会来谋取利润的行为,亦即是依赖于(在形式上)和平的获利机会的行为。……这就意味着,这种行为要适合于以这样一种方式来有条不紊地利用商品或人员劳务作为获利手段"⑦。这种交换是完全理性的,摆脱了权力和血缘关系等因素的影响,他称之为"经济理性主义"。"资本主义精神

① 亚当·斯密:《国民财富的性质和原因的研究》上卷,郭大力、王亚南译,商务印书馆1972年版,第13—14页。

② 《马克思恩格斯文集》第1卷,人民出版社2009年版,第237页。

③ 《国民财富的性质和原因的研究》上卷,郭大力、王亚南译,商务印书馆1972年版,第13页。

④ 黑格尔:《法哲学原理》,范扬、张企泰译,商务印书馆1961年版,第197页。

⑤ 同②,第238—239页。

⑥ 《马克思恩格斯文集》第8卷,人民出版社2009年版,第113—114页

⑦ 马克斯·韦伯:《新教伦理与资本主义精神》,于晓、陈维纲等译,生活·读书·新知三联书店1987年版,第8页。

的发展完全可以理解为理性主义整体发展的一部分,而且可以在资本主义对于生活基本问题的根本立场中演绎出来。"①涂尔干认为,分工交换形成了人类社会的有机体和"有机团结",它有别于前市民社会的机械组合,是人类社会的进步形态,②等等。可以说,现代西方经济学关于需求、供给、边际收益等方面的思想,都是交换理性的应用,交换理性在现代经济活动和其他社会活动中得到了充分的体现。③

然而,当交换理性在经济生活中逐渐形成并成为社会思维主流范式,哲学家和经济学家开始注意到它的时候,恰逢黑格尔将理性神化,把理性主义发展到登峰造极的地步,结果物极必反,理性本身被否定抛弃(如非理性主义和反理性主义)。19 世纪以后,资本主义市场经济发展"瓶颈期"出现了一些恶果,从而导致理性被视为利益的代言、统治者霸权的象征,被等同于现代性、工具化等。对交换理性的研究没有深入,交换理性本身没有得到充分的批判(康德意义上的)。当前,要实现社会主义核心价值观,尤其需要对交换理性进行深入批判研究。

二、交换理性与人的自我意识

交换理性是人的自我意识产生的根源,交换理性是认知理性的基础。自我意识一直是西方哲学的中心问题。康德说得很对,没有孤零零的自我,"我"必然伴随着对外界事物的表象。也就是说,自我意识是在对外界事物的认识过程中产生的。但认识的动力却非在认识本身,而是来自欲望。理性来源于非理性。黑格尔说:"自我意识就是欲望。"④这个欲望是由生理需求产生的,它指向某物(生活资料)。这就产生了最初的自我意识:"我"在欲求。但"我"马上会发现,这个"物"不属于我。在私有制社会里,任何"物"都是有"主"的,后来的个人想要这些"物",必须得到拥有物权的人的允许与转让。要做到这一点就必须满足他人的需求。所以,一个完整的自我意识是"主奴意识"的矛盾体:一方面"我"是主人,"他人"应当满足"我"的物质需求;但另一方面"我"又要提供"他人"(物主)所需要的东西,他满意了,允许了,"我"才能通过转让得到自己所需要的物,此时自

---

① 马克斯·韦伯:《新教伦理与资本主义精神》,于晓、陈维纲等译,生活·读书·新知三联书店 1987 年版,第 56 页。

② 涂尔干:《社会分工论》,渠东译,三联书店 2000 年版。

③ 不过到目前为止,交换理性这个概念尚未见有人提出,应属笔者首创。

④ 黑格尔:《精神现象学》上卷,贺麟译,商务印书馆 1982 年版,第 120 页。

我反而是他人的奴隶。主奴双方都是互相所需要的,离不开的。比如小孩子往往会意识到:一方面,自己依赖父母,必须让包括父母在内的长辈满意,才能得到自己想要的东西;但另一方面,父母也需要自己,离不开自己。可以利用这一点"要挟"父母。如黑格尔所言,"自我意识是自在自为的。这由于、并且也就因为它是为另一个自在自为的自我意识而存在的;这就是说,它所以存在只是由于被对方承认"①。所以,交换活动是自我意识的开始。

市民社会的商品交换也是同样的。生产者一方面意识到自己是"奴隶"——自己必须提供令消费者满意的商品和服务才能挣到钱。但同时又是"主人"——消费者也有赖于自己的劳动以满足他们的欲望;反过来,消费者也意识到自己一方面是"主人"——生产者需要自己的消费挣钱,但同时也是"奴隶"——有赖于生产者提供服务来满足自己的生存需求。所以,自我意识既依赖于他者,又创造他者,并且在这个创造过程中,在对象身上意识到自己。这就是黑格尔所说的自我意识的扬弃:"第一,它必须进行扬弃那另外一个独立的存在,以便确立和确信它自己的存在;第二,由此它便进而扬弃它自己本身,因为这个对方就是它本身。"②于是形成自我意识的"双重性":"第一,它丧失了它自身。因为它发现它自身是另外一个东西;第二,它因而扬弃了那另外的东西,因为它也看见对方没有存在,反而在对方中看见它自己本身。"从商品交换的角度看,所谓"它丧失了它自身",就是生产者不能自己确认自己,而要从买者(或消费者)那里确认自己。所以,"我"自身是另外一个东西;但同时,"我"也从对方那里看见自己(消费者为了享受我的商品和服务不得不掏腰包)而否定了对方的独立性,并以此来证明自己的独立性。

市民社会形成的交换理性不同于前市民社会形态,在于前者主要是带有"普遍性"(个人作为抽象的人),而后者主要是"特殊性"(个人作为特定的家庭伦理角色)。黑格尔曾指出了这一点:市民社会中的个人与前市民社会中的个人有着不同的存在形式。后者不具备独立的个人形态——农业社会是以家庭为主要的经济单位,在家庭中,个人是以丈夫、妻子、儿女等角色身份存在,并且从事这种身份所需要的活动,以此获得个人生活资料。但在市民社会中,个人脱离了家庭,通过商品市场交换面对所有的人,这个时候,个人的"特殊目的通过同他人的关系就取得了普遍性的形式,并且在满足他人福利的同时,满足自己"③。货币

---

① 黑格尔:《精神现象学》上卷,贺麟译,商务印书馆1982年版,第122页。
② 同①,第123页。
③ 黑格尔:《法哲学原理》,范扬、张企泰译,商务印书馆1961年版,第197页。

作为一般等价物,即是"普遍性的形式",马克思从商品价值的角度论述了这个问题:在资本主义社会中,商品生产者所从事的是具体劳动,所生产的是具体商品的使用价值,但具体劳动进入商品交换时必须转化为抽象劳动(社会必要劳动时间)亦即社会成本,商品中的私人劳动必须转化为社会劳动,这就是由特殊性转变为普遍性。《资本论》讲:"他(生产者)不仅要生产使用价值,而且要为别人生产使用价值,即生产社会的使用价值。"恩格斯对此做了个注解:"而且不只是单纯为别人。……并不因为是为别人生产的,就成为商品。要成为商品,产品必须通过交换,转到把它当作使用价值使用的人的手里。"①恩格斯这里说的产品交换就是进入市场交换,市场就是普遍性。虽然买者拿到的是使用价值,但据以交换的却并不是使用价值,而是(抽象)价值。马克思说,资本主义社会的商品交换的特点就是,一种商品不是仅仅同另一种商品发生社会关系,而是"同整个商品世界发生社会关系"②。所以说市民社会的商品交换是一种"普遍性"的活动。马克思由此称资本主义的生产关系为"建立在交换价值基础上的生产关系"③。市民社会的交换理性是在这个基础上发展起来的。

建立在发达的商品交换基础上的交换理性产生了抽象的具有普遍性意义的"人"的自我意识。在现代商品社会,个人几乎无时无刻不在买者和卖者这两种角色中转换,往往一方面是某种商品和商业服务的生产者,另一方面又是其他商品和商业服务的消费者。马克思曾指出:"最一般的抽象总是只产生在最丰富的具体发展的场合,在那里,一种东西为许多东西所共有,为一切所共有,这样一来,它就不再只是在特殊形式上才能加以思考了。"④正如在市场交换中产生一般的"劳动"和"商品"意识一样,人们在社会角色转换中也产生了抽象的"人"的意识。当个人把其他人当作"人"的时候,他自己也就成了"人",他摆脱了自己个人身份的限制,自由地对待其他人,同时也自由地对待自己。黑格尔说,自我意识只有"一个自我意识对一个自我意识"的情况下,"它才是真实的自我意识。因为在这里自我意识才第一次成为它自己和它的对方的统一。……它在它的对立面之充分的自由和独立中,亦即在互相差异、各个独立存在的自我意识中,作为它们的统一而存在:我就是我们,而我们就是我"⑤。马克思从商品交易的角度

---

① 《马克思恩格斯选集》第 2 卷,人民出版社 1995 年版,第 119 页。
② 同①,第 132 页。
③ 《马克思恩格斯全集》第 46 卷(下),人民出版社 1972 年版,第 319 页。
④ 同①,第 22 页。
⑤ 黑格尔:《精神现象学》上卷,贺麟译,商务印书馆 1982 年版,第 122 页。

阐发了黑格尔这个思想:"在交换的主体的意识中,情况是这样的:每个人在交易中只有对自己来说才是自我目的;每个人对他人来说只是手段;最后,每个人是手段同时又是目的,而且只有成为他人的手段才能达到自己的目的,并且只有达到自己的目的才能成为他人的手段。"在一个市场里的人很容易意识到自己与他人的一致性。自己需要交换,人家也需要交换;我需要他人,他人也需要我。参加交换的各方相互联系、相互依赖,往往一损俱损,一荣俱荣。这样就产生了"表现为整个交换行为的内容的共同利益",它"作为事实存在于双方的意识中","最后,意识到一般利益或共同利益只是自私利益的全面性"①。也就是个人利益与整体利益的一致性。个人从而消融于普遍性之中,个人能很容易地与他人找到共同语言,感觉到自己与他人的一致性。所以"我就是我们,而我们就是我"。所以马克思讲,西方自由主义、个人主义思潮并不是什么人们自古以来就有的思想,而是市民社会的产物,"流通中发展起来的交换价值过程,不但尊重自由和平等,而且自由和平等是它的产物;它是自由和平等的现实基础。作为纯粹观念,自由和平等是交换价值过程的各种要素的一种理想化的表现;作为在法律的、政治的和社会的关系上发展了的东西,自由和平等不过是另一次方上的再生产物而已"②。

三、市民社会普遍性的交换理性

交换理性有一个从特殊性到普遍抽象性的过程,这个过程是建立在自然经济到市场经济的商品交换发展基础上的。

前市民社会是自然经济社会。虽然也有商品交换活动,但在大部分交换中,商品实际上不是"商品"——它们主要是供生产者自己或其他特定的个人消费的,不是为在市场买卖准备的,产品没有进入"市场"交换,私人劳动没有转化为社会劳动。基本上是两种情况:(1)交换者是自给自足的小农,他们拿出去交换的商品,大多是满足自身需要以后的富余的个人消费品,不是为了出售而生产的。马克思曾对比英国资本主义的农场主与法国小农经济状态下的农民:"英国租地农场主和法国农民,就他们出售的商品都是农产品来说,他们所处的经济关系是相同的。但是,农民出售的仅仅是自己家庭的小部分剩余产品,产品的主要

---

① 《马克思恩格斯全集》第46卷(下),人民出版社1980年版,第472—473页。
② 同①,第477页。

部分由他自己消费,因此他把其中的大部分不是看作交换价值,而是看作使用价值,即直接的生存资料。相反,英国的租地农场主全靠出售自己的产品,即依靠作为商品的产品,从而依靠自己的产品的社会使用价值,因此,他的生产的整个范围都由交换价值控制和决定。"①"如果生产者把产品只作为使用价值来生产,那么使用价值就不会成为商品。"②只作为使用价值生产自己消费为主的产品,虽然偶尔也会进入交换,但生产者不会太在意其价值,而只是想换到一些自己无法生产的生活必需品(使用价值)。这些产品也就不是严格意义上的商品。(2)劳动者为封建主或者官家订购而生产产品。比如封建时期的中国就是如此,"中国的手工业者只是为私人顾客劳动,如果没有新的订货,他的生产过程就会停顿"③。在这种生产中,生产者面对的消费者是特定的人(封建主、官家)。商品须按照这些人的要求制作,须满足这些人对于使用价值的要求,不能也不需要考虑其他因素,商品价格因此不是由市场决定。因此这也不是严格意义上的商品。这两种情况下都不存在真正意义上的具有竞争关系的市场。韦伯曾引用《现代资本主义》的作者索姆巴特的话指出,"需要的满足和获利"是两种不同的生产类型,"在前一种情况下,支配经济活动的形式和方向的目的,始终是获得满足个人需要的必需商品;而在后一种情况下,则是努力获取不受需要限制的利润"。他认为,后者才是资本主义生产的特有标志。④ 当然,在自然经济中也有纯粹意义上的商品市场。但它往往受到很多限制,包括政府的限制(如中国古代的盐铁专营制度)、社会地位等级的限制,以及商品交易本身条件如交通、信息传播手段等的限制。市场规模不大,商家所面对的消费人群有限,对社会整体经济生活影响不大。马克思说:"真正的商业民族只存在于古代世界的空隙中。"⑤涂尔干说:"贸易在很长时间里都只是罗马时期社会活动中附属和次要的事情。本质而言,罗马还是一个农业和尚武的社会。……甚至在罗马历史最为兴盛的时期,贸易还算是一种被道德排斥在外的腐化现象,还不被允许在国家中占有一席之地。"⑥中国古代封建社会也是这样,商人地位低,商品交换受到很大限制。所以

---

① 《马克思恩格斯全集》第 46 卷(下),人民出版社 1972 年版,第 467 页。

② 《马克思恩格斯全集》第 47 卷,人民出版社 1972 年版,第 37 页

③ 《马克思恩格斯选集》第 2 卷,人民出版社 1995 年版,第 290 页。

④ 韦伯:《新教伦理与资本主义精神》,于晓、陈维纲等译,生活·读书·新知三联书店 1987 年版,第 45—46 页。但笔者认为,此种概括不够全面。前资本主义生产也有为了利润的,但它们往往不是通过精确的成本核算等获取利润,而是利用各种权力与身份等非理性因素。

⑤ 《马克思恩格斯全集》第 23 卷,人民出版社 1972 年版,第 96 页。

⑥ 涂尔干:《社会分工论》,渠东译,生活·读书·新知三联书店 2000 年版,第 31—32 页。

自然经济的社会不能产生普遍抽象的"商品"意识。

在市民社会里,生产是为了进入社会交换,能否以更低的成本生产并通过正常的销售获利是生产者唯一的考虑。这样就出现了一般意义上的"商品",比如马克思在批评李嘉图时就指出,在资本主义生产关系下,土地是被看作与其他商品一样的"商品",所以资本家投资土地时,其地租并不是按照该土地的使用价值确定(封建社会是这样的),而是由资本在不同产业投资的平均利润决定。① 土地如此,其他东西无一例外。如此,商品也就获得了它的普遍性。在这同时,"人"也获得了普遍性。马克思曾指出,前市民社会是"人的依赖性占统治地位",表现在经济生活中就是:人与人之间不平等的地位以及由此产生的关系决定人与物的关系。在前市民社会如中世纪,"物质生产的社会关系以及建立在这种生产的基础上的生活领域,都是以人身依附为特征。但是正因为人身依附关系构成该社会的基础,劳动和产品也就用不着采取与它们的实际存在不同的虚幻形式(即商品形式——引者),它们作为劳役和实物贡赋而进入社会机构之中。在这里,劳动的自然形式、劳动的特殊性是劳动的直接社会形式。……所以,无论我们怎样判断中世纪人们在相互关系中所扮演的角色,人们在劳动中的社会关系始终表现为他们本身之间的个人的关系,而没有披上物之间即劳动产品之间的社会关系的外衣"②。比如在商品交换中,商人(或生产者)面对自己的家人、亲戚或朝廷官员,就不能考虑利润。而且,前市民社会的商品消费是有个人身份限制的。这就是参与交换的是"具体的个人",而不是"一般的人"。但市民社会不是这样,"物的依赖性占统治地位"。人与人的差别被物(货币)抹平了。理论上来讲,所有的人都可以参与任何商品的交易,只要他们能出得起钱。不管是商家还是消费者,他们都没有什么"私人定制",都通过"市场"面对所有的人。③ 在金钱面前人人平等。个人没有身份差别,甚至没有家庭血缘关系,个人因此而摆脱了农业社会家庭关系中具体身份的特殊性,获得了社会(市场)的个人抽象的普遍性。"商品是天生的平等派。"④这里的商品就是在市场中作为一般等价物的货币,在这个一般等价物的交换过程中产生关于一般"人"的思想。产生了康德所说的那种抽象的人的自我意识。

---

① 《马克思恩格斯选集》第 1 卷,人民出版社 1995 年版,第 180—181 页。

② 《马克思恩格斯全集》第 23 卷,人民出版社 1972 年版,第 94 页。

③ 现在有所谓消费对象"定位"的说法,如固定地服务于某个社会阶层等。即便如此,商家也必须争取到这类消费者中的最大多数人。

④ 《马克思恩格斯文集》第 5 卷,人民出版社 2009 年版,第 104 页。

四、马克思主义与当代中国社会的交换理性

资本主义制度下的市民社会的交换理性也存在"二律背反"：一方面，交换把人与人联系在一起，我为人人，人人为我；另一方面，交换把人与人分离开来，个人意识到自己与他人的对立性。这个对立性就是：自己赚到的钱是由他人付出的，或者是他人损失的，反之亦然。因此，自己必须千方百计赚他人的钱，为了这个目的甚至可以不择手段。同时提防他人赚自己的钱，除非他人能帮助自己赚更多的钱。这就是黑格尔讲的"市民社会是个人私利的战场，是一切人反对一切人的战场。同样，市民社会也是私人利益跟特殊公共事务冲突的舞台"①。表现在生产上，就是马克思所讲的资本主义社会表面上的平等自由交换掩盖着实际上的不平等（剩余价值的剥削），造成资本主义社会生产资料的个人占有与生产的社会化之间的矛盾，个别企业生产的有计划性与整个社会生产的无政府状态之间的矛盾。

马克思主义并不反对交换。相反地，马克思和恩格斯认为，分工和交换的扩大，是生产力发展的一个重要源泉。② 即使在马克思所设想的未来社会中也有交换，例如，在按劳分配的社会主义社会中，"每一个生产者，在做了各项扣除以后，从社会领回的，正好是他给予社会的（劳动量）"③。马克思所反对的是私有制社会中强势群体利用自己对于生产资料的占有权剥削弱势群体的不公平交换，以及把各行各业的从业者都变成了用金钱招募的雇工，把一切人与人的关系甚至家庭关系都变成了金钱交换关系。马克思认为，一方面，劳动所得的交换应当公平；另一方面，金钱交换应当受到限制。不同的领域内，交换关系应当是不同的，"我们现在假定人就是人，而人对世界的关系是一种人的关系，那么你就只能用爱来交换爱，只能用信任来交换信任"④。

当前，中国特色社会主义市场经济同样面临交换理性的问题。在长期小农经济的封建体制下，中国未能发展出西方那种完全的市场经济，其商品交换没有摆脱自然经济下的交换关系，带有较多的非理性因素，表现为：权力和身份关系

---

① 黑格尔：《法哲学原理》，范扬、张企泰译，商务印书馆 1961 年版，第 809 页。
② 《马克思恩格斯选集》第 1 卷，人民出版社 1995 年版，第 86 页。
③ 《马克思恩格斯选集》第 3 卷，人民出版社 1995 年版，第 304 页。
④ 同②，第 247—248 页。

深深地介入经济交换活动之中。有学者认为,中国传统是"权力—依附"型社会。商品交换同样如此,"在长达数千年的中国传统社会中,经济利益问题主要不是通过经济方式来解决,而是通过政治方式或强力方式来实现的"[1]。曾国藩曾批评清代以前官府强买强卖:"前代官买民物,名曰和买、和籴,或强给官价,或竟不给价,见于唐、宋史传、奏议、文集,最为民害。"[2]其实清朝仍然延续了这种情况。官府依仗权势巧取豪夺之事屡见不鲜。[3] 身份以及由此而产生的个人关系也是如此。韦伯说:中国的一切社会组织"完全系于个人关系的性质","一切共同体行动在中国一直是被纯粹个人的关系,特别是亲戚关系包围着,并以它们为前提"[4]。所以,韦伯在论述近代中国史时就认为,中国是"政治资本主义"盛行,"纯粹经济资本主义"也有一些,但是"决定着近世发展的特异性的理性产业资本主义,在这种政体下却根本没有发生"[5],讲的就是这种情况。由于权力与身份不同而产生的利益占有不公平的情况在当代中国市场经济中仍然有着相当规模的存在,相信生活在当代中国的人对此都有体会。社会主义的核心价值观自由、平等、公正、法治等都要建立在具有普遍性的商品交换理性的基础上,在一个凭借身份和权力占有资源利益的社会里是不可能产生,更谈不上普及什么自由平等的观念的。因此,中国特色社会主义市场经济,一方面要阻止出现资本主义私有制下的由于生产资料占有不同而出现的两极分化,另一方面也要建设公平、法治的市场,以消除利用身份和权力造成的不平等交换、市场垄断,截断其获利途径,实现交换理性的普遍性。

---

① 《洞察中国古代历史的王权主义本质——访南开大学荣誉教授刘泽华》,《中国社会科学报》2005年1月7日第A04版。

② 张之洞:《近代文献丛刊劝学篇》,上海书店出版社2002年版,第7页。

③ 对此我们可以举《红楼梦》里的三个例子加以证明。一是贾珍为儿媳秦可卿办丧事要买棺材。薛蟠送来一副棺材,贾珍问他:"价值几何?"薛蟠笑道:"拿一千两银子只怕没处买。什么价不价,赏他们几两银子做工钱就是了。"(清)曹雪芹《红楼梦》,人民文学出版社1967年版,第148页。二是第四回,薛蟠与他人争买丫环,竟将另一个买主打死,将人抢走。三是第四十八回,贾府老爷看上一批古扇,但扇主不愿意卖。贾雨村便讹其拖欠官银,将其关进监牢,没收古扇送给贾府。

④ 马克斯·韦伯:《儒教与道教》,王容芬译,商务印书馆1995年版,第294页。

⑤ 同④,第157页。

马克思哲学批判的两大转向及其存在论筹划①

——基于《〈黑格尔法哲学批判〉导言》的存在论解读

周志山②　张学华③

【摘　要】在《〈黑格尔法哲学批判〉导言》中,马克思实现了哲学批判的两大转向:从对"彼岸世界"的批判转向对"此岸世界"的批判,从"批判的武器"转向"武器的批判"。依循存在论的路径,它预示着马克思哲学变革的存在论筹划:体现在哲学思维上,意味着从知识论的知性逻辑转向生存论的生活逻辑;在哲学批判旨归上,从压迫此在的非时间、非历史的知性关系转向追求此在的时间性、历史性的生存解放。

【关键词】马克思;哲学革命;存在论筹划

　　《〈黑格尔法哲学批判〉导言》(以下简称《导言》)是马克思哲学世界观创制过程中的一部重要著作。学界对该著作的解读成果不少,但从本体论高度解读的成果并不多。本体论的解读主要又表现为两种路径:海德格尔依据《导言》中的某些片段对马克思哲学做了"形而上学化地解读"④,它构成了解读《导言》及其哲学观的主流;少数学者对此做出了回应,认为马克思在《导言》中已经超越了形而上学的知性思维方式,实现了"实践论转向"与"生存论转向"。笔者认为,这样的回应是值得肯定的,不过仍有必要提升到存在论的高度上来解读《导言》,以期揭示马克思从存在论路径上所实现的哲学变革及其重要意义。

---

　　①　基金项目:教育部人文社科基金项目"马克思公共性视域中的民生问题研究"(11YJA710078)。
　　②　周志山,浙江师范大学法政学院教授。
　　③　张学华,浙江师范大学法政学院硕士研究生。
　　④　海德格尔认为,全部马克思主义都是以"人是人的最高本质"这一与费尔巴哈式批判的意义完全一样的形而上学命题为依据的。(参见 F. 费迪耶等:《晚期海德格尔的三天讨论班纪要》,丁耘摘译,《哲学译丛》2001 年第 3 期)国内外大多数学者也是在费尔巴哈人本主义意义上理解《导言》的。

一、马克思哲学革命的性质估价

马克思的哲学创建在哲学发展史上具有革命性意义,国内外理论界并无异议。但是,如何评价或评估这一革命性意义,人们的看法并不一致。这种分歧源自人们不同的阐释视角和学术立场。例如,第二国际的理论家如普列汉诺夫等将马克思哲学革命退行到费尔巴哈哲学的基础上,而西方马克思主义早期领袖如卢卡奇等则把马克思哲学革命返回到黑格尔主义的定向上;当代西方有影响的哲学家,如伽达默尔,把马克思哲学变革的意义置于黑格尔和尼采之间,海德格尔则直接将两者相提并论,认为他们最终都导回到形而上学之中去了。

因此,重估马克思哲学革命的性质与意义成了当代理论家的一个重大课题。为了回应和纠正国外理论家对马克思哲学革命的重要意义缺乏原则高度的评价,国内不少学者如吴晓明、贺来、陈立新等人,在马克思哲学的存在论基础上,重估了马克思以实践为基础的哲学本体论革命的当代意义,力图指证马克思哲学革命终结了全部形而上学,开启了后形而上学视域,也即存在论的新境遇。

在这里,首先厘定和澄清生存论路向和知识论路向、存在论思维范式和形而上学思维范式的本质区别或界限是很有必要的。

所谓"知识论路向",研究的是概念的、逻辑的和反思的超验世界,即研究"作为存在的存在"的"第一哲学",它把哲学规定为"追求最高原因的基本原理",以期获得阐释世界万物和一切科学知识的最高根源和最终依据。与此相适应,"形而上学思维范式"是一种试图从终极本体或超感性实体来把握人与世界的思维范式,这是一种迷恋于最终主宰、第一原理和最高统一性的思维范式,具有寻求终极实在的绝对主义、还原主义以及知性逻辑和概念化思维的唯理主义等特质。其基本做法是:将世界划分为两个部分,即感性世界(此岸世界或世俗世界)和超感性世界(彼岸世界或形而上学世界),并设定某一"超感性实体"(如理念、物自体、绝对精神等),作为现实感性世界之存在者之所以存在的本质根据和最高原则,现实感性世界由此被规定和统摄在超感性世界的荫蔽之中,并以向超感性世界的趋赴和统一为神圣目标。这便是传统哲学知识论路向和形而上学思维范式的基本逻辑。海德格尔在《存在与时间》中对此评述道:"自柏拉图以来,更确切地说,自晚近希腊和基督教对柏拉图哲学的解释以来,这一超感性领域就被当作真实的和真正现实的世界了。与之相区别,感性世界只不过是尘世的、易变的,因而是完全表现的、非现实的世界。……如果我们把感性世界称为宽泛意义上的物理世界,那么,超感性世界就是形而上学的世界了。"

所谓"生存论路向",要求理论研究直径达到前概念的、前逻辑的和前反思的现实生活世界,确立和阐扬现实生活世界与人的感性实践活动之作为哲学存在论的本质根据。与此相适应,"存在论思维范式"持有一种生存论的世界观,认为存在只有在人的生存实践活动中才能得以揭示和展露出来,存在的意义并不在超感性的超验实体中,而在于人的生存实践活动的历史性展开和显现之中。这一思维范式要求以生存实践原则取代唯理主义原则,以现实生活的原则取代绝对主义、还原主义原则,以历史性、时间性取代非历史性原则等。

如果把马克思哲学的革命性变革置于传统西方哲学向当代哲学转换的大背景下来加以考察的话,不难发现,马克思哲学变革所面临的最大难题,就是来自曾经长期盘踞哲学"至尊地位"的传统理性形而上学的严峻挑战。马克思哲学变革的首要任务,就是破除和解构全部形而上学的虚妄性。由于柏拉图哲学是全部形而上学的真正滥觞,而黑格尔哲学则是全部形而上学的巨大渊薮。因此,对黑格尔哲学的批判,意味着马克思对以往全部形而上学的批判。而这一批判恰恰起始于马克思在《导言》中筹划的哲学批判的存在论转向,它体现在哲学批判思维上,从知识论的知性逻辑到生存论的生活逻辑的转向;在哲学批判旨归上,从压迫此在的非时间、非历史的知性关系到追求此在的时间性、历史性的生存解放的转向。

二、马克思哲学批判的两大转向

《导言》写于 1843 年年底,1844 年 2 月发表在《德法年鉴》上。它是马克思思想超越黑格尔思辨哲学、摆脱费尔巴哈旧唯物主义影响,并使其转向现实世界与感性生活研究的经典之作。马克思研究的现实性转向主要是通过两个维度的批判来实现的:即对"彼岸世界"的批判转向对"此岸世界"的批判,从"批判的武器"转向"武器的批判"。

(1)对"彼岸世界"的批判转向对"此岸世界"的批判。所谓"彼岸世界"的批判,就是对宗教世界(超感性世界)的批判;"此岸世界"的批判,就是对世俗世界(感性世界)的批判。在《导言》中,与费尔巴哈一样,马克思的批判首先也是从宗教批判入手的,认为对"彼岸世界"的批判是对"此岸世界"批判的前提。这是因为,宗教作为一种颠倒了的现实世界的意识形态,它从外部规定着并且掌握了感性现实生活本身,是当时德国封建社会的精神支柱,是统治阶级统治"这个世界的总的理论"和"包罗万象的纲领"以及"借以安慰和辩护的普遍根据"。对于被统治阶级而言,"宗教是还没有获得自身或已经丧失自身的人的自我意识和自我感觉",是"被压迫生灵的叹息"和"鸦片"。面对这种"颠倒"的世界关系,费尔巴哈揭露了"宗教的本质是人的本质的异化",认为"神学的秘密在于人本学",把问题从唯心主义的绝对精神和神学观念引向人的感性世界,从而恢复了感性世界的权威。但是,谬误在天国为神祇所做的雄辩一经驳倒,它在人间的存在就真的能够声誉扫地了吗?由于费尔巴哈对人的本质仅仅做了感性人本学的理解,他"致力于把宗教世界归结于它的世俗基础",仅仅揭穿了彼岸世界的"神圣形象"即人和神的异化关系,而未能揭露此岸世界的"非神圣形象"即现实世界中人和人之间的自我分裂和自我矛盾,更不可能对现实世界"在实践中使之革命化"。他只看到人在宗教关系中异化,而没看到人在政治关系中也深受异化之苦,他在瓦解"上帝的宗教"的同时构建起了"爱的宗教",在批倒天国之神的同时树立起了世俗之神,因而未能找到彻底颠覆宗教的现实道路。

因此,与费尔巴哈不同,马克思认为,宗教批判只是驱逐了彼岸世界的真理,而确立此岸世界的真理才是历史与哲学的真正任务。"真理的彼岸世界消逝以后,历史的任务就是确立此岸世界的真理。人的自我异化的神圣形象被揭穿以后,揭露具有非神圣形象的自我异化,就成了为历史服务的哲学的迫切任务。于是,对天国的批判变成对尘世的批判,对宗教的批判变成对法的批判,对神学的批判变成对政治的批判。"可见,马克思对宗教的批判远没有停留在费尔巴哈的基础上,而是超越了费尔巴哈。其超越之处,就是马克思的批判是扎根于"现实性"的基础之上:一方面,他揭示了人的现实本质,认为"人不是抽象的蛰居于世界之外的存在物。人就是人的世界,就是国家,社会";另一方面,他揭示了宗教的现实根源,认为"宗教里的苦难既是现实的苦难的表现,又是对这种现实的苦难的抗议";"废除作为人民的虚幻幸福的宗教,就是要求人民的现实幸福";"对宗教的批判使人不抱幻想……来建立自己的现实"。简言之,宗教只是现实的虚幻反映,具有深层的现实社会根源。

于是,马克思把批判的矛头指向了现实世界,并向德国现实的腐朽制度进行了猛烈抨击。与英法等国相比,19世纪的德国由于刚刚经历法国大革命和拿破仑战争的动乱,只能观望国外发生的资产阶级历史性变革,其结果是:在英法行将落寞的事物,在德国才初露端倪;在英法不堪入目的腐朽制度,在德国却被当作美好的未来;英法的死灰已然熄灭,德国的烈火却正在熊熊燃烧。因此,马克思深刻指出了德国现状和德国制度是时代的错乱,认为它"是现代各国的历史废旧物品堆藏室中布满灰尘的史实"。但是,德国的统治者却竭力维护它,"以昨天的卑鄙行为来说明今天的卑鄙行为是合法的,把农奴反抗鞭子宣布为叛乱"。不仅如此,现存的德国制度与国家哲学保持在同一水平之上,现实的人深受现存制度和观念制度的双重压迫,这意味着马克思要对现存的社会制度以及这一制度得以存在的哲学抽象进行双重的颠覆。"我们是当代的哲学同时代人,而不是当代的历史同时代人……当我们不去批判我们现实历史的未完成的著作,而来批判我们观念历史的遗著——哲学的时候,我们的批判恰恰接触到了当代所谓的问题之所在的那些问题的中心。"

（2）从"批判的武器"转向"武器的批判"。所谓"批判的武器",是指从理论层面揭示宗教和政治制度对人的束缚和压迫;所谓"武器的批判",是指从实践层面阐明无产阶级立场和变革世界的历史使命。在《导言》中,马克思提出现在的革命要从哲学家的头脑开始,而德国的国家哲学（集中体现为黑格尔法哲学）是一种纯思辨的抽象哲学,它把"绝对精神"设定为超感性的终极实体,并依循理性之光普照大地,而不去关注现实的人和现实的生活世界,"它的思维的抽象和自大总是同它的现实的片面和低下保持同步"。对此,德国的政治理论派"从哲学的前提出发,要么停留于哲学提供的结论,要么就把从别处得来的要求和结论冒充为哲学的直接要求和结论",以为"不消灭哲学,就能够使哲学成为现实"。德国的实践派虽然提出了否定哲学的要求,却天真地断言:"只要背对着哲学,并且扭过头去对哲学嘟囔几句陈腐的气话,对哲学的否定就实现了。"可见,德国"哲学家"只是从理论层面揭示现实问题和提出哲学要求,把哲学批判锁闭在"我思的封闭区域之内",而不去考虑现实的人的生存解放问题。他们不知道揭示问题是为了解决问题,更不知道哲学在完成"解释世界"的任务之后更重要的任务是"改变世界"。因此,"批判的武器"仍然坚持着传统哲学的"知识论路向"。

与之相反,探索"武器的批判"这一"生存论路向"才是马克思哲学批判的当代任务。"批判的武器当然不能代替武器的批判,物质力量只能用物质力量来摧毁","不使哲学成为现实,就不能够消灭哲学"。马克思的哲学批判,不可能像黑格尔那样,只是将现实中的矛盾和问题引向并消融在概念逻辑的自我运动和自身完满的同一中来加以协调,而是筹划着要与这一哲学批判路径划清界限,将理论的批判与实践的变革相结合。于是,马克思把哲学批判归结为能够根本变革现实世界的"实践批判"。马克思所说的实践批判,并非德国模仿英、法等国以实现人的民主自由为目标的资产阶级革命实践,"德国唯一实际可能的解放是以宣布人是人的最高本质这个理论为立足点的解放"。马克思实践批判的根本要求,就是要把德国的革命实践抬高到将来时代"人的高度的革命"水平,即以实现全人类的普遍解放为目标的无产阶级的革命实践。"这个解放的头脑是哲学,它的心脏是无产阶级。哲学不消灭无产阶级,就不能成为现实;无产阶级不把哲学变成现实,就不可能消灭自身。"因此,无产阶级是实现人类解放的"心脏",这是由无产阶级的阶级立场和变革世界的历史使命决定的。马克思在《导言》中阐明了无产阶级是一个戴着沉重的锁链,遭遇着人的完全丧失,只有在社会得到普遍解放之后才能最后解放自己的特殊群体,"它不再求助于历史的权利,而只能求助于人的权利",它"只有通过人的完全恢复才能恢复自己本身"。无产阶级的历史使命就是推翻资产阶级、否定私有财产、消除奴隶制、消灭阶级并"宣告迄今为止的世界制度的解体"。如果说,无产阶级是实现人类解放的"心脏",那么,人类解放的"头脑"则是"实践哲学"。只有实践哲学把无产阶级当作物质武器,同时无产阶级也把实践哲学当作自己的精神武器,使"批判的武器"和"武器的批判"相结合,才能完成变革世界的历史使命。

三、马克思哲学批判转向的存在论筹划

马克思哲学批判的两大转向,预示着其哲学变革的存在论筹划,它集中体现在哲学思维和哲学批判旨归两个层面。

(1)在哲学思维上,马克思筹划着从知识论的知性逻辑转向生存论的生活逻辑。所谓"知识论的知性逻辑",是以"知识论路向"来思考存在的一种哲学思维,它坚持从某一概念逻辑或超感性的实体出发,来规定人、世界以及人与世界的存在关系;"生存论的生活逻辑"是以"生存论路向"来思考存在的一种哲学思维,它坚持从人的现实生活实践活动的历史性的展开过程中,来创设人的存在意义及其与世界的存在关系。

我们分别从马克思在《导言》中哲学批判的两大转向,来领会马克思所筹划的哲学思维上的生存论转向,并与费尔巴哈的知识论路向做一对照。首先,从对"彼岸世界"的批判转向对"此岸世界"的批判来看,费尔巴哈宗教批判的哲学思维是从属于"知识论的知性逻辑"的,他虽然极度地呼吁要恢复感性世界的权威,但由于他"从来没有把感性世界理解为构成这一世界的个人的全部活生生的感性活动",而只是把感性世界和超感性世界抽象地、外在地对立起来,只是用"爱的宗教"这一新的超感性实体代替了"上帝的宗教"这一旧的超感性实体。因此,费尔巴哈仍然坚持以超感性实体来捍卫他所谓的感性世界的权威,他对宗教的

"冒犯"并未能使他摆脱"知识论"的哲学思维窠臼,"费尔巴哈不能找到从他自己所极端憎恶的抽象王国通向活生生的现实世界的道路"。与费尔巴哈不同,马克思的宗教批判并没有在超感性实体中兜圈子,他对"神学形而上学"的"反叛"也没有返回到形而上学中去。马克思认为,宗教"这种批判撕碎锁链上那些虚幻的花朵,不是要人依旧戴上没有幻想没有慰藉的锁链,而是要人扔掉它,采摘新鲜的花朵"。也就是说,马克思不像费尔巴哈那样在击穿宗教这一超感性实体之后又设定新的超感性实体,而是要求废除一切形而上学的超感性实体,并经由现实性的批判,开展出全新的"感性对象性"的生存实践活动,开辟出一条揭示并且切中"社会现实"的道路。

其次,从"批判的武器"转向"武器的批判"来看。德国的历史学派、政治理论派或实践派等"意识形态家"所从事的哲学批判,都遵循着黑格尔主义的"知识论的知性逻辑"。在这一哲学思维导引下,他们把自我意识、绝对精神等视为"不证自明"的哲学前提,其哲学合法性依赖于"理性法庭"的终极裁决。在"理性法庭"面前,他们虽然可以"以经营绝对精神为生",但是只会"用词句反对词句",并天真地以为只要呼喊几句"震撼世界的口号"和"陈腐的气话",就能够使"哲学成为现实"。德国"哲学家"遵循的依然是从终极本体或超感性实体来思考和把握人与世界存在的思维范式。与此相反,马克思所从事的哲学批判遵循着"生存论的生活逻辑"。马克思认为,"不使哲学成为现实,就不能够消灭哲学","批判的武器"不能代替"武器的批判","物质力量只能用物质力量来摧毁",对社会现实的任何不合理性存在的改变,只能诉诸变革社会生产关系的实践方式。人们只有在现实生活世界中从事具体的生存实践活动,才能驱散绝对精神的阴霾、消除宗教的幻影、揭开意识形态的迷雾。正是在生存论的思考方式下,马克思哲学的批判对象才从抽象的概念世界转向了人的现实生活世界,使哲学直面人的现实生活和生存实践。马克思"要求哲学的重心从注目于先验的外在实体,转换到现实的生活世界;从追寻世界的至终究极的解释原则,转换到关注人的具体生存境遇"。因此,他的哲学思考自觉地拒斥着一切先验的教条和经院的气息,并把现实生活世界作为他从事哲学批判和创造的最重要的根据地。可以说,马克思在《导言》中确立的以生活实践为定向的生存论思维方式,为其哲学建立稳固的存在论基础做了重要的思想准备。

(2)在哲学批判旨归上,马克思筹划着从压迫"此在"的非时间、非历史的知性关系转向追求"此在"的时间性、历史性的生存解放。所谓"此在"即是人这一存在者的存在,它的本质在于"生存",时间性、历史性是"此在"的生存论性质及其展开过程。根据人的不同存在状态,大致可以将其划分为三种,即原初状态下人的自由自在存在、知性关系下人的被压迫性存在、全面发展下人的自由解放性生存。

马克思毕其一生的哲学努力,就是为了追求"此在"的时间性、历史性的生存解放或解放性生存。这一哲学批判的旨归和历史使命,起始于《莱茵报》时期马克思对"物质利益的困惑"而促使他不得不对黑格尔法哲学做出批判性的思考。在《导言》中,马克思揭露了德国人深受宗教和政治统治这双重关系的压迫。而当时的德国人面对这双重压迫,依然遵循着黑格尔神秘主义的知性逻辑思维定式,无论是德国的统治阶级、"哲学家",还是普通大众都对此抱着默然从之的非批判态度,"沉沦"于宗教幻影、绝对精神等知性逻辑关系之中,没有人提出德国人的解放要求。"无论自己还是别人都被降为工具,成为外力随意摆布的玩物",根本无力从事变革社会现实的具体生存境况的实践活动。

与其相反,马克思对此持革命性实践的态度。在《导言》中,马克思深刻地批判了"彼岸世界"和"此岸世界",揭示了"批判的武器"不能代替"武器的批判",在此基础上提出"实现全人类生存解放"的要求:废除一切使人成为被侮辱、被奴役、被遗弃和被蔑视的非时间、非历史的知性关系,恢复此在的时间性、历史性、超越性等生存论特性。其"'解放'的'根据',则是……从'人的解放何以可能'的求索中开辟了本体论的现代道路"。这条解放的道路便是"批判的武器"和"武器的批判"相结合的无产阶级的革命道路。这意味着马克思把"人的解放"问题置于哲学本体论的原则高度,把它设定为其哲学批判的旗帜和使命,确立为哲学存在论革命之不可遏制的价值诉求和价值旨归,并筹划着在存在论路径上探索它的实际可能性。这是一场伟大的、革命性的并且是在存在论原则高度上展开的哲学批判转向的筹划,它为马克思完成其哲学存在论革命打下了坚实的思想根基。也只有在这种意义上,我们才能正确理解"人是人的最高本质"这一命题,并对海德格尔形而上学化地把"人是人的最高本质"理解为马克思主义哲学的所有依据这一错误断言做出有力的回应。

参考文献

[1] 杨学功.超越哲学同质性神话——从哲学形态转变的视角看马克思的哲学革命[J].复旦学报(社会科学版),2005(2).

[2] 郭艳君.论马克思《德法年鉴》时期的思想转变及其理论意义[J].马克思主义与现实,2011(1).

[3] 郭艳君.青年马克思批判哲学的双重逻辑及其理论意义[J].哲学研究,2011(8).

[4] 海德格尔.海德格尔选集(下)[M].上海:上海三联书店,1996.

[5] 吴晓明.试论马克思哲学的存在论基础[J].学术月刊,2001(9).

[6] 贺来.马克思哲学与"存在论"范式的转换[J].中国社会科学,2002(5).

[7] 贺来,刘李."后形而上学"视域与辩证法的批判本性[J].吉林大学社会科学学报,2007(2).

[8] 马克思恩格斯选集:第1卷[M].北京:人民出版社,2012.

[9] 马克思恩格斯选集:第4卷[M].北京:人民出版社,2012.

[10] 孙伯鍨.探索者道路的探索[M].南京:南京大学出版社,2002.

[11] 孙正聿.解放何以可能——马克思的本体论革命[J].学术月刊,2002(9).

理论与现实:西方公共理性精神研究的二维剖析

王海稳① 黎远波②

【摘　要】西方关于公共理性精神的研究,肇始于康德"公开运用理性的自由"的重要命题。自康德以降,西方学者诸如阿伦特、哈贝马斯、罗尔斯、福柯和高斯等表现出对公共理性精神的浓厚兴趣。究其研究脉络,在理论之维,历经"雏形—形成—反思"之理论转向;在现实之维,立足人类社会发展,遵循"前现代—现代—后现代"之基本趋向。总结并借鉴西方公共理性精神研究成果,以期把握其对我国公共理性精神的理论研究及民主政治发展的重要意义。

【关键词】公共理性;公共性;理性;公共理性精神

自启蒙运动伊始,理性,一方面,在理论之维构成西方学者认识论的"阿基米德点";另一方面,在现实之维逐步成为西方社会的核心精神信念。在崇尚理性过程中,理性的运用成为一个无法回避的、举足轻重的话题。霍布斯曾提出"个人理性之外的公共理性"③,认为"如果只是单纯地运用我们的'私人理性'可能会导致激烈的法律争论"④。在学者高吉尔看来,霍布斯提出的"法律争论"乃是"公共理性的争论"。并进一步认为,"每个市民必须赞同其同胞给予公共理性判断与意愿的权威性,并且通过这种方式建立公共理性"⑤。继霍布斯以后,康德提出理性运用存在着"私下运用"与"公开运用"之辨,进而拉开了西方公共理性精神研究的序幕。所谓公共理性精神,意指人们基于共同生活的基本事实,依托

---

① 王海稳,杭州电子科技大学马克思主义学院教授。

② 黎远波,杭州电子科技大学马克思主义学院研究生。

③ 杰拉德·高斯:《当代自由主义理论:作为后启蒙方案的公共理性》,张云龙、唐学亮译,江苏人民出版社 2014 年版,第 70 页。

④ Hobbes:*Leviathan*, Michael Oakeshott ,ed. ,Basil Blackwell,1948,p. 176.

⑤ Gauthier:"Public Reason", *Social Philosophy and Policy*, vol. 12(Winter 1995):19-42,p. 37.

公共领域生成的一种致力于实现公共性价值目标,倡导理性思考、主动参与和公共协商的精神质态。公共理性精神是一个变动的概念,在不同的客观情境中有着不同的内容与形式。自康德以降,西方学者诸如阿伦特、哈贝马斯、罗尔斯、福柯和高斯等表现出对公共理性精神的浓厚兴趣,并取得了丰硕的研究成果。本文尝试从"雏形期—形成期—反思期"的理论之维以及"前现代—现代—后现代"的现实之维全面梳理西方公共理性精神研究的演变与发展,并在此基础上发现其对当前我国理论研究与民主政治发展的重要意义。

一、基于理论之维的西方公共理性精神研究剖析

西方学者关于公共理性精神的研究,发祥于康德在《何谓启蒙》中提出"公开运用理性的自由"的理论命题,其理论发展大致经历"雏形期—形成期—反思期"三个阶段,并形成与之相应的理论成果。

(一)雏形期:厘定公共理性精神的基调和特质

伊曼努尔·康德和汉娜·阿伦特是西方公共理性精神理论发展雏形期的杰出代表。康德在继承笛卡尔并把"我思"作为认识论的基础上,提出"人的理性为自然立法""普遍法则是所有理性人必要的法则"[①],从而把个体区分为自然的客体和自由的主体,进而对主体理性的运用做出"私下运用"与"公开运用"的划分。"理性的私下运用"是指"一个人在其所任的一定公职岗位或者职务上所能运用的自己的理性"[②]。"理性的公开运用"则是指"任何人作为学者在全部听众面前所能做的那种运用"[③]。在理性的公开运用过程中,人们有着共同的关注焦点,即公共问题、公共事务、公共利益和公共善。如果说在理性私下运用过程中,人们因观点不同而存有争议,那么在理性公开运用过程中,出于对公共利益和公共善的敬仰,是"不容许有争辩的,而是必须服从"[④]。康德还认为理性的两种运用方式隶属于不同的领域范围。在自然的客体范围内,人和其他动物一样,接受他人的支配,遵从他律,遵守不由本人制定的准则。因而,自然客体范围内的准则面临着难以被普遍认可和遵守的难题,人们不得不依赖个人的思考和推理而采

---

① Kant: *Foundations of the Metaphysics of Moral*, Lewis White Beck, trans. (Indianapolis: Bobbs-Merill,1959),p. 44.

②③ 康德:《历史理性批判文集》,何兆武译,商务印书馆1997年版,第24页。

④ 同②,第25页。

取行动。而在自由的主体范围内,任何作为自由的主体,能够超越私人身份的局限,特别是职业身份的限制,来思考问题和进行推理。可见,康德的公共理性精神思想的主旨是:公民作为自由的主体,能够超越和摆脱自身身份、职业和地位等限制,运用普遍认可和遵守的准则,公开运用理性进行思考和推理,进而达成普遍化的准则和一致性的结果。

在阿伦特看来,"公共性是不同的社会行动主体运用语言和行动为中介而形成的既独立又共同的存在状况,这种存在具有世界性、个体性和不朽性"①。阿伦特从考察古希腊城邦中的私人生活——一种维持生计的生活方式和政治生活——一种致力于公共政治事务的生活入手,得出每个公民都属于两种生活秩序,即私人领域与公共领域,二者有着不容逾越的界线。人们在私人领域中从事着私人生活,而在公共领域中开展着公共生活。然而,在从私人领域向公共领域转向的过程中,公共领域的性质必然会因其内部社会活动的性质而有所变化,但它的本性——公共性则几乎不会发生变化。阿伦特认为公共性表示内在性质不一但又紧密相关的现象,它具有"公开性"和"共同"两大主要特征。所谓公开性,"是指在公共场合的所有东西都被进入这个场合的人所感知、所认知、所听到,有着最大限度的公开性。进而构成着一种为所有人所知、所感的'实在',产生比私人生活更加强烈的实在性"②。所谓"共同"则表示世界本身,不同于所拥有的私人处所,对所有人而言它是我们所共同拥有的世界,包括人造物品、人们的劳动成果以及人与人之间发生的事情。"它意味着在人与人之间存在着一种'介于之间'的东西,人们既彼此独立又相互关联。"③在阿伦特的语境中,公共性是公共理性精神的本质属性,一方面,它具有公开性,为全体社会成员所知晓、所听到;另一方面,它是所有人所共同拥有的,是人们进行对话和交往的基础与保障,在公共理性精神的引导和保障下,"每个人都建立并且必须建立公共理性精神的界限"④。

(二)形成期:形成公共理性精神的基本理论体系

罗尔斯作为西方公共理性研究的集大成者,构建起了较为完善的公共理性精神理论体系。罗尔斯认为,"人类理性的自由运用使得我们赞成一种'理性综

---

① 谭清华:《马克思公共性思想初探——基于阿伦特、哈贝马斯和罗尔斯的比较视角》,《中国人民大学学报》,2013 年第 3 期。

② 汉娜·阿伦特:《人的境况》,王寅丽译,上海出版社 2009 年版,第 32—33 页。

③ 同②,第 35 页。

④ Gauthier:"Public Reason", *Social Philosophy and Policy*, vol. 12(Winter 1995):19-42,p. 38.

合教义的多元性'"①。人们在运用理性的过程中,拥有不同的完备性学说,面临着多元理性的事实。"他们在达成协议时便需要一种政治正义观念成为理性的'重叠共识'的焦点,从而成为证明的公共基础。"②这种公共基础便是公共理性,公共理性作为民主国家的基本特征,为民主国家的每一个公民所共享,是建立在他们作为平等共享公民的基础之上的理性,其目标就是要实现公平的正义和公共善。公共理性的公共性是由以下三个方面决定的:"首先,究其本质,它是公共的理性;其次,就其目标而言,它是实现根本的正义和公共的善;最后,就其本性和内容来说,它是公共的。"③随后,罗尔斯提出属于秩序良好社会总念之一的公共理性观念。这种观念的核心问题是,在一个秩序良好的民主社会中,存在着多元的完备性学说,公民能够运用自己的完备性学说,解释和把握公民之间的政治关系,把握民主政府与公民的关系。一旦公民围绕政治正义进行协商、开展互惠合作时,他们便拥有了公共理性,这种公共理性是与世俗理性相区别的。然而,罗尔斯也看到公共理性不是万能的,它的协调程度和适用范围是有限度的。"公民之间的龃龉,无法相容的完备性学说的冲突,公民身份、种族等冲突,使得公共理性面临着诸多困难和遭受诸多限制。"④在罗尔斯的语境中,公共理性是民主国家的基本特征,是每个平等享有公民身份的公民的理性。当公共理性的观念深入每个公民的价值体系,成为每一个公民的精神追求时,公共理性便升华为公共理性精神。

哈贝马斯作为形成期的另一杰出代表,同样认为"公开运用是理性的题中之义"⑤。但是,并非所有形式的理性运用都能达成公共理性,只有当理性的运用"在事实上符合每一个个体的同等利益"⑥时,理性才实现了公开运用。区别于康德、阿伦特和罗尔斯立足于主体性来考察公共理性,哈贝马斯提供了一个"主体间性的版本",认为公共理性需要"满足理性商谈条件下主体间非强制的要求"⑦。换言之,"就是要消解传统哲学的超验主体及其主体中心理性,克服主客

① Rawls：*Political Liberalism*，paperback edn，Columbia University Press，1996，p. 36.

② 约翰·罗尔斯:《作为公平的正义——正义新论》,姚大志译,上海三联书店 2004 年版,第 153 页。

③ 约翰·罗尔斯:《政治自由正义》,万俊人译,译林出版社 2000 年版,第 225—226 页。

④ 约翰·罗尔斯:《万民法——公共理性观念新论》,张晓辉等译,吉林人民出版社 2011 年版,第 107—145 页。

⑤ Jurgen Habermas："Reconciliation Though the Public Use of Reason：Remarks on Rawls' Political Liberalism "，*The Journal of Philosophy*，Vol. 92，No. 3(Mar,1995).

⑥ 谭安奎:《公共理性》,浙江大学出版社 2011 年版,第 360 页。

⑦ 同⑥,第 369 页。

二分式的思维模式"①,进而实现重建理性之目标,为未竟的现代性事业寻找一种新的规范,以巩固和维护包含理性、共识、团结等精神在内的现代性价值体系、思想体系。哈贝马斯的交往理性,专注于主体自我和他人的交往实践,是一种主体间的理性。作为主体间的理性,实际上就是理性主体不断对象化的过程,统一于理性不断公开化的过程,也就是理性的公开性取向。此时的理性运用,在目的设定、手段选择和价值取向上都是公共性的。哈贝马斯进一步认为,通过主体的理性交往活动,在公共领域内依据行为主体的对话、讨论进而形成一种公共舆论。特别是随着大众传媒如报纸、电视和网络的出现,一个具有交往理性、体现公共理性精神的,开放、民主的公共领域得以最终形成。在公共领域内,不同的理性交往主体,为达成共识,保证公共领域的结构稳定,必须要培育公共理性精神。某种意义上,公共理性精神与其说是公共领域的特征和属性,毋宁说是公共领域得以产生和赖以发展的精神。

(三)反思期:西方公共理性精神研究的系统总结和批判反思

米歇尔·福柯和杰拉德·高斯是西方公共理性精神研究反思期的典型代表。启蒙思想家所构建的以理性为核心的现代性观念,到后启蒙时代,正如后现代思想家指出的,理性观念及其运用逐渐异化为忽视乃至排斥、抑制人的情感和意志。当人们试图用个人的理性来理性化其他事物时,忽视了衡量自我的行为以及事物本身是否合乎理性的标准,而是从自我的角度去发掘他们正在运用的理性。福柯认为,"理性和理性化是一个非常危险的词语"②。理性的公开运用也是有条件的,当具备这些条件时,理性的公开运用才成为可能。"首先,当一个人的理性纯粹是为了实现和追求理性的时候;其次,当一个人所思考的是自身作为一个人理性存在的本质的时候;再次,当一个出于其作为理性的人类中的一个个体而思考的时候。"③此时,人所运用的理性便是公开的。福柯还指出,公开运用理性是每一个人的自由,虽然人们尽可能地服从理性,但是,不能保证每一个人都能公开地运用理性。也不能保证公开运用的理性就一定能服务于社会根本的正义和公共的善。正如近代欧洲曾经存在对"公开运用理性"的坚持,却产生了对非理性的压迫和集权。他们通过建立疯人院和监狱,对理性人认为的疯癫

① 李嘉美:《哈贝马斯的后形而上学理论》,《国外社会科学》2008 年第 2 期。
② 米歇尔·福柯:《福柯读本》,汪民安主编,北京大学出版社 2010 年版,第 204 页。
③ 米歇尔·福柯:《什么是启蒙》,汪晖译,载汪晖、陈燕谷主编:《文化与公共性》,生活·读书·新知三联书店 1998 年版,第 225—226 页。

病人、行为失常者，不顾他们的感受、不分青红皂白地加以关押处置。"使得幻想和现实之间标志错位，引发了一种荒诞的社会骚动，理性的公开运用精心地掩盖了各种形式的非理性。"①这就进一步说明公共理性精神的运用可能会偏离公共善的目标，要想改善这样一种情况，必须要构造有利于公共理性精神运用的社会情境，才能保证公民运用公共理性精神增进社会的公平正义，实现公共善。

杰拉德·高斯在回顾与评判霍布斯、康德、高吉尔、哈贝马斯、罗尔斯等西方学者公共理性精神研究的基础上，提出"作为后启蒙方案的"公共理性精神。他指出启蒙运动以后，"在意识哲学领域，确定起一个强调普遍性的人类理性观念"②。然而在后启蒙时代，普遍性的理性观念遭到自由推理和信仰多元性的挑战。理性的运用，在某种意义上被视为"差异与分歧的根源"，"人类理性自由运用导致我们在关乎价值、善、美好生活的理想等范围广泛的问题上面出现分歧，这构成了后启蒙时代的困惑"③。此外，"按照普遍性的道德规则来约束个体可能暗含着一种威胁和警戒"，因此，"我们的道德实践也许只存在于推己及人的过程中"④。高斯认为，公共理性理念是一个可供选择的标准，一旦某种道德风尚让我们局促不安时，我们可以选择抛弃它。就这个层面而言，公共理性理念是一个"共享的'独立单元'"，带有"民粹主义色彩"⑤。而要使"共享的'独立单元'"的公共理性理念达成一种共识，高斯认为，不能依靠带有"精英主义"倾向的"聚合民主"，而应依靠带有"民粹主义"色彩的协商民主。建立在"独立单元"的公共理性基础上的协商民主，"是建立在这样一个信念的基础上的，即理性多元主义不会把我们带到这样一种只建立在一种生活方式或者主权者意志之上的社会……相反，而是建立一个相互尊重和旨在正义基础上的有序社会"⑥。高斯关于公共理性精神的研究，抛弃了西方公共理性精神研究的"精英主义"取向，而把公共理性精神赋予社会"独立单元"的普通个体，并且为"民粹主义"的公共理性精神实现社会正义、公共善的美好事业找到一条可行的道路，即"协商民主"。

①　米歇尔·福柯：《疯癫与文明》，刘北成、杨远婴译，生活·读书·新知三联书店，2007年版，第32—74页。

②　杰拉德·高斯：《当代自由主义理论：作为后启蒙方案的公共理性》，张云龙、唐学亮译，江苏人民出版社2014年版，第70页。

③　同②，第252页。

④　Richard Arneson："Rejecting the order of public reason"，*Philos Stud*，2014，170：pp.537-544.

⑤　同②，第253页。

⑥　Chad Van Schoelandt："Justification, Coercion, and The Place of Public Reason"，*Philos Stud*，2015，172：pp.1031-1050.

二、基于现实之维的西方公共理性精神解析

正如恩格斯所言,"每一个时代的理论思维,从而我们时代的理论思维,都是一种历史的产物,它在不同的时代具有完全不同的形式,同时具有完全不同的内容"①。公共理性精神作为一种理论思维,在人类社会历史发展的不同时期,同样有着不同的内容和形式。马克思同时也指出,"全部社会生活在本质上是实践的。凡是把理论引向神秘主义的神秘东西,都能在人的实践中以及对这种实践的理解中得到合理的解决"②。因此,对公共理性精神的剖析也离不开对现实生活的考察。如何在现实层面对西方公共理性精神进行系统梳理?通过综合借鉴福柯的现代性编年定位以及大卫·格里芬的社会历史划分标准,可以从"前现代—现代—后现代"对公共理性精神展开剖析。

(一)前现代公共理性精神

西方学者把人类社会的发展分为:前现代(Pre-modern)—现代(Modern)—后现代(Postmodern)三个阶段。所谓前现代一般是指 16 世纪以前的人类社会,即把启蒙运动作为区分前现代与现代的界限。前现代在经济上主要以自然经济为主,在政治上形成了神权至上和君权至上的统治形式,在文化上是超自然的文化和经验主义文化。乔·霍兰德认为:"前现代古典社会的取向是权威主义而非职业主义。金字塔式的等级秩序是它的组织形式,循环不息的传统是它的时间展开形式,宗教祝祷是它的合法形式,绝对化的规则是它的统治形式。"③在前现代政治、经济、文化的基础上,所产生的前现代精神,如福柯所言,是一种"幼稚的、古旧的态度或精神气质"。它一方面把精神的产生和发展归结于神启,即神创造精神。"君权神授"也就成为统治合法性的依据;另一方面,前现代精神为统治辩护并成为维持统治的精神力量。作为前现代精神核心的神,是超验的,又是无所不在的,逐渐成为人们共同的精神信仰。人们在精神上可以单独享有神,但在神的号召下,人们可以进行一致性的祭祀活动,或者是为维护帝王统治而采取一致性的行动。在一致性行动中,出于对人们心中共同的神或帝王的信仰,基于共同的情感体验和情感能量,可以"生成一种较为单纯和较低层次的公共意识和

---

① 马克思、恩格斯:《马克思恩格斯选集》(第四卷),人民出版社 1995 年版,第 284 页。
② 马克思、恩格斯:《马克思恩格斯文集》(第一卷),人民出版社 2009 年版,第 501 页。
③ 同②,第 83 页。

公共态度","表现出一种自发的、本能性的基于同质的公共认同意识"①。这种相对同质的公共认同意识和公共态度就是前现代的公共理性精神,它是出于对超验的、绝对的神或帝王的崇拜和信仰而自发形成的相对初级的、相对恒久的公共态度和公共意识。具有超验性、自发性、阶级性等特征。

(二)现代公共理性精神

现代是人类社会历史发展继前现代之后的一个发展阶段。"现代社会即从'工业文明'肇始、勃兴,发展到 20 世纪中后期,达到极致。"②与前现代社会相比,现代社会在经济方面、政治方面和文化方面分别实现了"工业化""民主化"和"理性化"的重大转变。③ 因为社会本身就是精神的第三种形式,所以随着现代社会的到来,现代精神也随之产生。现代精神是一种理性至上和理性主义取向的精神。在运用理性对神和帝王进行祛魅的过程中,一方面,否定前现代统治的合法性基础,结束统治的历史;另一方面,依托神话、宗教、皇权而建立起来的精神文明,受到理性的、世俗化的精神观念的批判乃至被取代。现代精神首先是个人主义盛行、工具理性至上的产物。个体为实现各自的目标,理性地追逐着个人利益。然而,随着理性行为的扩张,一方面是单纯地依赖理性的私下运用已经不能适应变化了的、复杂的、日趋激烈的竞争环境;另一方面,是在行为体私下运用理性具有个体理性而社会无政府状态的双韧性,"公地悲剧"、环境污染、生态恶化等公共问题接踵而至。此时,构建一种崇尚合作共赢、关心公共价值、维护公共利益和公共福祉的理性运用法则和理性精神迫在眉睫。现代公共理性精神的形成与其说是理性公开运用的结果,毋宁说是现代人趋利避害的理性本质。这种理性呈现出公共理性的特征,即依靠公开运用理性的法则来实现和维护公共利益、追求公共善,并随之成为公民所共享的公民倾向、精神品质和生活方式。正如福柯所言,"是一种与现时性发生关联的模式,一种由某些人做出的自愿选择。总之,是一种思考、感觉乃至行为举止的方式"④。与前现代的公共理性精神相比,作为现代性的公共理性精神,显得更具现时性——关心的是现时的公共利益和公共福祉;更具理性——强调自身能力并依赖于逻辑推理、逻辑判断;更富立体性——是一种态度、一种精神品质、一种生活方式。

---

① 刘鑫淼:《当代我国公共精神的培育研究》,人民出版社 2010 年版,第 39 页。
② 李栗燕:《后现代法学思潮评析》,气象出版社 2010 年版,第 69 页。
③ 张桂芳:《数字化技术时代的中国人文精神》,辽宁大学出版社 2010 年版,第 69 页。
④ 米歇尔·福柯:《什么是启蒙》,汪晖译,载汪晖、陈燕谷主编:《文化与公共性》,生活·读书·新知三联书店 2005 年版,第 430 页。

(三)后现代公共理性精神

后现代是人类社会历史自 20 世纪中后期以来的发展阶段。在利奥塔看来，后现代不应该理解为一个与现代完全断裂的历史时代，而是位于现代之后、隶属于现代一部分的历史时代。利奥塔认为，"后现代主义的'后'字意味着纯粹的接替，意味着一连串历史性的阶段。'后'字意味着一种类似转换的东西：从以前的方向转到一个新的方向"①。在后现代主义者看来，转向的形式是批判和反思。所谓批判，陈嘉明认为包括"对启蒙精神，即理性精神的批判"，"对'元叙事'，即现代性'合法性'的批判"，"对西方传统思维方式的批判"②。所谓反思，阿格尼丝·赫勒认为就是"现代意识本身的自我反思，是一种以苏格拉底的方式了解自己的现代性"③。经过批判和反思，现代精神转变为后现代精神。正如大卫·格里芬所言，"既然现代社会和现代精神以个人主义为中心，那么后现代社会和后现代精神以强调内在关系的实在性为特征，也就不足为奇。依据现代观点，人与他人和他物的关系是外在的、'偶然的'、派生的；后现代观点则把这些关系描述为内在的、本质的和构成性的"④。诚然，后现代公共理性精神是对现代公共理性精神的批判与反思。这种批判与反思，一方面表现为对理性的批判与反思。理性作为现代性的核心，本质上是一种"原子式"的主体性。内在蕴含着价值理性与工具理性、私人理性与公共理性的分裂，并造成私人理性和工具理性的泛滥。为解决这一理性运用的困境，迫切需要一种强调内在关系的实在性理性，也就是哈贝马斯所提出的主体间的交往理性。另一方面，必须赋予理性公开运用以多元构成性。即承认多元价值、多元理性存在和运用的合理性，并强调构建一种良好的情境和条件来保证理性的公开运用。在福柯看来，就是要树立一种"界限态度，去是、去行、去思"⑤。与现代公共理性精神相比，后现代公共理性精神表现为一种界限态度，既要构建公共理性精神，同时又要限定公共理性精神作用的条件和范围。就这个层面而言，后现代公共理性精神表现为一种有限理性与渐进理性。

---

① 利奥塔：《后现代性与公正游戏——利奥塔访谈、书信录》，谈瀛洲译，上海人民出版社 1997 年版，第 143 页。

② 陈嘉明等：《现代性与后现性》，人民出版社 2001 年版，第 12—16 页。

③ 阿格尼丝·赫勒：《现代性理论》，李瑞华译，上商务印书馆 2005 年版，第 13 页。

④ 大卫·格里芬编：《后现代精神》，王成兵译，中央编译出版社 2011 年版，第 38 页。

⑤ 米歇尔·福柯：《什么是启蒙》，汪晖译，载汪晖、陈燕谷主编：《文化与公共性》，生活·读书·新知三联书店 2005 年版，第 436—437 页。

三、西方公共理性精神研究的重要意义

公共理性精神不仅是西方政治哲学和政治科学研究的理论热点话题,同时在现实层面又深深体现于西方的政治制度和政治行为之中。通过在理论与现实两个层面对西方公共理性精神研究进行深入剖析,我们可以从以下三个层面挖掘其对我国重要的理论与现实意义。

(一)有利于拓展政治哲学和公共行政学等相关学科的研究视野

西方学者关于公共理性精神的研究,尽管"在每一历史阶段上,都有各个不同的取向和不同的研究政治的最佳设想"①,但是,不同时期的学者都集中探寻了政治哲学的基本问题:自由、民主、平等、正义。即"国家是如何运作的;什么样的道德原则应该支配国家对待其公民的方式;国家应该寻求创造什么样的社会秩序"②。而"当代公共行政领域内所面临的重大问题是公共行政的信念、价值和习惯问题。这些问题包括:如何界定公共行政的公共性?如何平衡效率、经济和公平的价值?"③等。这些问题都亟待寻找理论的切入点进行深入研究。公共理性精神作为贯穿于这些政治现象的价值与信念,是调和多元公共信念与价值"不可通约性"和"冲突性"的产物,可以成为解决政治哲学和公共行政学科难题的"钥匙",从而有效推动政治哲学和公共行政学理论研究向前发展。

(二)有利于促进我国民主政治的良性发展

西方学者关于公共理性精神的研究,并非单纯地构建理论维度的"乌托邦"或"空中楼阁",而是秉持"积极入世"的价值取向。换言之,公共理性精神在现实的政治过程中,通过政治主体的政治参与,形塑不同的政治制度、政治意识,并使之固定下来,进而维护和巩固与之相适应的政治系统。因此,推动中国特色社会主义民主政治的发展,需要客观上呼吁公共理性精神积极作用。首先,通过教育和公共实践促使公民共享公共理性精神,进而塑造民主政治发展急需的积极公民。"具有公共理性精神的积极公民",正如苏格拉底的经典比喻,是"一条为保

---

① 金太军:《政治学新编》,华东师范大学出版社 2006 年版,第 14 页。
② 亚当·斯威夫特:《政治哲学导论》,萧韶译,江苏人民出版社 2006 年版,第 6 页。
③ 同②,第 6 页。

卫地盘、抵御外敌而战斗的具有巨大勇气的名贵的狗"[①],他们是推动民主政治发展的重要力量。这种主体力量可以有效克服由非理性带来的各种无序和混乱,是民主政治良性运转的重要前提。其次,使政治制度与程序合乎公共理性精神。公平、正义是公共理性精神的基石,它本身包含着对"公共的善"的追求,同样也是现代政治制度安排与程序设计的重要价值准则。缺乏这一点,就很难保证公民正当的权利、执政党执政的合法性和政治活动的合理性。再次,使公共权力的运用彰显公共理性精神。公共理性精神是政治权力应用的理性基础。作为民主社会的政治权力,不再是作为谋取一家之私的"私器",而是以公共利益为旨归的"公器",不是无限制的特权而是有理性的以公共领域之善为限度的公共权力。如果公共权力离开公共理性精神的限制,就有可能导致强权和压迫,从而使民主政治进程中断或走偏。可见,民主政治的良性发展需要重视公共理性精神,通过它来塑造具有民主品格的积极公民,设计公平正义的制度与程序和规制公共权力的非理性运用。

(三)有利于推进国家治理现代化的进程

国家治理现代化要求构建政府、市场和社会多元协作共治体系,以激发国家权力体系、社会组织体系与市场结构体系的活力,并且促使三方积极互动,以便实现善治的目标。正如学者何增科所言,"现代善治的基本价值:合法性、透明、参与、法治、回应、责任、效益、廉洁、公正、和谐,是构成国家治理的核心价值体系,是国家治理体系的基础,也是国家治理现代化的基础"[②]。公共理性精神有力地概括并和合了国家治理的核心价值体系,构成推动国家治理现代化的扎实基础,是推动治理机制完善和治理绩效输出的有力保证。首先,市场经济的良性发展需要不同主体能够理性协商,兼顾多元利益诉求,以取得广泛的经济效益和社会效益;其次,有效的政府治理,不但要对政府自身结构和功能做出合理规划,还需要提供在社会服务上的公共性,在体制运转上的执行力,在行政结果上的公信力。而在社会层面的治理,不但需要塑造具有理性、包容、宽容、协商精神的公民,还需要构建多层次化的协商治理机制,并在公共理性精神的引导下,治理主体因地制宜地进行治理机制创制。从善治的目标看,需要政府、市场和社会的协调、协商与合作,共同实现着对社会公共事务的治理。

---

① 弗兰西斯·福山:《历史的终结及最后之人》,黄胜强、许铭原译,中国社会科学出版社 2003 年版,第 186 页。

② 何增科:《理解国家治理及其现代化》,《马克思主义与现实》2014 年第 1 期。

四、结　语

　　肇始于康德"公开运用理性的自由"的重要命题的西方公共理性精神研究，究其实质而言，是理论与现实相融合的产物。透过理论之维，结合"雏形期—形成期—反思期"三个理论转向，才能深刻理解公共理性精神的内容与实质。立足现实之维，综合"前现代—现代—后现代"三种现实进程，方能正确把握公共理性精神的生成土壤与"入世情怀"。正是有了理论与现实的二维互动、二维交融，才形成了西方公共理性精神的基本理论体系。离开现实维度的依托，公共理性精神便会成为无源之水、无本之木；离开理论维度的指引，公共理性精神便会沦为盲目的认识。在借鉴西方公共理性精神研究成果时，也应该从这两个维度来分别对待，重点把握其理论意义与现实意义。

伊壁鸠鲁与道家

——人生哲学比较

晁乐红[①]

【摘　要】古希腊伊壁鸠鲁学说和中国先秦道家作为轴心时代东西两大文明起源的重要哲学流派，由于同为全局性乱世的哲学回声，在人生哲学方面表现出诸多的相同之处和异中之同，如都崇尚远离政治，过自然的简约生活，辩证地看待善恶、祸福与生死；尽管在本体论上持不同的出发点，却都因伦理本位而得出拒智主义结论。两家在思维方式和表现手法上各具特色，并展现了不同的历史生命力。但毕竟，穿着快乐主义外衣的伊壁鸠鲁学说有时被后世享乐主义认祖归宗，尽管后者以貌取人。

【关键词】伊壁鸠鲁；道家；人生哲学；比较

一、古希腊伊壁鸠鲁学说和中国先秦道家

（一）古希腊伊壁鸠鲁学说

同早期以整个宇宙为研究对象的自然哲学不同，以人类自身为研究客体的人生哲学从苏格拉底开始。伊壁鸠鲁（Epikouros）作为继苏格拉底、柏拉图和亚里士多德之后的古希腊划时代的哲学家，自然要站在这些巨人的肩膀上观察人与世界。尽管对"善"的求索和关于人生目的论的解释都深刻地显示着先哲的影响，然而，从人生之至善或者人生的最高目的是什么这一问题的回答来看，伊壁

---

① 晁乐红，台州学院思政部教授，哲学博士。

鸠鲁与他们的观点①迥然不同，他明确指出："我们认为快乐是幸福生活的始点和终点。我们认为它是最高的和天生的善。我们从它出发开始有各种抉择和避免，我们的目的是要获得它。"②对快乐的至善定位也与同时代诉求德性的斯多葛主义彻底划清了界限。从渊源上来说，无论是第一哲学还是人生哲学，他主要继承了德谟克利特的思想和理论，由马克思当年的博士论文《伊壁鸠鲁的自然哲学与德谟克利特的自然哲学的差别》可知两者并不完全相同。但毕竟，根本方面还是一致的，所以周辅成的《西方伦理学名著选辑》一书将他们放在了同一章，称作"德谟克里特—伊壁鸠鲁路线"。作为柏拉图最讨厌的思想对手，德谟克利特也把快乐视作最高的善，如，他说过："快乐和不适构成了那'应该做或不应该做的事'的标准。"③与德谟克利特的箴言集锦有所不同，伊壁鸠鲁的学说已经体系化；另外，伊壁鸠鲁貌似以原子论为基础来推导出他的人生哲学，实质上是为成就后者而选择了前者。因为原子论的宇宙阐释相比较于柏拉图的理念论或奥尔弗斯教义的神秘主义来说是最唯物的，即最能减轻神或来世对此生此世之人的纠缠和瓜葛，而且相对于泰勒斯等对宇宙本源或水或气的解释更加成熟和圆通。如果说德谟克利特是物理学的、柏拉图是数学的、亚里士多德是生物学的话，那么伊壁鸠鲁则是伦理学的，人生哲学是他理论体系的出发点和最终归宿。

然而，伊壁鸠鲁又与此前及此后的其他流行的快乐主义有本质的不同，即使在今天，"在西方，人们谈到伊壁鸠鲁主义通常有两种不同的联想：其一，与美食、烹调、感官享受密切相关的快乐原则；其二，原子论"④。从 hedonism（享乐主义），又叫 Epicureanism（伊壁鸠鲁主义），以及 Epicurus（伊壁鸠鲁）与 epicure（美食家）的词源关系可知以上观念的广泛流行。然而，这却是对伊壁鸠鲁学说的最大误解。昔勒尼学派在其早期创始人亚里斯提卜（苏格拉底的学生）那里可谓赤裸裸的享乐主义，认为肉体的快乐优于精神的快乐，应该追求眼前的、现实的肉体快乐。伊壁鸠鲁认为这样的快乐主义过于肤浅和盲目，因为社会生活的复杂性，事物产生快乐的同时往往也会附带着痛苦，他说："没有一种快乐自身是坏的。但是，有些可以产生快乐的事物却带来了比快乐大许多倍的烦恼。"⑤因

---

① 苏格拉底的最高善等同于知识；柏拉图的至善只存在于抽象的理念世界；亚里士多德的善就是幸福，而最高级的幸福是对真理的沉思。

② 苗力田：《古希腊哲学》，秦典华等译，中国人民大学出版社 1989 年版，第 639 页。

③ 周辅成：《西方伦理学名著选辑》（上），商务印书馆 1987 年版，第 77 页。

④ 薛巍：《〈理想国〉汉译辨正》，《三联生活周刊》2014 第 32 期，第 152 页。

⑤ 同②，第 642 页。

此,他强调审慎或明智(prudence)这种美德是至关重要的。审慎作为实践理性可以帮助我们仔细地考察每一种快乐,只有当它们只带来快乐而没有痛苦或带来的快乐远远大于痛苦时,我们才可接受。由此可知,伊壁鸠鲁对当代的消费主义也会嗤之以鼻,因为从长远角度考虑,放纵欲望或奢侈排场无论对消费者的身心健康还是对绿色生态环境来说都是得不偿失的。考虑到痛苦与快乐的相伴相随,伊壁鸠鲁的最终结论是:"快乐就是身体的无痛苦和灵魂的不受干扰。"①这一界定充分说明了伊壁鸠鲁人生哲学是对希腊伦理特色的最后捍卫,是对东方世俗迷信、宗教浸入希腊的最终抵抗。他的快乐哲学既坚持了此生此世生命的主体性,又保持着理性、谨慎、节制的中道原则,②自治而不迷信,自主而不放纵。正由于这些十足的希腊属性,才可理解亚历山大之后,尤其是罗马帝国之后,希腊不在,伊壁鸠鲁主义必然不在。

(二)中国先秦道家

东周以降,铁制工具开始出现,并逐渐和牛耕方法被推广到农业生产上,大大地提高了生产效率,生产方式的革新必然带来政治力量的改变以及为之服务的文化思想的更新。于是,作为知识分子阶层的"士"将如何选择——为黎民、为君主抑或为自己?春秋战国五六百年间,虽说是百家争鸣,但实际上成为"显学"的只有儒、道、墨、法等几家,在治国理念上各有千秋。儒家倡导通过礼乐教化达到以"君君,臣臣,父父,子子"(《论语·颜渊》)之周礼为标志的有序状态来挽救礼崩乐坏的社会现状。道家批评儒家的德治,认为儒家之有为容易滋生虚假和混乱,以至于"窃钩者诛,窃国者为诸侯,诸侯之门而仁义存焉"(《庄子·胠箧》),因而提倡"无为而无不为"的顺人性之自然的治国方略:"我无为,而民自化;我好静,而民自正;我无事,而民自富;我无欲,而民自朴。"(《道德经》第57章);墨家以"役夫之道"的立场,提出了"天下兼相爱,国与国不相攻,家与家不相乱"(《墨子·兼爱》)的天下一家的理想主义。在反对兼并战争、倡导和平主义方面,以上各家是一致的,但是,当强国大邦以"振长策而御宇内,吞二周而亡诸侯"(贾谊《过秦论》)之政治雄心为主导时,它们都无一例外地不能迎合各国统治集团的需要。例如,"是以孔子明王道,干七十余君,莫能用"(《史记·十二诸侯年表》)。

---

① 苗力田:《古希腊哲学》,秦典华等译,中国人民大学出版社1989年版,第640页。

② 亚里士多德提出美德在于中道——人由于有质料构成而不可能像神那样完全自足,因而可以享受适度的快乐,即两个极端的中间状态,既不纵欲,也不麻木不仁,节制就是这一美德的适度称谓。参见亚里士多德:《尼各马科伦理学》,苗力田译,中国社会科学出版社1999年版。

因此儒、道、墨的政治主张最终难以实现,因为世界的游戏规则向来是由强国制定的。与此相反,法家在政治生活中最终胜出,获得最高统治者的青睐,其中,法、术、势的结合使得法家成为王权专制的有效工具,通过"兴功惧暴""定分止争"(《管子·七臣七主》)来凝聚一切力量于军功上,最终通过赢得战争、扩大领土来说话。

在人生哲学上,除道家以外,其他各家大都主张尽知识分子的社会职责,通过教育、感化或游说统治者而影响政治走向和社会发展,最好的方式是成为官僚队伍中的一员,在推行政治主张的同时实现自己的人生价值。如修身固然是儒家的根本,然而修身的最终目的在于齐家和治国,为家族及国家的兴旺发达有所奉献才是个体生命意义之所在,所以,"孔子三月无君,则皇皇如也,出疆必载质"(《孟子·滕文公》)。与此截然相反,庄子谢绝了楚王的卿相之邀,而选择"曳尾于涂中"(《庄子·秋水》),因为在道家看来,通过谋划运作来实现治国安邦的努力要么是无益的,要么是徒劳的。无论是"严而少恩"(司马谈语)的法家还是"一怒而天下惧,安居而天下熄"(《孟子·滕文公》)的纵横家,自以为凭借一己的聪明才智就可以呼风唤雨、改天换日,实际上常常是同流合污或助纣为虐,成为强权国家开疆拓土发动战争的御用工具,最终沦为政治斗争的牺牲品,如秦朝变法的总设计师商鞅和曾挂六国相印的苏秦都死于当时最严酷的国家刑罚——车裂,而到秦国献计献策的韩非也被同学李斯谋害,这些"有为"无论对社会还是对个人来说都是有害而无益的。至于"摩顶放踵利天下"(《孟子·尽心》)的墨子和"杀身以成仁"(《论语·卫灵公》)的儒生,在战争决定一切的时代,在分分合合的历史机遇中,儒墨之艰难抗争恰如"夫螳螂乎,怒其臂以当车辙,不知其不胜任也"(《庄子·人间世》)。道家选择了与他们都不同的生活方式——隐居,如此实现道家最珍视的生命品质——自由:"泽雉十步一啄,百步一饮,不蕲畜乎樊中。"(《庄子·养生主》)身体之自由是形式,受外在条件的制约,因而隐居地的选择不可强求,可在山林,可在乡村,可在市井,也可在朝堂;而精神之自由可以由自己主宰,既可以在山水之中静听"天籁",也可以在市井之地"形如槁木、心如死灰"。如鲲鹏展翅般遨游于太空,如真人般达到"吾丧我"之境地,是一种"诗意的栖居"(海德格尔语)。例如庄子自己"终身不仕",却有一个官界的朋友——惠施,因为可以享受彼此交流思想的愉悦。总之,既区别于儒、墨、法的积极参与,也不同于佛家的出世主义,而是与世俗社会保持适当距离,韦伯称其为"政治冷漠这点上的不彻底性"①。精神生活对世俗社会的超越带给道者巨大的空间和张力来承

---

① 马克斯·韦伯:《儒教与道教》,洪天富译,江苏人民出版社 2003 年版,第 149 页。

载有利于身心的自由生活,恰如毕达哥拉斯所赞赏的奥林匹克运动会看台上的观众,超越于小商小贩的功利心和运动员的竞争心,看客的心情永远是轻松的、自在的,因为他们懂得,无论一个人曾经多么成功和耀眼、多么辉煌和伟大,在历史长河中,在浩渺的宇宙里,都只不过是昙花一现,终究都是:"是非成败转头空,青山依旧在,几度夕阳红。"人生之最美只在于:"白发渔樵江渚上,观看秋月春风。"至于朝堂国事,不过是:"一壶浊酒喜相逢,古今多少事,都付笑谈中。"(明朝杨慎词)

二、人生哲学之同

(一)乱世来临的哲学回声

　　黑格尔曾经总结过:"哲学开始于一个现实世界的没落。"[①]这可以说是对伊壁鸠鲁和道家思想缘起的共同概括。在古希腊,如果说苏格拉底亲身经历了雅典的巅峰时代的话,柏拉图和稍晚的亚里士多德则目睹着江河日下的希腊世界而苦苦思考着政治对策。虽然伯罗奔尼撒战争结束了雅典的霸主地位,科林斯战争和底比斯战争进一步加重了城邦间的混乱,但毕竟天还没有塌下来,所以,罗素说:"亚里士多德是欢乐地正视世界的最后一个希腊哲学家。"[②]伊壁鸠鲁就没有这样的幸运了,在亚历山大的铁蹄横扫一切之后,尽管希腊的文明被传播到更远的地方,然而,对于希腊本身,文明已是昨日,噩梦已然来临:"伊壁鸠鲁的时代是一个劳苦倦极的时代,甚至于连死灭也可以成为一种值得欢迎的、能解除精神苦痛的安息。"[③]在这个"劳苦倦极"的特殊时代缺乏安全感的希腊平民该如何安顿自己的肉体,如何拯救和解脱自己的灵魂,伊壁鸠鲁的人生哲学就是为此应运而生的。在中国古代,春秋战国之乱,是中国首次全局性颠覆式的政治剧变,其规模之大、程度之深,可谓史无前例。其中有国内之变,如:在鲁国,三桓三分公室;在齐国,田氏代齐;在晋国,韩、赵、魏三家分晋。也有国际之乱,如:老子家乡苦县本属于陈,后被楚国侵占,因为不愿为侵略者做事,才远行做周朝的史官,所以老子早年就尝到了亡国遗民的苦痛。孔子概括其《春秋》记载的 242 年间的社会惨状:"弑君三十六,亡国五十二,诸侯奔走不得保其社稷者不可胜数。"(《史

---

①　黑格尔:《哲学史演讲录》第 1 卷,贺麟、王太庆译,商务印书馆 1960 年版,第 54 页。

②　罗素:《西方哲学史》上卷,何兆武、李约瑟译,商务印书馆 1963 年版,第 295 页。

③　同②,第 318 页。

记·太史公自序》)到战国中后期,小国列侯基本消失殆尽,大国之间最终厮杀拼争,其残酷激烈程度可想而知,所以和庄子同时代的孟子说:"争地以战,杀人盈野;争城以战,杀人盈城。"(《孟子·离娄》)秦昭襄王时期大将白起"攻韩、魏于伊阙,斩首二十四万"(《史记·白起王剪列传》)时庄子已是古稀老人,庄子既没赶上白起后期活埋 40 万赵国降兵的长平之战,也不知晓功臣白起的最终悲剧(被秦王赐剑自裁),但是凭借他的聪明智慧和人生感悟,这一切都并不出他的所料。作为乱世的解忧剂,道家之美在于出淤泥而不染,如学者所言:"需要老庄思想和佛学的,是性情耿介、淡泊名利之士。"①这一赞美同样适用于伊壁鸠鲁及追随他的弟子们。同样是乱世的哲学回声,必然使得两者之间会有诸多的相同之处以及异中之同。

(二)主张远离政治,避乱世而居

在马其顿帝国代替独立的城邦后,作为"世界公民",雅典人不再是亚里士多德所谓的"政治动物",民主决策时代彻底结束。伊壁鸠鲁让大家走出过去,进入新的生活方式。伊壁鸠鲁在讲到贤人时明确提出:"贤人不是出色的公众演说家""不投身政治""他会全力反抗命运",并且,"我们应当从日常责任和政治事务的牢房中逃离出去"②。于是,在安静的伊壁鸠鲁花园里,远离政治、战争和喧嚣的一群希腊普通人,通过伊壁鸠鲁哲学而退隐到自己的心灵中,过着平和的恬静生活。道家也主张远离政治、权力中心,过清心寡欲的隐居生活。这种同世俗社会若即若离或藕断丝连的避世而居缘于人类肉体和灵魂的二元尴尬,是不得已而为之。老子将这种身心矛盾表示为:"吾所以有大患者,为吾有身,及吾无身,吾有何患?"(《道德经》第 13 章)庄子则以寓言故事的形式表示了除此以外的两种极端生活方式都有不尽如人意之处:"鲁有单豹者,岩居而水饮,不与民共利,行年七十而犹有婴儿之色;不幸遇饿虎,饿虎杀而食之。有张毅者,高门县薄,无不走也,行年四十而有内热之病以死。豹养其内而虎食其外,毅养其外而病攻其内,此二子者,皆不鞭其后者也。"(《庄子·达生》)像单豹那样完全离开人世而独居,心修而身亡;如张毅那样,过度卷入浮华生活,沉迷于世俗交往,心灵被污浊则命不得活。因此,与世俗社会保持适度距离的最好方式就是隐居。伊壁鸠鲁与道家赞同躲避政治斗争的原因是一致的,面对政治与军事的强权统治,渺小的或原子式的个体无力与之抗争,唯一能做到的就是避开政治生活,远离世俗争

---

① 张荣明:《魏晋思想的世俗与超越》,《新华文摘》2013 第 11 期,第 58—59 页。
② 伊壁鸠鲁、卢克来修:《自然与快乐》,包利民译,中国社会科学出版社 2004 年版,第 49 页。

斗,由此获得身心安宁与自由。两者都深刻地认识到,一个人因权势、财富、荣誉而获得羡慕之后,一定会有更多的嫉妒和仇恨。纵使能侥幸避免外来的伤害,也很难获得内心的平静。生命的价值不在于建功立业,而是努力使生活默默无闻,这样才能没有敌人。

(三)崇尚"自然的"

伊壁鸠鲁提出的快乐主义缘于其具有"自然的"属性,施特劳斯曾经具体分析过这一推理过程:"伊壁鸠鲁的论证是这样展开的:要发现什么东西出于自然就是善的,我们就得弄清它是何种事物——它的善的性质由自然而得到保障,或者,它的善的性质能够不依赖于任何意见,尤其是不依赖于习俗而为人们所感知。出于自然就是善的东西,在我们从出生时刻便开始的追寻中展现了它自身,它先于一切的论证、盘算、教化、管制和强迫。在此意义上,善就是令人快乐之物。"[①]由于前期哲学的城邦主义或知识论都已不合时宜,伊壁鸠鲁必须另辟蹊径建立人生哲学的根基。"自然的"摒弃了一切人为和复杂,简单明了易于理解和接受。他主张快乐,只是因为快乐是自然的,这就奠定了他的快乐主义与其他一切享乐主义共同的感性基础,也由此酝酿了彼此之间似乎无法根本彻底了断的暧昧关系。道家选择人生哲学的根基同样是"自然的":"人法地,地法天,天法道,道法自然。"(《道德经》第 25 章)自然而然的样子是一切规范的始基,"辅万物之自然而不敢为"(《道德经》第 64 章)。而道家所谓"自然的"绝不是快乐,而是虚静、恬淡、寂寞和无为,认为这才是人的自然状态,如赤子一般天真无邪,那些被功利、权势欲望主宰的生活则属于后天人为(人+为=伪)的非自然状态。所以老子说:"希言自然。"(《道德经》第 24 章)老子还主张"是以圣人去甚,去奢,去泰"(《道德经》第 29 章)。庄子提出了摆脱世俗善恶或仁义标准而将价值定位在更高层级上的真人这一理想人格:"吾所谓臧者,非所谓仁义之谓也,任其性命之情而已矣。"(《庄子·骈拇》)真人之真在于真性情。庄子解释,所谓真人无情实际是据有自然之情而排斥世俗好恶之情:"吾所谓无情者,言人之不以好恶内伤其身,常因自然而不益生也。"(《庄子·德充符》)正是由于对道家精髓的把握,魏晋的嵇康才有"越名教而任自然"的呼唤。

(四)自然的就是简约的

虽然伊壁鸠鲁的自然的是快乐的,但是,他解释说:"当我们说快乐是终极的

---

① 施特劳斯:《自然权利与历史》,彭刚译,生活·读书·新知三联书店 2003 年版,第 110 页。

目标时,并不是指放荡的快乐和肉体之乐,就像某些由于无知、偏见或蓄意曲解我们意见的人所认为的那样,我们认为快乐就是身体的无痛苦和灵魂的不受干扰。"[1]同道家的公式"自然的＝简约的"相比,伊壁鸠鲁多了一个中间环节"快乐的",但等式的两个边端还是一样的。在他看来,对财富和名利的贪欲是追求某种不可穷尽的东西,这种永无止境的追逐必然是徒劳的、枉然的,它会使人的心灵无法安宁,会造成精神的烦恼和苦痛。伊壁鸠鲁说:"习惯于简朴的、简单的饮食就可以保障为健康所需要的一切,能使一个人满足生活必需品而不挑剔。"[2]老子也提醒世人:"五色令人耳盲;五音令人耳聋;五味令人口爽;驰骋畋猎,令人心发狂;难得之货,令人行妨。是以圣人为腹不为目,故去彼取此。"(《道德经》第12章)庄子也隐喻道:"鹪鹩巢于深林,不过一枝;偃鼠饮河,不过满腹。"(《庄子·逍遥游》)但是,两家在简约生活的内容构成上略有不同,伊壁鸠鲁认为:"有些欲望是自然的,有些欲望是虚浮的。在自然的欲望中有些是必要的,有些则仅仅是自然的而已。在必要的欲望中,有些是为我们幸福所必要的;有些是为身体的舒适所必要的;有些则是为我们生存所必需的。"[3]其意思见图1。

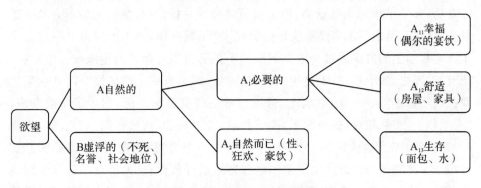

图 1　伊壁鸠鲁对欲望的分类

他认为,人的欲望中,B 是根本不需要的,有百害而无一益;A_2 也是应该舍弃的,因为它们也会带来很多的后续性痛苦。明智的快乐生活＝A_{11}＋A_{12}＋A_{13},其中 A_{13} 是不可以没有的,A_{12} 和 A_{11} 尽管没有 A_{13} 那样绝对不可少,但也是必要的,都属于生活所必需,如,宴饮不仅可以满足食欲,更可以放松心灵,但是一定要"偶尔的",而且不可以"豪饮"。道家珍爱生命,倡导"物物而不物于物"

---

① 苗力田:《古希腊哲学》,秦典华等译,中国人民大学出版社 1989 年版,第 640 页。

② 同①,第 639 页。

③ 同①,第 638—639 页。

（《庄子·山木》），为争取有限的社会资源（功名利禄）而努力就是为身外之物而耗费宝贵的生命，是不值得的，所以："至乐无乐。"（《庄子·至乐》）而保有生命并且健康长寿的奥妙恰在于："至乐活身，惟无为几存。"（《庄子·至乐》）道家并不认为"偶尔的宴饮"是必要的，对于庶人大众，好生活的标准可以是："甘其食，美其服，安其居，乐其俗。"（《道德经》第 80 章）然而对于道者，则要"味无味"（《道德经》第 63 章），把恬淡无味当作味。庄子也说："古之真人，其寝不梦，其觉无忧，其食不甘，其吸深深。"（《庄子·大宗师》）即道者的生活必要条件比伊壁鸠鲁的更简单、更容易满足。

（五）辩证地看善恶、祸福与生死

两家都主张辩证地看待善恶、祸福与生死。如，伊壁鸠鲁说："有时我们把善看作恶，有时却相反，把恶看作善。"[①]并指出作为善恶的表现，祸福、生死都不是固定不变的，以此来扭转人们贪生怕死的恐惧心理。他认为在身不由己甚至命不由己的时代，智慧的人应该主动去做自己可以做到的——尽己所能地提高生命质量而不是整日思索死亡本身，增值生就等于延缓死并克服死："正像人们选择食物，并不单单地选数量多，而是选最精美的一样，有智慧的人并不寻求享受最长的时间，而是寻求享受最快乐的时间。"[②]无独有偶，老子也指出有一些人由于人生哲学上的失误而过早地自我缩短了先天预期寿命："出生入死。生之徒，十有三；死之徒，十有三；人之生，动之于死地，亦十有三。夫何故？以其生生之厚。"（《道德经》第 50 章）事实上，道家的辩证范围更加广泛，如老子早就发现："有无相生，难易相成，长短相形，高下相盈，音声相和，前后相随，恒也。"（《道德经》第 2 章）庄子也认识到："方可方不可，方不可方可；因是因非，因非因是。"（《庄子·齐物论》）由此奠定了道家思想体系的开放性，从而铸就了道家学派顽强的生命力。在祸福方面，老子指出："祸兮，福之所倚；福兮，祸之所伏。"（《道德经》第 58 章）庄子则揭示了生死之间既对立又统一的关系："生也死之徒，死也生之始。"（《庄子·知北游》）主体的觉悟就在于顺乎生命之自然而忘怀个人之生死："夫务免乎人之所不免者，岂不亦悲哉！"（《庄子·知北游》）如此才有庄子妻亡之时"箕踞鼓盆而歌"（《庄子·至乐》）的悲壮故事。只有深切地领会过世事沧桑和人生苦难的心灵才会为死亡带来的解脱唱出如此凄美的生命颂歌，伊壁鸠鲁愉快地接受死亡——"正确地认识到死亡与我们不相干，将使我们对生命之有

---

① 苗力田：《古希腊哲学》，秦典华等译，中国人民大学出版社 1989 年版，第 639 页。
② 同①，第 638 页。

死这件事愉快起来。"①——又何尝不是如此呢！作为轴心时代中西不同地域的哀世挽歌，伊壁鸠鲁与庄子都主张大无畏地、平静地、欢愉地迎接死神的到来——与其说是哲人的黑色幽默，毋宁说是两颗绝不屈服于苦难的坚强的心！

三、人生哲学之异

（一）本体论的根本分歧

道家思想的根基在于"无"："夫虚静恬淡寂漠无为者，万物之本也。"（《庄子·天道》）而伊壁鸠鲁则坚持原子论的本源解释，他明确表示："没有什么东西自无产生。否则，任何事物就都可从其他任何事物产生而不需要其适当的种子了。"②这一根本分歧却意外地带来了认识论上的相同意向——对自然知识的探索应该适可而止，不应该或没必要"打破砂锅问到底"。如，道家批评儒家局限于人伦日用常行，忽略了"六合之外"。庄子凭借本能直觉天才地发现"无极之外复无极也"（《庄子·逍遥游》）的宇宙规律，并且还曾发问道："天其运乎？地其处乎？日月其争于所乎？孰主张是？孰维纲是？孰居无事推而行是？意者其有机缄而不得已邪？意者其运转而不能自止邪？云者为雨乎？雨者为云乎？孰隆施是？孰居无事淫乐而劝是？风起北方，一西一东，上彷徨。孰嘘吸是？孰居无事而披拂是？敢问何故？"（《庄子·天运》）事实上，由于"无"的本源出发点，无论是与善辩的名家还是与古希腊的自然哲学传统相比，庄子的疑问也只是直觉所到而已，与其说是科学追问，不如说是人文感悟，由此得出大自然的神秘莫测和其规律的不可违逆，至于具体结论则无关紧要，如庄子对惠施等"问天地所以不坠不陷、风雨雷霆之故"的评价是："由天地之道观惠施之能，其犹一蚊一虻之劳者也，其于物也何庸！"（《庄子·天下》）道家认识到相对于自然之无穷，人生何其短暂，故采取拒智的态度："吾生也有涯，而知也无涯。以有涯随无涯，殆矣。"（《庄子·养生主》）这与老子的绝学弃智一脉相承。因此，对科技进步的态度，《庄子·天地》中"有机械者必有机事，有机事者必有机心"的故事说明，道家的拒智是坚决且彻底的。其对人与自然关系的论述固然独特鲜明，如，庄子指出："天地与我并生，而万物与我为一。"（《庄子·齐物论》）问题是这种人与自然的融合是混沌的、朦胧的，因而也是原始的、初级的，而今日环境科学所讲的人与自然的统

---

① 苗力田：《古希腊哲学》，秦典华等译，中国人民大学出版社 1989 年版，第 638 页。
② 同①，第 624 页。

一则是建立于近代自然科学——作为主体的人对客体自然现象分门别类的实验探究——之上的知性的、理性的、自觉的充分发挥主体能动性之后的主客统一。因此,道家的"齐物论"有让渡主体之嫌,类似于黑格尔批评谢林的"签字转让",黑格尔将其比喻为黑夜看牛,所有的牛都是黑色的。① 与道家异曲同工,虽然从形式上看伊壁鸠鲁学说是一门包括形而上学、逻辑学、政治学、伦理学在内的完整体系,但罗素形容其是"粗鄙的"②,原因在于其所有学科都是为伦理学而存在的,自然哲学的意义在于与伦理学相一致,前者是后者的铺路石。其形而上学丢弃了古希腊思想史上一贯的对真理的探寻热忱,科学也好,真理也罢,伊壁鸠鲁对其本身并不感兴趣,唯一的意义在于克服迷信所归之于神的超自然解释。而当有着几种可能的自然主义的解释时,他主张不必再花费精力进行精确的选择,如月亮盈亏的原因,任何一种都可,只要不引出神来,彼此之间就没什么区别。所有的自然科学,包括第一哲学,在伊壁鸠鲁看来,其研究宗旨在于:"我们不能认为我们对这些现象的论述缺乏精确性,只要它有助于保证我们的安宁和幸福。"③伊壁鸠鲁似乎强调学习的重要性,如,他曾说:"一个人在年轻时不要放松对哲学的研究,也不要到老年时厌倦于研究。对于灵魂的健全而言,任何年龄都不会太迟或太早。"④但事实是,他强调的学习内容只是哲学,或者说穿了只是伊壁鸠鲁的人生哲学。因此在忽略科学知识方面,伊壁鸠鲁和道家貌离神合。总之,不同的本体论却都得出了相同的拒智主义结论,究其实质,伊壁鸠鲁对科学的放弃是因为在他看来只有人生问题才是问题;道家对科技的拒斥虽然与其理论根基(无本论)是一致的,然而根本原因也在于乱世之中生存高于一切!

(二)何为自然的生活

两家都主张过自然的生活,然而在何为自然的生活这一问题上,却做出了不同的回答,伊壁鸠鲁的回答是快乐,道家的回答是赤子心态。虽然在具体生活方式上有很多共通之处,如远离政治是非,避开权势、荣誉、战争,淡泊名利,与世无争,只消耗最基本的生活必需品,等等,但是快乐主义与婴孩赤子毕竟是有本质区别的。首先,两者所需德性不同,且与德性的关系也不同。伊壁鸠鲁的快乐生活需要一系列古代传统美德,如,他曾说:"在智慧所提供的保证终身幸福的各种

---

① 爱莲心:《向往心灵转化的庄子》(导言),周炽成译,江苏人民出版社 2004 年版,第 3 页。
② 罗素:《西方哲学史》上卷,何兆武、李约瑟译,商务印书馆 1963 年版,第 311 页。
③ 苗力田:《古希腊哲学》,秦典华等译,中国人民大学出版社 1989 年版,第 636 页。
④ 同③,第 637 页。

手段中,最为重要的是获得友谊。"①但伊壁鸠鲁所要说明的实质是:只有谨慎、正义、诚实、正直地活着,一个人才能真正地、长久地快乐。所以,在伊壁鸠鲁那里,如梯利所言:"德性或道德是达到快乐或精神宁静的目的的一种手段。"②道家的真人也需具有若干品质,慈、俭、柔、真、不争、无为等,而最根本的要领是静谧:"归根曰静,静曰复命。复命曰常,知常曰明。不知常,妄作凶。"(《道德经》第16章)庄子借孔子之口说:"人莫鉴于流水,而鉴于止水。"(《庄子·德充符》)静谧是排斥喧杂和浮躁的,与伊壁鸠鲁重视友谊不同,道家认为孤独才能成就静谧,所以庄子强调"独志"(《庄子·天地》)、"独有之人"(《庄子·在宥》)以及"独与天地精神往来"(《庄子·天下》)。道家认为,事实上人出生后就被天生赋予了以上美好的资质和禀赋,是后天世俗社会的熏染和生活世界的过度人为遮蔽了它们,隐居避世的意义在于去伪存真。一旦进入寂寞无为的本真状态,赤子的一切美好品质不请自来,两者同生同灭,不需要修行者额外地刻意追求。其次,关于未来的可能发展态势。毕竟,伊壁鸠鲁的人生宗旨是快乐,尽管有若干美德加以修饰,使得梯利称其为"有见识的利己的学说",但结果很可能是:"它鼓舞个人以追求自己的幸福为一切努力奋斗的目标,这种人生观很容易导致置他人于不顾的自私自利的局面。"③后世常有享乐主义学派向伊壁鸠鲁认祖归宗也许不无一定的道理。道家的赤子之心是一种自我净化,隐居修行的意义在于:"先存诸己而后存诸人。"(《庄子·人间世》)先让自己站稳,然后才能扶助别人。纵使一直在修己而没有帮助别人,清心寡欲、清静无为的道者一般不会成为置他人于不顾的自私自利者。

(三)思维方式和表达方法有别

伊壁鸠鲁虽然论述的哲理非常普通和平凡,如黑格尔所论:"事实上它并未超出一般普通人的常识,或者毋宁说是把一切都降低到一般普通人的常识观点。"④这是内容上从古代哲学由追求超凡脱俗的至善理想向世俗的日常生活基础的转向,也是对象群体上从具有一定财富的公民乃至贵族向普通劳苦大众的转向,但是在论述手法上仍然沿用西方哲学的表达方式——概念思维下的哲学论证和阐述。运用形而上学中的原子论、心理学解释以及逻辑学的推导规则,通

---

① 苗力田:《古希腊哲学》,秦典华等译,中国人民大学出版社1989年版,第644页。

② 梯利:《西方哲学史》,葛力译,商务印书馆1995年版,第109页。

③ 同②,第110页。

④ 黑格尔:《哲学史讲演录》第3卷,贺麟、王太庆译,商务印书馆1959年版,第48页。

过概念、判断和推理来层层递进得出其快乐主义人生哲学的伦理规范。整个论证过程是抽象的、严密的、无懈可击的。作为中国文化的发展支脉,道家思想的思维方式和表现手法则迥然不同,以西方人眼光乍看起来:《庄子》一书"没有明显的线性发展的哲学论辩。另外,它内部很多段落相互之间似乎是不依据前提的推理。更糟糕的是,它内部充满了这样的段落:它们是如此的晦涩难懂以至于它们抗拒任何一种理性分析"①。然而仔细研读该书的英国著名汉学家阿瑟·韦利(Arthur Waley)则称《庄子》是"世界上最具消遣性同时又最具深刻性的书之一"②。消遣性体现在抽象思维下的艺术表现手法,如神话、隐喻、类比的大量应用,通过浪漫想象、嘲讽、形象比喻来展现道家之道,富有极强的文学情调和美学色彩;深刻性在于,尽管道家没有利用西方特色的概念分析及逻辑推理等智性功能,却通过开启另一个维度——直觉的或审美的认知模式,让读者以"哲学儿童"(爱莲心语)的心态来阅读和体悟。固然这一抽象思维的表达方式隐晦、玄妙,因为在东方文化中,真正的人生大道是无法精确下定义的,一切都在变动之中,一切也都在具有唯一性的生命个体的独特体悟中:"道可道,非常道;名可名,非常名。"(《道德经》第 1 章)而这正是东方智慧的魅力所在。

(四)理论思想的发展寿命不同

伊壁鸠鲁的学说体系虽然有些元素独立留存并成长起来,如其原子式个体间互不伤害之契约的创意成为后期社会契约论的萌芽,他的审慎快乐论与边沁的功利主义也不无关系,但是,他的核心理论——伊壁鸠鲁人生哲学——却随着斯多葛主义的兴起而逐渐变得默默无闻。这里有外在的不可把握的各种力量综合起来所造就的历史命运,也有伊壁鸠鲁本人的失误和责任,因为他严禁任何弟子增删、修改他的任何理论,如卢克来修的《物性论》只是以诗歌形式重现了伊壁鸠鲁思想,其中没有任何发展和创新。也许是因为伊壁鸠鲁花园里的很多学员是没有文化知识的出身社会底层的劳动者,只有树立了自己的至上权威才能使他们相信自己而不相信巫术、占星等迷信,与道家的途径"度己"不同,伊壁鸠鲁学说的使命是"度人"。其代价却是,伊壁鸠鲁创造他的学派,也终结了他的学派,因为没有发展创新的学说是不可能有悠久生命力的。与伊壁鸠鲁人生哲学的早夭截然相反,中国道家无论是思想理论还是学派分支都可谓源远流长,并发

---

① 爱莲心:《向往心灵转化的庄子》(自序),周炽成译,江苏人民出版社 2004 年版,第 1 页。

② Arthur Waley: *Three Ways of Thought in Ancient China*, George Allen & Unwin, 1939, p. 163.

展演变为不同方向的各种形态,有西汉初年流行的政府治理模式——黄老之术;有中国唯一一个地地道道的本土宗教——形成于魏晋南北朝且至今仍有活力的道教;有两千多年来塑造着一代代中国知识分子人格和灵魂的老庄人生哲学,如,《红楼梦》的至上地位部分缘于曹雪芹写作的道家视角;而当代作家汪曾祺的写作特色被曹文轩在其《北大课堂:经典作家十五讲》一书中概括为"无为的艺术",曹指出:"汪曾祺的叙事态度,更重要的原因,是在他的人格组成中有着道家精神。道家讲淡泊,讲宁静,讲无为。这种人生态度溶化在血液之中,自然而然地要反映在他的叙事态度上。"①……在快节奏的现代社会,面对市场经济大潮的洗礼,道家又成为物欲横流、竞争激烈、生活紧张、心态浮躁状况下解脱并放松身心的一剂灵丹妙药。分析原因,道家人生哲学不仅肯定儒家君子在社会生活中的自律美德——超越"自我"(主观)达到"非我"(客观),还涵盖着更高层次的精神超越——超越"非我"(客观)达到"大我"(天人合一)。这一点也充分体现并证明了道家思想力之深刻,如李约瑟所说:"中国人性格中有许多最吸引人的因素都来源于道家思想。中国如果没有道家思想,就会像是一棵某些深根已经烂掉的大树。"②可以预知,在全球化时代,道家塑造的物我齐一之理念、自在豁达之心胸、超凡脱俗之气质、仙风道骨之人格作为中国传统文化之瑰宝在使更多地球人受益的同时,自身也将得到发展与创新。

---

① 曹文轩:《水洗的文字——读汪曾祺》,《书摘》2014 第 9 期,第 96 页。
② 李约瑟:《中国科技史》第 2 卷,何兆武等译,科学出版社、上海古籍出版社 1990 年版,第 178 页。

马克思意识形态理解范式演变及其存在论革命①

唐晓燕②

【摘　要】马克思对意识形态概念理解的深化与其意识形态批判理论的生成是同一过程的两个方面。马克思意识形态批判理论的生成经历了复杂的逻辑进路,可区分为意识形态襁褓束缚、意识形态决裂开端与隐性批判、意识形态批判理论初步形成、意识形态批判理论正式形成四个阶段。相应地,马克思意识形态理解范式的核心范畴经历了从荒谬到颠倒、异化、存在的演变,最终实现了意识形态理解与批判的存在论革命。

【关键词】意识形态;范式;荒谬;颠倒;异化;存在

意识形态是当代社会科学研究中最具争议的概念之一。一般认为,马克思实现了意识形态理解的现代转化。但时至今日对这一概念的诸多理解仍处于前马克思的水平。一个重要的原因是,虽然马克思在其著作尤其是早期著作中多次使用意识形态概念,但他并未对其内涵做出明晰界定。倒是恩格斯曾对意识形态下过一个清晰的定义:"意识形态是由所谓的思想家通过意识、但是通过虚假的意识完成的过程。"③"虚假的意识"的定义是否可被认为也是马克思的定义?国内外对此论争不断④。笔者认为,无论人们秉持怎样的论据、持有何种观点,也不能否认这一定义主要是在认识论维度理解意识形态概念。然而,马克思本人是否是在认识论维度理解并批判意识形态的? 这一关系马克思意识形态概

① 基金项目:浙江省哲学社会科学规划项目"马克思意识形态理论逻辑进程"(15NDJC212YB);浙江省社会科学院项目"马克思意识形态理论建构逻辑的生成与发展"(2016CYB09)。

② 唐晓燕,浙江省社会科学院政治学所、浙江省中国特色社会主义理论研究中心副研究员。

③ 《马克思恩格斯文集》第 10 卷,人民出版社 2009 年版,第 657 页。

④ 国内外学界围绕恩格斯"虚假的意识"的定义是否与马克思对于意识形态的理解一致的问题展开的争论,可参见尹保云:《"虚假的意识"与马克思、恩格斯的意识形态概念》,《学术界》2000 年第 6 期,第 37—49 页。

念本质属性的重要问题,唯有在马克思意识形态批判理论生成的逻辑进路中才能澄清。逻辑进路表达了思想发展中逻辑与历史的统一,是确证核心范畴的逻辑—历史规定的过程。马克思意识形态批判理论的生成经历了意识形态襁褓束缚、意识形态决裂开端与隐性批判、意识形态批判理论初步形成、意识形态批判理论正式形成四个阶段,相应地,意识形态理解范式的核心范畴经历了从荒谬到颠倒、异化、存在的演变。

一、意识形态襁褓束缚阶段:"荒谬之辞"

作为启蒙之子,马克思早期思想中有一个受康德哲学影响的重要阶段,这一阶段的存在往往为学界所忽视。然而,"康德是通向马克思的桥梁"[①]。在特利尔中学求学期间,马克思的历史老师、该校校长胡果·维滕巴赫被誉为"康德哲学专家"[②]。马克思的中学毕业德语作文《青年在选择职业时的考虑》呈现出明显的启蒙主义、理想主义、人道主义的思想倾向。不仅如此,马克思后来思想发展中理想主义与现实主义的内在紧张在该文中已经埋下了种子。在倡导青年人选择最能促进人类幸福和自身完美的职业的同时,马克思保有对社会环境制约的初步觉察。人并不是总能选择自认为最适合的职业,"我们在社会上的关系,还在我们有能力决定它们以前就已经在某种程度上开始确立了"[③]。在波恩大学求学期间,马克思热衷于文学创作,沉湎于浪漫主义的理想主义的怀抱,以至于父亲亨利希·马克思在 1835 年 11 月的一封信中提醒:"难道你只想在抽象的理想化([同]梦想有些相似)中寻找幸福?"[④]父亲不满意马克思的学习状态,将其转入柏林大学,而转学前马克思与燕妮的秘密订婚,又使得父亲不得不督促马克思尽快参加工作、步入社会。父亲就马克思所遭遇的剧本选题困惑给出自己的建议,其中提到"谁研究过拿破仑的历史和他对意识形态这一荒谬之辞的理解,谁就可以心安理得地为拿破仑的垮台和普鲁士的胜利而欢呼"[⑤]。正是在这里,马克思首次遭遇意识形态概念,受到父亲在认识论维度上对意识形态荒谬特性的指认的影响。

① 俞吾金:《康德是通向马克思的桥梁》,《复旦学报》(社会科学版)2009 年第 4 期,第 1—11 页。
② 戴维·麦克莱伦:《马克思传》,王珍译,中国人民大学出版社 2010 年版,第 33 页。
③ 《马克思恩格斯全集》第 1 卷,人民出版社 1995 年版,第 457 页。
④ 《马克思恩格斯全集》第 47 卷,人民出版社 2004 年版,第 519 页。
⑤ 同④,第 545 页。

转入柏林大学后,马克思在写给燕妮的诗篇中延续了浪漫主义的理想主义,但思想中的另一种力量即黑格尔理性主义哲学的影响在滋长。马克思尝试倚靠费希特哲学进行法的形而上学研究,但一开始便遭遇现有之物与应有之物的截然对立。在郊区休养期间,马克思写了对话体著作《克莱安泰斯,或论哲学的起点和必然的发展》以明晰自身的思想,在结尾处转向了持有思存统一原则的黑格尔哲学。黑格尔曾不点名地批判康德—费希特哲学的理想主义的软弱无力,坚持认为"理念并不会软弱无力到永远只是应当如此,而不是真实如此的程度"①。1837 年夏,转向黑格尔哲学现实主义以马克思深感痛苦的、将自己交给"敌人"的方式完成。正值青年黑格尔派在柏林大学风头正劲,马克思加入青年黑格尔派博士俱乐部,接受了该派思想领袖布鲁诺·鲍威尔(以下简称"鲍威尔")的自我意识哲学,而这一哲学究其实质不过是对黑格尔哲学中费希特因素的片面发展。在博士论文的导言中,马克思借普罗米修斯之口,明确地将自我意识哲学立场确立为自身立场,"反对不承认人的自我意识是最高神性的一切天上的和地上的神"②。鲍威尔关于宗教是"拙劣的、恶毒的欺骗""对现实的虚幻反映"等观点也被马克思所吸收,用于理解意识形态概念。在博士论文中,马克思说:"我们的生活需要的不是意识形态和空洞的假设,而是我们要能够过恬静的生活。"③意识形态概念的首次使用与空洞的假设并列,表明马克思意识到意识形态与现实之间的遥远距离,但二者发生有机联系的环节远未被触及。

吊诡的是,这种认识论维度上对意识形态的贬义用法后来被用于批判青年黑格尔派本身。在《德意志意识形态》中,马克思将青年黑格尔派主观唯心主义哲学所导向的历史唯心主义称为"意识形态",表现为各类幻象、教条、臆想等,并对之进行了长篇累牍的批判。在这个意义上,青年黑格尔派的自我意识哲学正是马克思思想发展之初的意识形态襁褓。兹维·罗森揭示了这里蕴含的辩证法,"考虑到马克思必须投身于反对鲍威尔的消耗精力的论证才能摆脱他多年信守的思想这一事实"④,就能理解马克思的意识形态批判首先是摆脱意识形态襁褓束缚的过程。意识形态襁褓束缚有多深重,摆脱其束缚的过程就有多艰难。

---

① 黑格尔:《小逻辑》,贺麟译,商务印书馆 1980 年版,第 45 页。
② 《马克思恩格斯全集》第 1 卷,人民出版社 1995 年版,第 12 页。
③ 《马克思恩格斯全集》第 40 卷,人民出版社 1982 年版,第 236 页。
④ 兹维·罗森:《布鲁诺·鲍威尔和卡尔·马克思:鲍威尔对马克思思想的影响》,王谨等译,中国人民大学出版社 1984 年版,第 4 页。

二、意识形态决裂开端与隐性批判阶段："颠倒的意识"

博士论文时期的马克思虽然身处意识形态褓襁,但所持的青年黑格尔派自我意识哲学立场并不是毫无保留的。马克思要求主体与客体、自我意识与客观世界的统一,虽然这种要求在当时隐而不显。但随着在现实斗争实践中马克思开启对普鲁士国家制度的批判,踏上理解现实世界的道路,而青年黑格尔派将黑格尔哲学中自我意识因素发挥到极致,最终退化为柏林"自由人",二者的决裂不可避免地开始。这一决裂开端引导了思想上的彻底清算。在《关于林木盗窃法的辩论》中,首次直接接触物质利益问题的马克思秉持客观理性原则,遭遇思想困惑。法律应是"事物的法的本质的普遍和真正的表达者"①,资产阶级立法者的出发点却不是法律原则而是私人利益。马克思对于这种违背理性原则的立法深为愤慨,他谴责立法者旨在维护林木所有者利益,"即使法和自由的世界会因此而毁灭也在所不惜"②。客观理性与私人利益的现实冲突表明黑格尔理性主义国家观存在重大缺陷。在对摩泽尔河地区葡萄酒农贫困状况的分析中,马克思更是在发现现实与管理原则矛盾的基础上,意识到国家管理制度背后的"本质的关系"——官僚关系,虽然此时"本质的关系"还是一种抽象的提法。

克罗茨纳赫时期和德法年鉴时期,费尔巴哈的人本学唯物主义成为马克思批判黑格尔国家观和青年黑格尔派宗教观所依凭的思想资源。克罗茨纳赫时期,费尔巴哈在《关于哲学改造的临时纲要》中对黑格尔思辨哲学颠倒特性的指认以及对该种哲学批判的再颠倒方法为马克思所借鉴。在《黑格尔法哲学批判》中,马克思批判黑格尔国家观中"观念变成了主体,而家庭和市民社会对国家的现实的关系被理解为观念的内在想象活动"③。马克思不仅借助费尔巴哈指认黑格尔国家观中思维与存在的颠倒,更超越了费尔巴哈,将这种颠倒追溯到更深层次的颠倒,即颠倒的现实本身,"黑格尔的主要错误在于他把现象的矛盾理解为本质中的理念中的统一,而事实上这种矛盾的本质当然是某种更深刻的东西,

---

① 《马克思恩格斯全集》第1卷,人民出版社1956年版,第139页。
② 《马克思恩格斯全集》第1卷,人民出版社1995年版,第282页。
③ 《马克思恩格斯全集》第3卷,人民出版社2002年版,第10页。

即本质的矛盾"①。因此马克思远远超越了费尔巴哈的视界,意识到必须揭示存在于颠倒的观念背后的现实矛盾,意识形态批判必须深入到对意识形态以之作为前提的颠倒的现实之内在矛盾的批判。

德法年鉴时期,马克思接续并超越了费尔巴哈的宗教批判思想。费尔巴哈在《基督教的本质》一书中得出具有革命性意义的结论,"神学之秘密是人本学,属神的本质之秘密,就是属人的本质"②,第一次在唯心主义链条上打开了缺口。在《〈黑格尔法哲学批判〉导言》中,"反宗教的批判的根据是:人创造了宗教,而不是宗教创造人"③,这一典型的费尔巴哈式的表述,表明马克思对费尔巴哈宗教批判思想的接续。但马克思进一步将对宗教的批判引向对现实社会存在的批判,突出颠倒的意识背后颠倒的世界的存在。人创造了宗教而不是相反,但人不是社会的抽象存在物,人就是国家、社会,"这个国家、这个社会产生了宗教,一种颠倒的世界意识,因为它们就是颠倒的世界"④。因此,对宗教的批判是对颠倒的世界批判的胚芽,在"人的自我异化的神圣形象"被揭穿后,揭露"具有非神圣形象的自我异化"⑤成为必要的和重要的,宗教批判从对"副本"的批判推进到对"原本"的批判。

基于马克思意识形态批判理论的复杂性,对其进行解读不能拘泥于具体语词的使用。克罗茨纳赫时期和德法年鉴时期,马克思意识形态批判思想的基本要素——"颠倒""意识"已经确立,只是缺乏明确的概念形式。这一时期的黑格尔国家观批判和青年黑格尔派宗教观批判可被视为隐性的意识形态批判。

三、意识形态批判理论初步形成阶段:
"异化了的社会意识"

对法的关系、国家形式的初步研究使得理解市民社会即物质生活关系的重要性凸显,而对市民社会的探讨,必须到政治经济学中去寻求。将逻辑出发点从客观精神转向市民社会,马克思转而集中精力于政治经济学研究和批判,探索独立的思想道路,逐渐形成意识形态理解与批判的思维框架。

---

① 《马克思恩格斯全集》第 1 卷,人民出版社 1956 年版,第 358 页。
② 费尔巴哈:《基督教的本质》,荣震华译,商务印书馆 1984 年版,第 349 页。
③④ 《马克思恩格斯全集》第 3 卷,人民出版社 2002 年版,第 199 页。
⑤ 同③,第 200 页。

其一,意识形态生成的方法论批判。

对黑格尔哲学颠倒特性的指认,吸引马克思进入其真正诞生地即《精神现象学》找寻奥秘。《精神现象学》中意识的诸形态如苦恼的意识、诚实的意识、高尚的意识、卑贱的意识等在黑格尔看来都是精神异化的表现形式。对于马克思所要开展的市民社会批判而言,黑格尔的精神异化思想潜在地包含了一切批判要素,但异化的主体是纯粹抽象思维,辩证法的光华依然束缚于思维本体中。在《1844年经济学哲学手稿》中,马克思对黑格尔的精神异化观进行了批判。在黑格尔那里,人被看作是非对象性的、唯灵论的存在物,"人的本质的全部异化不过是自我意识的异化"①,实质是以抽象思维的异化代替现实异化。《精神现象学》中出现的各种异化形式,究其实质不过是自我意识的不同形式。分析异化现象的理论本身陷入异化,"本来应该具有批判精神的黑格尔哲学本身也成了容纳一切意识形态的包罗万象的意识形态"②。

《神圣家族》进一步揭露产生上述悖谬的方法论秘密。黑格尔哲学思辨方法在鲍威尔主编的《文学总汇报》中被运用到了极致。"批判的批判"(即《文学总汇报》的批判)面对复杂的社会问题却处处只看到范畴,用范畴的形式占有整个现实世界,再用这些范畴重新创造世界,简直是一种"奇迹"。"奇迹"的秘密正是黑格尔哲学思辨方法的秘密:从现实的果实如苹果、梨、草莓、扁桃中得出"果品"这个一般的概念,进一步想象"果品"这个抽象观念是现实的果实如苹果、梨、草莓、扁桃的真正本质,各种特殊的现实的果实从此就只是虚幻的存在,是"果品"这一抽象本质总和中的各个环节。鲍威尔将"批判的批判"发展到"绝对的批判",在历史观上陷入荒谬空洞。在《自由的正义事业》《犹太人问题》等著作中,他运用黑格尔哲学思辨方法,将真理视为被意识到了的真理,并得出人类历史的存在仅仅是为了使真理达到自我意识的荒谬结论。马克思批判鲍威尔不过是运用了黑格尔《精神现象学》中思辨的技艺,将现实的、客观的链条转变成纯粹观念的、主观的链条,将一切外在的、感性的斗争化为纯粹的思想斗争③,是"黑格尔历史观的批判的漫画式的完成"④。

其二,意识形态现实经济基础批判。

《1844年经济学哲学手稿》从揭露国民经济学内在的二律背反开始,将异化

---

① 《马克思恩格斯全集》第3卷,人民出版社2002年版,第321页。
② 俞吾金:《意识形态论》,上海人民出版社1993年版,第46—47页。
③ 《马克思恩格斯全集》第1卷,人民出版社2009年版,第288页。
④ 同③,第291页。

概念运用于国民经济学批判,提出了异化劳动理论,初步揭示了意识形态产生的现实经济基础。国民经济学内在的二律背反的核心是劳动价值论与工资规律的矛盾,前者让劳动产品归属于劳动者,后者让劳动者获得劳动产品中最低限度的部分。从这一经济事实出发,马克思将国民经济学以之作为前提的东西称为"异化劳动",得出结论:私有财产表现为异化劳动的原因,但事实上异化劳动是私有财产的原因。迄今为止的全部人类劳动都是私有财产的运动,都是人的本质异化的表现。作为生产的特殊方式,在异化劳动普遍化的情况下意识领域生产的异化同样具有普遍性。包括宗教、法律、道德等在内的具体意识形态,"都不过是生产的一些特殊的方式,并且受生产的普遍规律的支配"①。这一阶段马克思对意识形态概念的理解仍带有费尔巴哈人本主义的色彩,"类意识""类存在"等术语依然束缚着马克思。马克思将社会意识称为"类意识",类意识在思维中复现自己的现实存在;类存在在类意识中得到确证,并且在自己的普遍性中作为思维着的存在物自为地存在。② 由于异化劳动的普遍性,普遍意识发生异化并与现实生活相对,这种异化了的普遍意识就是意识形态。

《神圣家族》中马克思深入现实经济生活及其表达——物质利益中寻找意识形态的现实基础,首次在意识形态批判方面超越了费尔巴哈。"'思想'一旦离开'利益',就一定会使自己出丑。"③意识形态的形成首先基于以个别利益冒充普遍利益的现实需要,是少数人组成的、有限的群众的利益在观念上的表现冒充为体现普遍的群众的现实利益的观念。马克思以 1789 年法国大革命中资产阶级的意识形态为例,说明它是试图推翻封建统治的革命阶级赋予自己的利益以普遍性形式的结果,表现为力图上升为统治阶级的资产阶级在革命中装饰自己即将取得的利益的"热情的花朵"。《神圣家族》在某些地方依然保留了"异化"概念,表明意识形态批判的独立思维框架尚待最终确立。在几个月后的《关于费尔巴哈的提纲》(以下简称《提纲》)中,"实践"取代"异化"成为意识形态批判的核心范畴,表明《神圣家族》已经处于马克思意识形态批判理论正式形成的前夜。

---

① 《马克思恩格斯全集》第 3 卷,人民出版社 2002 年版,第 298 页。
② 《马克思恩格斯全集》第 1 卷,人民出版社 2009 年版,第 188 页。
③ 同②,第 286 页。

四、意识形态批判理论正式形成阶段：
"颠倒的社会存在的观念形态"

1845 年 2 月马克思来到布鲁塞尔，先是写下被誉为新世界观天才萌芽的《提纲》，确立批判德意志意识形态的逻辑起点——实践原则，接着与恩格斯共同撰写《德意志意识形态》。在这部未完成的重要著作中，马克思首次系统批判了德意志意识形态，表述了自身的理论立场即唯物史观，意识形态批判理论正式形成。

文本形式上，《费尔巴哈》章是《德意志意识形态》的第一章。在思想内容上，一般认为该章是全书中最重要最具学术价值的一章，马克思对德意志意识形态的彻底批判和对唯物史观的论述正是在这一章中集中呈现的。这双重因素导致学界在探讨《德意志意识形态》中的意识形态批判思想时，偏爱在《费尔巴哈》章中找寻文本资源。笔者认为，虽然这种做法在一般性的理论阐释上是不错的，但就呈现马克思理解意识形态的复杂思想过程及其内在环节而言，这样的文本选择无疑是粗疏的、不完备的。就写作顺序而言，在作为《德意志意识形态》主体内容的三章中，《圣布鲁诺》章、《圣麦克斯》章的写作在前，《费尔巴哈》章的写作在后。就思维进路而言，《圣布鲁诺》章与前一阶段的文本《神圣家族》存在直接接续关系，马克思正是在《圣布鲁诺》章中完成了对鲍威尔自我意识哲学的批判，曾紧紧束缚马克思思想的意识形态褓襁被抛弃。麦克斯·施蒂纳（以下简称"施蒂纳"）的唯一者哲学是"黑格尔主观主义化的最终极限"[1]，代表了青年黑格尔派自我意识哲学的极端形式。《圣麦克斯》章对施蒂纳唯一者哲学批判的完成标志着对狭义理解的意识形态——青年黑格尔派主观唯心主义所导向的历史唯心主义批判的完成。施蒂纳以他关于人的精神发展阶段"儿童—青年—成人"的描述为"唯一者"全部历史的原型，以此出发编造历史，得出黑格尔主义者统治非黑格尔主义者、思辨哲学家统治历史的荒谬结论。马克思之所以以《德意志意识形态》全书近三分之二的篇幅批判施蒂纳，根由于其思想极端突出的意识形态性。在青年黑格尔派中，正是施蒂纳将自我意识原则推演至极端的程度，但他却自以为已经超越德国思辨哲学，"深信他在其反对'宾词'、反对概念的斗争中攻击的

---

[1] 奥古斯特·科尔纽：《马克思恩格斯传》第 3 卷，管士滨译，生活·读书·新知三联书店 1980 年版，第 58 页。

已不是幻想,而是统治世界的现实力量"①。施蒂纳正是在这最接近揭露德意志意识形态虚伪性秘密来源之处重新堕入德意志意识形态怀抱。为此,马克思不无惋惜地评价:"他是这种虚伪的受害者,其实他本应该从这种虚伪中得出相反的结论来的。"②

批判施蒂纳唯一者哲学的意义不仅在于由此完成对狭义德意志意识形态的批判,更在于这一批判实质性地推动了马克思批判费尔巴哈,正是在后一批判中马克思对意识形态概念的理解出现了从狭义向广义的转变,以及对广义德意志意识形态批判的完成。施蒂纳将马克思、恩格斯"看作是费尔巴哈主义者,从而使他们不得不从以前的黑格尔哲学遗产中摆脱出来,来阐明他们自己独特的立场"③。费尔巴哈在《基督教的本质》中对宗教的批判已经将矛头指向宗教生成的世俗基础,但他"却没有在理论上和实践上对这种基础提出疑问"④。洛维特精准地把握到了费尔巴哈宗教人本学批判的局限性及其与马克思理论立场的本质区别:"费尔巴哈只想揭示宗教的所谓尘世果核,而对于马克思来说,重要的是沿着相反的方向从对尘世生活关系的历史分析出发阐明在此岸的关系中什么困乏和矛盾使宗教成为可能和必需。"⑤

将马克思视为费尔巴哈主义者是对马克思这一阶段思想性质的误判。事实上,在此前的《提纲》中,与费尔巴哈的区别已经作为本质重要的方面被提出,费尔巴哈哲学被列入旧唯物主义行列加以批判:"对对象、现实、感性,只是从客体的或者直观的形式去理解,而不是把它们当作感性的人的活动,当作实践去理解。"⑥德意志意识形态也因此获得了广义理解,主观唯心主义与旧唯物主义所导向的历史唯心主义被统称为德意志意识形态,即"一般意识形态"。《费尔巴哈》章以实践为逻辑起点确立唯物史观的基本立场,使得马克思在存在论根基层面彻底清算自身此前哲学信仰、理解与批判意识形态成为可能。马克思从现实的个人及其现实社会生活出发考察意识形态的生成与存续。意识是社会存在物,实质是社会意识,其发展状况与社会生产力发展水平紧密关联。生产力的发

---

① 《马克思恩格斯全集》第 3 卷,人民出版社 1960 年版,第 263 页。

② 同①,第 331—332 页。

③ 郑文吉:《〈德意志意识形态〉与 MEGA 文献研究》,赵莉等译,南京大学出版社 2010 年版,第 23—24 页。

④ 卡尔·洛维特:《从黑格尔到尼采:19 世纪思维中的革命性决裂》,李秋零译,生活·读书·新知三联书店 2006 年版,第 126—127 页。

⑤ 同④,第 471 页。

⑥ 《马克思恩格斯全集》第 1 卷,人民出版社 2009 年版,第 499 页。

展伴随着分工形式的变迁,当精神劳动与物质劳动的分工出现,"意识才能摆脱世界而去构造'纯粹的'理论、神学、哲学、道德等等"①。分工导致统治阶级内部分化出一些思想家,专职从事为统治阶级利益辩护的精神生产,被马克思称为"意识形态阶层"。意识形态阶层以将统治阶级的特殊利益装扮成普罗大众的一般利益为己任。意识形态是旧式分工的产物,其形式的颠倒性反映的是社会生产中的实质性的颠倒和矛盾状况。

不再停留于研判意识形态的真实或虚幻,而是深入挖掘意识形态生成的世俗基础内在的颠倒和分裂,马克思意识形态批判理论的存在论批判基调得以确立:"意识(das Bewuβtsein)在任何时候都只能是被意识到了的存在(das bewuβte Sein),而人们的存在就是他们的现实生活过程。"②在这一"从人间升到天国"的考察路径中,马克思得以借助"照相机隐喻"说明意识形态颠倒特性的存在论根源,完成了对意识形态理解的存在论革命:"如果在全部意识形态中,人们和他们的关系就像在照相机中一样是倒立成像的,那么这种现象也是从人们生活的历史过程中产生的。"③

结　语

在马克思自身的理论架构中,意识形态是在存在论维度上加以理解和批判的。这一理解视域的确立与其学术旨趣密切相关。"需要深入研究的是人类史,因为几乎整个意识形态不是曲解人类史,就是完全撇开人类史。"④正是经由摆脱意识形态襁褓束缚、探索独立思想道路的艰难而复杂的过程,马克思最终在《德意志意识形态》的《费尔巴哈》章中澄明了被抽象认识论所遮蔽的人类历史,完成了意识形态理解与批判的存在论革命。

---

① 《马克思恩格斯全集》第 1 卷,人民出版社 2009 年版,第 534 页。
②③ 同①,第 525 页。
④ 同①,第 519 页。

医学:技艺还是实践理智活动?[①]

——从亚里士多德的医学之喻谈起

于江霞[②]

【摘　要】通过对医学之喻的使用,亚里士多德不仅在医学与伦理学的类比思考中深入揭示了二者在语言、方法、思想上的内在关联,而且还借助哲学伦理学的反思对古代医学的本质、目的和限度,尤其是医学技艺与实践理智的复杂关系做出了较为明晰的厘定和判分。在某种程度上远离实践理智,甚至远离技艺本质的现代医学,其性质虽未发生根本改变,但却在一种以多元、整全、活生生的身体为对象的医学人文主义诉求中内在地呼唤实践理智的回归,以在对医学现象和医学情境的重新解释、理解中归正好自身与修身技艺、好生活的关系。

【关键词】医学;伦理学;技艺;实践理智;技术;自然

一、亚里士多德的自我治疗之喻

诉诸医学之喻可以说是西方众多哲学家的共同理论旨趣,这种哲学传统可上溯至与医学文化密切互动的古希腊哲学。哲学的医学之喻与身体的象征主义相伴而生,哲学被很多哲学家视为一种治疗技艺,身体和疾病则由于其深刻的隐喻性而被视为某个象征或符号系统,二者共同触发了哲学和医学在语言、方法和思想上的互通。当然,尽管同样诉诸医学之喻,但哲学家使用的方式、赋予的意义和阐发的理路却不尽相同。

例如,出身于医学之家的亚里士多德就曾将医学之喻大量运用于其对形而

①　基金项目:杭州市哲学社会科学规划课题项目(Z15JC121)。
②　于江霞,浙江财经大学伦理研究所讲师。

上学、伦理学(尤其是功能论证、中道、习惯等理论)的阐发中。除了用健康和医术来类比理论理性和实践理智，以辨析和阐释智慧和明智两个概念外，亚里士多德还用医生给自己治病这一隐喻来阐发"技艺(techne)"与"自然(phusis)"、制作物和自然物的关系。在亚里士多德看来，明智并不优越于智慧，正如医学不优越于健康本身。因为健康作为一种自然、自行的运动，本身并不需要医学，而医术只是为了健康而研究如何恢复健康。从制作物的角度讲，医生为自己治病好像证明了人工物根源于其自身，然而这只是偶性使然而不是一个自然的过程，因为医疗并不导向医术。只是在类比意义上，自然和技艺之内都有目的，因此自然也可被视为那个为自己治病的医生。

在《论 phusis 的本质和概念》一文中，海德格尔对亚里士多德的这一隐喻进行了详细评论。他不仅指出以技艺之喻来理解自然可能存在的弊病，而且还试图跳出技艺/自然的二元思维方式。因为自然更是健康本身而不是那个为自己治病的医生，只有自然才是"康复的真正起始和对康复的占有"，才是应该守护的神性本源。医术作为一种技艺不可能成为健康的本源，除非生命一开始就是人工物，即一开始就是技艺的产品。沿着同样的思路，海德格尔又对此医学隐喻进行了引申。他认为医生的自我治疗由于以自身为目的，因此很像明智，但这种要依赖各种手术刀具和人为药物的行动所带来的健康终究不能与一种自然而然的健康，即智慧相比。而且由于这一行为具有偶然性，且仍未摆脱健康的外在性，因而最终又导向了技艺。如上文所述，由于亚里士多德曾将智慧与健康、明智与医学相类比，因此海德格尔似乎将这种自我治疗模式视为一种带有技巧之意的技艺活动，从而在某种程度上贬低了亚里士多德的明智概念。因为通过诉诸一种索福克勒斯戏剧里的技艺观念，海德格尔拒绝任何将"存在"纳入技术模式的柏拉图主义或亚里士多德主义尝试。

海德格尔的以上深刻观察不仅与亚里士多德的致思有异曲同工之妙，而且还可以将我们进一步引向对关注人之生存状态的现代医学的反思。结合亚里士多德的精妙之喻与海德格尔的创造性诠释，我们可以首先进入对医学技艺的初步思考，以进一步寻觅两种理路可能的视阈融合。

首先，医术虽然是一门服从于对象利益的技艺，但却是一种面向人、导向身体之善的技艺。在古希腊，尤其是亚里士多德之前，技艺并非只是单一产品的生产；如海德格尔所言，它还是一种集技艺女神的明眸、沉思和猜度于一身，可照料灵魂、拯救人类的重要活动。鉴于技艺含义的丰富性(技术、专长、艺术和科学等)和种类的复杂性(很明确的生产性技艺、目的和手段合一的技艺、有其内在目的的技艺),即使是对技艺、实践和理论活动进行过明确区分的亚里士多德也曾在宽泛与狭窄双层意义上使用"技艺"一词,即有时将技艺与知识互换使用,并把制作和生产活动纳入实践活动中。而这种模糊的技艺概念在医学这个特殊的例子中体现得尤为明显。正像《希波克拉底文集》所言,医学的特质在于它的目的,即治疗和帮助人,它不仅要减轻、解除患者之痛,而且还要满足患者之需。因此医学的对象显然是患者,而不是疾病;是整全的身体,而不是患病的局部器官。医生不只是针对躯体疾病的医匠,因为治疗过程还需要医生的善恶知识和德性品格加以引导和规约,否则甚至将无以治人。这或许就是医学作为医学的"ethos":医学本源地就与伦理相关联。这在倚重于饮食法和医生之关怀的古希腊医学中更是如此。

其次,治疗技艺通常是指向个人的,并不存在一种适用于所有人的医术。医生要基于患者生命的整体状况,将理论知识和实践技能相结合,根据不同的体质和病症设计治疗方案,选择治疗过程。而要使一次治疗真正转化为一门医术,就必须走向总体,懂得总体。在这里,我们看到海德格尔对技艺的理解与亚里士多德的界定的一致之处:相关于制作(poiesis)的技艺通过经验而被知道,但却是建立在对总体的理解的基础上;作为一种在生产意义上的揭示真理的方式,技艺与知识密切相关。然而对技艺之知识性的过于强调和对现代技术之根的过分警惕使得海德格尔最终只保留了技艺里的艺术元素。其结果是,他在"技艺"里面同时找到了对存在的威胁和解药。

亚里士多德举此例的更特殊之处在于,这里的医术指的是医生对自己的治疗,因此在相当程度上具有了实践理智的特性,即活动目的的内在性。尽管亚里士多德曾多次提及这一隐喻,但他并非有意阐发这一隐喻本身的深层含义。其原因之一或许在于,他的视野在本质上是以一个健康的人为基本视点,健康即是一种普遍的常态;只要经过积习地训练与培养而获得健全的实践理智与道德德性,我们就不会因为陷入不能自制或自我放纵而"寻医治病"。但是"自我治疗"这一被亚里士多德称为偶性的隐喻概念和活动在希腊化哲学,以至在尼采、福柯等后来的哲学家当中却上升至理论探寻和修身实践的核心性地位,进而成为一种理论和现实的常态。

再次,海德格尔的质疑主要是围绕"自然"概念展开的,而且与他对技术的形而上学理解密切相关。或许海德格尔也会同意:既然亚里士多德强调健康不是一种绝对的状态,那么很难说健康与疾病之间有一种截然对立的划分。换言之,由于二者更多的是处于一种混合的状态,那么不仅应当正视作为生命过程一部分的疾病,而且还应避免将其他自然的东西纳入疾病,以造成某种不自然。不管是一般的治疗行为,还是作为偶性的自我治疗,都必须基于作为自然的健康。我们对于"何为自然"这个亚里士多德与海德格尔均贡献颇多的哲学难题固然不能轻易地做出回答,但或许可以肯定的是,在尚未明确区分"是"与"应当"的古代哲学中,自然是事实与价值的统一;它所表征的平衡与和谐,是医学与伦理学的共同目的。作为总体的"自然"总是作为一种变动不居的规范性、原则性力量,在实践的个体性、当下性中走向具体。

二、亚里士多德论医学:接近实践理智活动的技艺

由医学之喻开启的上述讨论初步展现了医学本身的独特性及其对于人的生活的重要性。简而言之,医学作为一门技艺的独特之处首先在于其本身的复杂性质,其次是由此而与哲学伦理学发生的独特关系。这在它的古代形态,即古希腊文化背景下体现得最为清晰、完整。借助医学之喻,亚里士多德总体上将医学界定为一种建立在理论科学或知识(epistēmē),即生物学基础上的,在类比意义上相似于实践理智活动的实践科学与技艺。结合海德格尔的问题意识和《希波克拉底文集》中的某些观点,我们可以进一步分析作为一种亚里士多德式技艺的医学的基本性质。

(一)医学作为一种典型技艺

作为一门重要的典型技艺,医学不仅在前苏格拉底时期被视为一种高贵、高尚的技艺,而且还作为古典希腊时期唯一达到对自然精确观察和理解的领域,同数学一样成为哲人们的广泛兴趣领域。而哲学也在对医学的关注和思考中,从总体的高度对医学的性质、目的和限度进行无形的范导和规约。

按照希腊文"技艺"一词的基本含义,作为一种技艺的医学兼有现代语境下的科学和艺术双重特性。作为一门科学,医学是一种以患病的身体为特定对象,主要面对普遍的、描述性的、客观的和生物学的问题的理性活动,其产品是病体的健康;而作为一种艺术,医学则将特定的个人视为目的,将整体的生命健康作为其追求目标,主要处理具体的、评价性的、主观的和个人的问题。它不仅直接指向人,而且还服务于不受运气控制的,因而更像是神匠之作品的自然,一如艺术家之于艺术作品。健康即是一种在自然的安排下的有序、平衡和中道,医学则是在"诊"与"治"的意义上帮助身体恢复至自然。诚如《希波克拉底文集》的作者

所言,医学是理解人的基础,因而也是哲学,以及其他一切与人有关的学科的基础。由于人身体的血气循环与宇宙身体的大化流行全息相通,因此医学不仅深刻地隐含着特定的思维方式和价值信念,而且真实地表征和显现着宇宙自然的规则秩序。有深厚的动物学和解剖学背景的亚里士多德无疑也会同意,解剖学所致力于揭示的那个神圣的、不可见的区域正是为哲学家所苦思冥想和激烈交锋的领域。而在其哲学思考中,亚里士多德则明确言明,医学是一门与其他理智德性密切相关的典型技艺。

首先,按照亚里士多德对于制作(poiesis)、实践(praxis)和理论(theoria)的划分,技艺通常局限于制造和生产,其目的在于它本身之外的知识或制作;它主要面向具有偶然性的、活动的始点并非在其本身的事物。然而在严格意义上,古代医学并非是一种创作或生产活动。亚里士多德也曾提及,医生并不自己创造健康,而只是借助自然的力量帮助身体恢复至一种平衡状态,即健康状态。因此这个过程的实质不在于生产人工物,而是帮助自然恢复其隐匿的自我运动,弥补自然可能的不足。医学的主要任务是辅助自然,而不是生产健康。

其次,从与理论的关系看,医学活动还以智慧为重要标准,尤其是那些肉眼看不到的疾病仍受到智慧之眼的掌控,需要运用理性和知识去探究病因,对症下药。因此,尽管区别于纯粹知识和思辨活动,但医学也有理论基础和理性起源,也与对逻各斯的运用和对善目的的关照密切相关,并且具有类似知识的一切品质。它也需要处理普遍性的事实,严格遵照因果性原则,并为其他自然科学提供知识。实质上,正是医学的理性根基,使之成为真正的技艺,同时将之与巫术和运气区分开来。简言之,具有特定主题的医学既是认识问题,又是实践问题;既须立足于日常经验,又离不开理智的指导。

再次,与实践理智的关系是理解医学性质的关键。尽管医学主要是一种技艺,但却是一门集技能、理论和实践为一体的典型技艺,并且在方法及应用层面上类似于实践理智活动。与明智一样,医学技艺面对的也是或然性、情境性的事物,因此不能依据某种普遍、必然的一般规则,而是需要在具体应用和试验检验中不断修正、完善;也涉及推理、判断和选择,并将观察与慎思的结果最终实现于行动;都与实践者的道德德性和内在品格具有内在关联,并需要以其作为肥沃土壤。不仅如此,这种可类比性还促使医学被择升为一种重要的伦理范型。

(二)医学作为一种伦理范型

医学的实践性使其成为古代思想讨论中理解宇宙自然、社会生活和道德德性的重要范型。鉴于医学主要致力于解决人体的自然秩序与平衡和谐,而人之小宇宙与自然大宇宙又是全息对应,因此古代医学不仅是解释自然安排及其秩序的入口,而且还被广泛应用于人的行为规则和伦理教化,成为与致力于灵魂之善的伦理学密切相关的领域。对于亚里士多德来说,正如要成为一个健康的人,需要时时自我关心和自我节制、维护身体各器官的和谐有序以及就医时对症下药一样,要成为一个好人,也应时刻关注自我的灵魂状态,在行为和感情方面进行适当选择,在接受教育上力求教者因材施教。或许正是在方法、思想和语言上的互通,才吸引包括亚里士多德在内的众多爱智者去了解和研究医学,并将医学与哲学伦理学做对比。

当然,医学与哲学伦理学不仅在语言、方法和思想上可类比和互通,而且还存在内在关联:不仅仅是一种纯粹生理、心理的相关,而且是一种在人的生活主题下个人与自我、与他人间伦理关系的相关。究其根源,医学与伦理学的最终目的都是服务于好生活,只不过其指向的善的层级有所离分。尽管身体的健康必须上升至灵魂的健康,但身体之善和灵魂之善同样受到人们的赞美,并在根本上相互影响、相互补充。在此生命秩序下,身体健康、健壮、健美,尽其所能地服侍灵魂。

(三)医学的限度

然而,医学对人类福祉的关切是有限的,它只能部分地提供某些必要条件,却不可能独自承诺持久、可靠和自足的幸福。对身体的研究并不直接相关于对灵魂和好生活的研究。也正因此,以至善或最高目的即幸福为研究对象的政治学要比以身体为研究对象并以身体善为目的的医学"更好,更受崇敬"。尽管医学在类比的意义上如此接近实践理智,但它毕竟是一种技艺,类比显然不等于相同。从亚里士多德的角度看,医学保留了技艺的主要特征:它更关注行动的结果,而非操作的过程,而且这个结果外在于行动;它所做的判断并非主要基于自愿决断,而是事实的考量;它可学习可传授,但也可能被遗忘。而且这种技艺不立基于实践理智,不直接相关于特定道德德性,也不依赖于专门的道德共同体。医生并不拥有一般德性体系之外的特殊德性,成为一个好人才最为根本。尽管驱逐了宗教和运气因素,但医学毕竟不是智慧,因此治疗必定有"度"。医术的对象与目的规定了它的知识领域和行动限度——医学的对象只是生病的身体,因此医生不应强求医学技艺从事超出其力量的事情。在亚里士多德看来,医术从寻求健康这个目的来说是没有限度的,但寻求这一目的的手段却不是无限度的,因为目的本身即是对技艺的限制。然而,技艺的不健康发展却可能会推动对其目的的重新定义或过度解释,从而导致其目的最终被销蚀掉。因此如果人们对医学技艺索求太多,就会对医学的目的进行不断解释,最终造成一系列的社会问题。

三、现代医学:"远离"与"接近"之间

或许正是古代医学在众多技艺中的典范地位,才使得现代医学成为最集中、最充分地展现技术问题的领域,并理所当然地被纳入海德格尔著名的技术之思。尽管医学与哲学之间本应相互接近、了解和对话,但现代以来的医学与伦理学在事实上却逐渐疏远。正如古代医学致力于借助与机运的区分而寻求其合法性,现代医学的基本定位与众多伦理困境的消解有直接关联,这就亟须以哲学之药治疗医学之病,使其重归本位,恢复本性。

不可否认,亚里士多德的著名划分,即医学作为典型技艺与政治学、伦理学作为典型实践,已经因社会结构的变迁而受到了某种挑战。尽管按照一种亚里士多德式的理解,医学作为一种技艺的基本性质并没有改变,但是医学发展的多面向与复杂化,却使之与实践理智的关系更加微妙。

首先,随着现代医学由外观更多地转向内观,身体和生命的本质已被重新定义,哲学史视野中的那个脆弱的身体不再是不可更改的宿命。这个身体不仅突破了很多二元的历史和文化鸿沟,而且还似乎触动、消解了古代医学中的自然概念。而技术上的可能性也使医学的目标和能力发生了质的变化。既然"自然"这个始点很大程度上被抛弃,技术的目标就不再是基于自然的疗救、帮助和恢复,而是没有终点的生产、干预和治愈。尤其在西方社会中,除了一种没有疾病、畸形或功能紊乱的健康观念外,健康还越来越被视为是一种达到而非固有的状态,即一种不再指向患病身体的增强意义的健康,一种仍然要基于人的能力和身体结构的,但又要试图超越这些固有界限的技术尝试。而身体也因此成为一种获得而非给定的,处于不断改良、强化、优化中的变动身体。据此,不健康就不再被看作是一种偶然,相反却是被看作一种身体没有得到增强的"自然"状态,事关人的人格性和主体性的身体也由此变得愈加不确定。尽管技术与身体、自然相互之间并非决然对立,而是始终与此在生存保持一种密切关系,然而一种以没有限度的身体增强为主要目标的医学活动却易使医学导向一种违背其基本性质和内在精神的机巧。

事实上,正如麦金太尔对于现代生活中善观念和德性观念的碎片化描述,健康与疾病之间的标准也日趋模糊、纷争不断。但是医学活动却经常无视由多元、

多变的身体所带来的这种生物医疗情境的差别，而只是将目光聚焦于无历史、普遍性的躯体上。在问题化的医患之间，技术的专业化、科学普遍性和个体境遇性之间，医学的理论性、实践性和技艺性之间的冲突和矛盾也越发尖锐。另外，生命科学对理解生命和人性方式的变更，不仅在根本上威胁形上之道，而且广泛地关涉形下之器，在日常生活中则确实增加了使生命成为"技术上的可制造的制作物"，进而使人的身体被资源化和市场化，即沦为海德格尔意义上的被"座架"化了的持存物的可能性。因此一个普遍的医学现象是：医学作为科学，不再起源于惊讶；作为技术，不再局限于生产；作为艺术，不再关心整体。在这种意义上，医学已不再是古典意义上的类似实践理智活动的技艺，而只是被窄化为过滤掉任何诗性和德性元素的纯技术、纯技巧。

　　上述担忧在医学的另一个绝非单纯技巧，而是无限泛化的极端发展方向中得到印证。技术之危险不仅在于自身的性质，而且还在于与伦理政治因素相关联，并且这种趋势将愈来愈强势，而这正是海德格尔所相对忽视的。技术的推动和社会的关注极大地扩展了医学的范围和领域，助长了医学的权力和权威。首先，医学不仅在回应和消除人类疾病上扮演主导型的角色，还试图利用生物技术将人们的欲望和向往在生命体内具身化，并以一种更直接、快捷、有效的方式达成以往伦理所承诺的目的和善，即快乐、宁静和幸福。人们相信药物、技术和机器胜过相信人性、良知和同情心，尽管由前者所达至的善与智慧、德性、自由意志均无关。其次，由于众多社会因素的渗入，普通的临床判断和医学决策越来越多地掺进利益的考量和价值的权衡，事实与价值、评价与说明的相互交织充斥日常的医学活动。在此情景下，医学向政治、经济领域的深涉，使得原本被视为隶属政治、伦理、法律，甚至宗教的问题越来越多地被归于医学问题，社会和文化病症由此被简化为身体疾病语言和个体病理问题。亚里士多德意义上的健康人视野在医学扩张和身体负重之下逐渐隐匿下去。而疾病的增多和生物性健康标准的提高又为以医学或健康为名的，针对身体的市场化提供可乘之机，从而引发了各种日趋紧张的身体间关系（患者与医生、科学家与受试者、企业与患者、患者与患者）。关键问题在于，医学和身体能否承受如此之重——既是目的善之重，又是正当善之重？

　　由此看来，柏拉图在《理想国》中为医学划界的想法以及对其膨胀后果的担忧极具现实意义。医学的技术化与社会化，医学与伦理的互渗实际上使医学与实践理智有了更深层的关联。接近和远离之间，凸显了医学的目的和本质，及其与伦理学关系在现代社会情境下的复杂化。而作为对以上众多医学悲剧和伦理困境的集中折射和强烈回应,对医学实践是否是实践理智活动的争论实质上深刻地体现了医学的人文转向。这场医学的人文化运动的主题就在于,从一种现象学、解释学与存在论相互交融中的实践理智概念出发,将身体视为一个情境化的、活生生的具身(embodiment),将健康和病患视为一种在世方式和生存状态而非仅仅是生理化学现象;强调通过基于切身体验的对话交流和情感沟通来联结医患双方的生活世界,并基于患者的具身性处境,即对其生活整体的最大关照而非单纯的治愈目的出发而进行医学决策;等等。这也正彰显了海德格尔对此在生存状态的关注的重要意义。医学在根本上固然不是实践理智活动,但却是一种强烈地需要理智德性与道德德性加以规约的典型技艺。因此我们需要借助理智活动,尤其是实践理智活动,认真思考作为生存之谜的健康问题,并以哲学治疗医学、哲理导引医理这样一种古典的方式,促成和实现医学实践的合理性。

现代技术,尤其是生物技术的发展固然通过对身体的修饰、改进和强化推动了医学的繁荣,但生物医学毕竟不等于生物技术,生物医学的技术干预也决然不同于市场化的技术操作。海德格尔关于现代技术本质的描述既不是医学的本然状态,更不是它的应然方向。因为在宽泛意义上的医学概念本身就带有强烈的伦理因素,医学活动本质上应是实现手段和行动目的、技术上的正确与道德上的善恶的统一。更何况,生物技术的使用使得医学活动由于可能牵涉身体的众多身份的改变而变得愈加复杂,这就更加需要实践理智为了行动的善而进行筹划、判断和选择。尤其是伴随着技术的内化式发展,正像古希腊哲人所启示的,同为处理与自我关系的医学技艺与伦理学意义上的修身技艺也会产生更多交会和勾连:身体及其欲望是这两种技艺所要医治的首要对象,而人的心灵状态恰是很多疾病发生的真正根源。诚如伽达默尔所言,我们应当以"自己的生活方式关心自己的健康",以一种自我治疗的方式将医学技艺纳入修身技艺,以使技艺更好地服务于善的选择和本真的生活。尽管生物技术推动下的现代医学为获得一个强健的身体、一种积极的健康,以更好地通向好生活提供了更大的可能性,但其所导致的善终究是偏重生理层面的、短暂的、非自足的条件善,而非基于生活和生命总体的目的善,尤其是这种暂时的感性满足是通过药物或技术的强压和催逼而获得的情况下。狭义的医学治疗活动,没有必要,也不可能在概念上与实践理智活动合并。因为我们在自由选择的实践问题与因果决定的医学问题之间很难做出清晰的界分,但并非不可能,很多所谓的伦理困境事实上已经越过了医学范围。总之,生物技术下的现代生活世界,困扰我们的身心问题,与古人仍有相同相通之处。生命在终极意义上仍然是个不可知物,而如何利用生物技术处理好与自身的关系,恐怕关键还是回答好"我能知道什么""我应当做什么""我可以期望什么"这三个康德问题。况且大多医学实践仍然要植根于作为自然的健康和源于自然的肉身,对于大多数疾患仍然有基于常识的一致意见。在这样一个技术机遇与社会风险并存、身体的开放性和不确定性并行的时代,如何将高度专业化的技艺和人们总体性的生活目的结合起来,在技术的限度和欲望的适度、技术能力和实践选择之间找到一个最终的平衡显得至关重要。

当然,鉴于医学的社会化和生命的政治化,医学早已随着"身体"的凸显而广泛地进入政治和伦理领域。这就使得医学不仅可以表现为技术上的控制论,而且还可以表现为生活上的控制权,尽管这种生命政治转向不可阻挡,而且并非无益。因此宽泛意义上的医学不仅是一种技艺活动,而且还是一项社会事业。我们不仅需要在技艺限度的操作范围内充分利用实践理智来面对活生生的个体之身,以在过度与不足、适宜与不适宜、常规与非常规等非单纯认知性的治疗界点中做出选择,而且还需要在总体上运用明智之眼对医学的本质、功能和目的,即何为医学问题、如何理解和划归医学问题等做出清晰的判定,以应对负载众多价值和利益负荷的身体间伦理问题。总之,健康不仅是一个医学问题,而且是一个哲学伦理学问题。医学与伦理学的内在关联与外在缠结呼唤医学事业中的实践理智,以使人基于在世的生命总体做出明智的判断。

参考文献

[1] 亚里士多德.尼各马可伦理学[M].廖申白,译,注.北京:商务印书馆,2003.

[2] 亚里士多德.物理学[M].张竹明,译.北京:商务印书馆,2004.

[3] 海德格尔.路标[M].孙周兴,译.北京:商务印书馆,2000.

[4] 海德格尔.艺术的起源与思想的规定[C].孙周兴,编,译.依于本源而居——海德格尔艺术现象学文选.杭州:中国美术学院出版社,2010.

[5] 纳斯鲍姆.善的脆弱性[M].徐向东,陆萌,译.南京:译林出版社,2007.

[6] Hippocrates. Hippocrates Vol I[M]. Jones W H S, trans., London:Harvard University Press,1923.

[7] Hippocrates. Hippocrates Vol II[M]. Jones W H S, trans., London: Harvard University Press,1923.

[8] Jaeger W. Aristotle's Use of Medicine as Model of Method in His Ethics[J]. The Journal of Hellenic Studies,1957(1).

[9] Hofmann B. Medicine as Practical Wisdom (Phronesis)[J]. Poiesis Prax,2002(2).

[10] 亚里士多德.政治学[M].吴寿彭,译.北京:商务印书馆,1996.

[11] Svenaeus F. Hermeneutics of Medicine in the Wake of Gadamer the Issue of Phronesis [J]. Theoretical Medicine and Bioethics,2003(5).

[12] Gadamer H. The Enigma of Health:The Art of Healing in a Scientific Age [M]. Gaiger J, Walker N,trans. , Stanford:Stanford University Press, 1996.

《理想国》只是一部政治哲学著作吗？[①]

——对于成官泯教授的一种回应

张波波[②]

【摘　要】《理想国》是一部关于什么的著作一直是柏拉图思想研究界争论的焦点。本文基于对《理想国》题目、内容和国内外众家之言的考察，反对施特劳斯及其追随者的这种仅把它定性为政治或政治哲学著作来加以研究的视角，而是主张：(1)《理想国》主要处理的不是，也不仅仅是，政治学或政治哲学关心的涉及国家学说、政治理论、政治制度和政治思想史以及人与社会应当有怎样的关系问题，而是着重讨论了幸福论框架下的道德哲学（或伦理学）长期关注的一个人应该过怎样的生活以及人为什么要有道德的基本问题。(2)《理想国》不只是一部政治哲学著作，并且不主要是一部政治哲学著作，而是一部道德哲学著作或一部反政治的著作。

【关键词】正义；《理想国》；道德哲学；政治哲学

成官泯教授在 2008 年发表于《世界哲学》第 4 期《试论柏拉图〈理想国〉的开篇——兼论政治哲学研究中的译注疏》一文中通过对《理想国》开头几句话的简单梳理就为整个《理想国》的基调做出这样的大胆断言："柏拉图最伟大的政治哲学著作，或者说古今最伟大的政治哲学著作就是《理想国》……《理想国》是一部政治哲学的著作，它的主题是哲人与城邦，而哲人与城邦的故事是一个永无结局的故事。"他的这种看法显然是受施特劳斯(L. Strauss)及其追随者的影响，这一方面反映在他的参考文献中，另一方面我们确实可以发现施特劳斯及其弟子

①　基金项目：本文系国家社科基金项目"柏拉图与古典幸福论研究"(12bzx050)研究成果之一，并得到中央高校基本科研业务费专项资金资助。
②　张波波，浙江大学哲学系哲学博士研究生。

在不同场合或明或暗地强调:《理想国》(Politeia)是一部政治哲学著作。① 但《理想国》仅仅是一部政治哲学著作吗? 这个问题还可以问得更为激进:《理想国》仅是一部政治著作吗?

以往的研究基本上都侧重于从美好城邦 (Kallipolis) 的乌托邦主义 (utopianism)、共产主义 (communism)、女权主义 (feminism) 和极权主义 (totalitarianism) 等四个特征出发来回答这个问题。② 本文不打算做这样的尝试,而是希望通过立足于对《理想国》的题目和主题的分析来进行回答。

一、Politeia 应做何解

《理想国》仅是一部政治著作吗? 对于这个问题,我们首先从这篇对话的希腊文原标题谈起,这是因为人们通常认为一篇文章的标题有充当文眼、概括文章主要内容、点明中心、揭示主旨或阐明文章主题等作用,而柏拉图的每篇对话都含有一个标题。毫无疑问,这篇对话的原标题是 politeia,而且它在对话中出现过好多次。那么,politeia 是否与政治有关呢? 这个问题必然与如何理解 politeia 一词的含义有关。尽管 politeia 是古希腊时期人们经常论述的一个主题③,但《理想国》中的 politeia 该如何解释,学者们大致形成了三种声音。

第一种声音来自施特劳斯及其追溯者如伯纳德特(S. Benardete)、布鲁姆(A. Bloom)和罗森(S. Rosen)等人。他们一致主张 politeia 最好译为"政制"(regime)或"政体"(polity)。具体说来,施特劳斯首先提出,政治之中的政治就是希腊人所谓的 politeia 现象,而且这个词可以宽泛地解释为"constitution"(宪法),其次又强调这个词的两个重要的方面:(1)politeia 规定政府的性质、政府的权力。(2)politeia 更为重要的意义在于,它还规定了一种生活方式,而一个社会

① L. Strauss: *The City and Man*, University of Chicago Press, 1964, p. 50; S. Benardete: *Socrates' Second Sailing : on Plato's Republic*, University of Chicago Press, 1989, p. 161; A. Bloom: *The Republic of Plato*. Trans. with Interpretive Essay, Basic Books, 1991, p. 381; S. Rosen: *Plato's Republic : A study*, Yale University Press, 2005, p. 163.

② Eric Brown(2009),*Plato's Ethics and Politics in The Republic*,斯坦福哲学百科全书·柏拉图《理想国》中的伦理与政治学:http://plato.stanford.edu/entries/plato-ethics-politics/。

③ 比如,亚里士多德《政治学》这本书的题目也是 Politeia。但通常认为亚里士多德理解的 politeia 与柏拉图理解的 politeia 十分不同。这方面有启发性的论述,参见 M. Schofield: *Plato: political philosophy*,OUP,2006,pp. 33-34。

的生活方式根本上是由这个社会的等级制度(社会分层)来决定的。① 作为他的弟子,布鲁姆则在此说法上进一步追本溯源地强调,这个词从根本上说源于"polis"(城邦)一词。② 他的另外一位弟子罗森则言简意赅地强调,politeia 是城邦之魂,及城邦律法之基。③

第二种声音来自斯科菲尔德(M. Schofield)。他认为,politeia 的核心含义是"公民权"(citizenship),即"成为公民的条件"(the condition of being a citizen),因为《理想国》所属的文学传统本身就或明或暗指出,《理想国》意在论述一个构成公民生活的法律和惯例的制度。因此,在他看来,一篇论述 politeia 的论文可能会探讨适当的社会分层。此外,就这个词的译法而言,斯科菲尔德还特别强调,politeia 如果要译为英文,最好译为"constitution"(宪法)或"political and social systems"(政治—社会制度)。④

第三种声音来自沃特菲尔德(R. Waterfiled)和谢泼德(J. Sheppard)等人。他们一致认为,politeia 的意思是指"政事"(political business)或"共同体的公共政治生活"(the public and political life of the community)。⑤

以上这三种解释尽管在表述上略有相同,但它们都侧重强调 politeia 的政治性含义。或许正是因为 politeia 很容易让人联想到政治,所以,这篇对话的标题常常被后来的译者用带有很强的政治色彩的词来翻译。比如,它的拉丁文译名为"Res publica",德文译名是"Der Staat"(国家),日文译名则是"国家"⑥;英文遵从拉丁文译法译为"The Republic"。国内的吴献书、郭斌和、张竹明等老一辈译

---

① L. Strauss: *Leo Strauss on Plato's Symposium*, University of Chicago Press, 2001, p. 8; cf. L. Strauss, *The City and Man*. Chicago: University of Chicago Press, 1964, p. 56.

② A. Bloom: *The Republic of Plato*. Trans. with Interpretive Essay, Basic Books, 1991, pp. 439-440,注释 1.

③ S. Rosen: *Plato's Republic: A study*, Yale University Press, 2005, p. 11; cf. S. Benardete: *Socrates' Second Sailing: on Plato's Republic*, University of Chicago Press, 1989, p. 9.

④ M. Schofield: *Plato: political philosophy*, OUP, 2006, pp. 33-34; cf. M. Schofield: "Approaching Plato's *Republic*," in C. Rowe and M. Schofield (eds.) *The Cambridge History of Greek and Roman Thought*, Cambridge University Press, 2001, p. 199.

⑤ R. Waterfield: *Plato's Republic*. Trans. Waterfield, Oxford University Press, 1993, p. xi; D. J. Sheppard: *Plato's Republic: An Edinburgh Philosophical Guide*, Edinburgh University Press, 2009, p. 5.

⑥ 关于拉丁文译名的介绍,参阅 D. J. Sheppard: *Plato's Republic: An Edinburgh Philosophical Guide*, Edinburgh University Press, 2009, p. 5;德文译法,见 Plato, and Karl Vretska: Platon: Der Staat, Politeia. Reclam Verlag, 1958;关于日文的译法,参阅中畑正志。Reeve, C. D. C: *Philosopher-Kings The Argument of Plato's Republic.*, pp. xv+350, Princeton University Press, Princeton, 1988;西洋古典学研究, 1991, 39, 141-144。

者则主张把它汉译为"理想国"①;陈康和范明生等人译为"国家篇"②;王太庆则译为"治国篇"③;刘小枫等人主张译为"王制"④。本文采纳了吴献书等人的"理想国"译名,理由主要归纳为三点:

第一,柏拉图在这篇对话中确实运用了较多篇幅论述一个由哲人王统治的"理想之国"(Ideal State)或"美好之邦"(Kallipolis),所以论述比例来看,用"理想国"翻译 politeia 并不偏题。但为何没有采用《国家篇》《理想国篇》⑤或《治国篇》这样的译名和写法,主要在于这些译者把"篇"字放到书名号里面在笔者看来是不妥的。因为柏拉图各篇对话的名称都有特殊的含义。有的对话多以人名为篇名(如《泰阿泰德》《菲丽布》等),有的则以事件为篇名(如《会饮》),有的则以对话者的社会身份为篇名(如《政治家》《智术师》等),有的则是以论题为篇名(如《理想国》和《法义》),还有的是以人名和事件的合写为篇名(如《苏格拉底的申辩》)。目前柏拉图研究者当中已有不少人注意到柏拉图对话各个名称蕴藏着深刻的内涵并撰写了大量文章论述篇名在解读柏拉图思想中所起的提纲挈领的作用。⑥ 所以,我们如果尊重柏拉图的作品,那么,无论作为译者或解读者,都不应该擅自(也无权)更改他人的作品或者在其著作的标题上增添额外的内容。如果有些人执意要在写作中加上"篇"字,那么,按照书名号的使用规则,这个字应该放在书名号之外才更为合适(比如,我们在汉语中会说《诗经·大雅·灵台》篇,但严谨的学者肯定不会把这个"篇"字放在书名号里边)。

第二,翻译有时特别讲究"约定俗成",而"理想国"这个译名在汉语界已通行已久,广为人知,所以用"理想国"一词来译也未尝不可,尽管它像英文译名"The

---

① 柏拉图:《理想国》,郭斌和、张竹明译,商务印书馆 1986 年版。

② 对于这个译名,范明生是这样解释的:"《国家篇》被许多人译为《理想国》,就其希腊原名 Politeia 而言,它没有'理想'的意思,所以我们还是译为《国家篇》。但就其内容说,柏拉图在那里确实是阐述了一个理想的国家,它是柏拉图的'理想国'。"(汪子嵩等:《希腊哲学史》第二卷,人民出版社 1993 年版,第 603 页。)在我看来,他给出的理由很弱,因为按照他的这种逻辑,politeia 也没有现代意义上的"国家"之意。

③ 王太庆:《柏拉图对话集》,商务印书馆 2004 年版。

④ 这种译名的介绍,见刘小枫:《〈王制〉要义》,张映伟译,华夏出版社 2006 年版,第 3 页;刘小枫:《王有所成—思考柏拉图"Politeia"的汉译书名》,《哲学与文化》2013 年第 11 期,第 3—17 页。"王制"这个译名在笔者看来很容易让人误以为柏拉图的这篇对话相当于古书《礼记·王制》,即谈论了古代君主治理天下的规章制度,但我们随后可知,就这篇对话的内容而言,柏拉图这方面的意图并不明显。

⑤ 徐学庸把 politeia 译作"理想国篇",见《理想国篇》译注与诠释,徐学庸译,安徽人民出版社 2013 年版。

⑥ 关于柏拉图对话篇名及对话人名特殊含义的深刻论述,见 Leo Strauss:Leo Strauss on Plato's Symposium, University of Chicago Press 2001, pp. 11-12;Sedley David:Plato's Cratylus, Cambridge University Press 2003, pp. 25-50.

Republic"一样容易引起误解,让人误以为它仅是一篇专门论述理想之国或共和主义的著作。①

从 politeia 一词似乎确实可以得出这篇对话的主题具有很强的政治性色彩,但我们能就因为这个缘故而说它只是一部政治著作吗? 这样断言恐怕为时过早。因为这篇对话除有一个主标题外,据说还有一个副标题——"论正义",这就同拥有副标题的柏拉图其他对话一样。比如,《会饮》和《斐德若》的副标题分别是"论好"和"论爱"。一些译者如布鲁姆就在翻译中标出了这个副标题,尽管他本人以及塔兰特(Tarrant)也承认,这个副标题极有可能是后来的对话编者塞拉西鲁斯(Thrasyllus)添加的,理由在于:

(1)加副标题的这种做法与柏拉图本人的写作风格很不相符。

(2)如果《理想国》有一个副标题,那为何亚里士多德在《政治学》(1261ᵃ⁻ᵉ)中论述《理想国》的时候却对这个副标题只字未提呢?②

此外,也有一些人基于伦理学(或哲学)与政治学不能分离这一理由来反对添加副标题的这种做法。比如,法国著名思想史研究者亚历山大·柯瓦雷(Alexandre Koyré)在《发现柏拉图》中就这样说:

> 在我们的手稿和修订本中,《理想国》总会被附上一个"论正义"的副标题。帝国时代的古代评注者们,也就是柏拉图著作的第一批编辑,曾严肃自问:这本书的主题是什么——它首要关注的是正义还是城邦政制? 是道德还是政治? 这个问题在我看来无关紧要。更糟糕的是,这是个谬论。因为这个问题揭示了存在于编辑意识中的伦理学和政治学的分离(也可说成是政治学和哲学的分离),这样的分离可谓是柏拉图最不想看到的。③

---

① 英语界对于"The Republic"这个译名的由来与批评,见 Terry Penner: "The Forms in the Republic", *The Blackwell Guide to Plato's Republic*, 2006, p. 258, n. 8;Blössner, Norbert: "The city-soul analogy", in Ferrari, Giovanni RF, ed. *The Cambridge Companion to Plato's Republic*, Cambridge University Press, 2007, p. 369; C. J. Emlyn-Jones, William Preddy, Loeb classical library Volume 1, Books 1—5 of Plato, *Republic*, William Preddy Volumes 5—6 of Works, Plato, Harvard University Press, 2013, p. vii. 鉴于此,一些学者为了避免产生误解,干脆选择不译,如 Beets, Muus Gerrit Jan, and Plato: Socrates on the Many and the Few: A Companion to Plato's *Politeia*. Duna, 2002; Ludlam, Ivor: "Thrasymachus in Plato's Politeia I", *Maynooth Philosophical Papers* (6):18-44 (2011)。

② H. Tarrant: *Plato's first interpreters*, Cornell University Press, 2000;A. Bloom: *The Republic of Plato*. Trans. with Interpretive Essay, Basic Books, 1991, p. 440, 注释 2.

③ A. Koyré: *Discovering Plato*, Columbia University Press,1945,p. 72.

假如《理想国》的副标题确实是后来的人添加的，而且柏拉图本人很可能也不赞成这种添加，那么，后来的编辑为何要冒犯柏拉图的本意而做出这样的尝试呢？唯一比较合理的解释可能是，《理想国》的主题是不好确定的，这主要表现在它的讨论重心在"正义"与"理想城邦"之间摇摆不定。因此，如何理解这篇对话的题目与《理想国》的主题是什么这个问题是分不开的。

二、《理想国》的主题

那么，《理想国》的主题或主要计划是什么？换言之，它是一部探讨什么的著作？正义，还是理想城邦？一些人不假思索地认为是后者，即强调《理想国》全篇的"主要部分叙述了苏格拉底对理想城邦的勾画"[①]。但也有不少人认为是前者，即通过对于正义的探究，找到个人所需要的道德德性，从而使个人对他人实践善举。[②] 比如，法国哲学家阿兰·巴迪欧就认为，"《理想国》……处理的恰好是正义的问题"[③]。著名柏拉图研究者安娜斯(J. Annas)和桑塔丝(G. Santas)等人也都认为《理想国》是一部论正义的著作，其重要性不亚于罗尔斯的《正义论》。[④] 即便有些人如泰勒(A. E. Taylor)认为按照苏格拉底和柏拉图的观点，在道德与政治之间除了方便的区分外，没有区别，而且正义法则对阶层和城邦跟对个人是一样的，但也特别强调这些法则首先是个人道德的法则，因为政治是建立在伦理之上的，而不是相反。[⑤]

如果细读文本和观察对话脉络，我们就会发现，正义的确是贯穿整篇对话漫

[①] 傅佩荣：《柏拉图哲学》，东方出版社 2013 年版，第 31 页。

[②] M. Schofield：*Plato：political philosophy*，OUP，2006，p.30.

[③] 阿兰·巴迪欧：《柏拉图的理想国》，曹丹红、胡蝶译，河南大学出版社 2015 年版，第 2 页。

[④] 如今有不少人肯定罗尔斯对正义的贡献，而贬低《理想国》的价值，这其实是不对的，因为即便是研究罗尔斯思想的大家也都承认《理想国》对于罗尔斯本人的启发是不容忽视的。相关讨论，见 J. Annas, *An Introduction to Plato's Republic*. Oxford：Clarendon Press，1981，pp. 10—11，p. 23；A. Kosman, "Justice and Virtue：The Republic's Inquiry into Proper Difference "，in The Cambridge Companion to Plato's *Republic* Edited by G. R. F. Ferrari，Cambridge：Cambridge University Press，2007，pp. 118-119；G. Santas,*Understanding Plato's Republic*，Hoboken：John Wiley & Sons，2010，pp. 1-14.

[⑤] A. E. Taylor：*Plato：The man and his work*，Methuen，1949，p. 265.

长讨论的主线,而且似乎"在美德回报问题的讨论中充当美德的典范"①。《理想国》中最先提出的并最后在其结尾处作答的首要问题,事实上是一个严格的伦理问题:一个人应该用来管理其生活的正义规则是什么? 具体而言,第一卷中苏格拉底与克法洛斯(Cephalus)、玻勒马霍斯(Polemarchus)以及色拉叙马库斯(Thrasymachus)最初讨论的主题正是正义。对于城邦的讨论只在第二卷才初见端倪,并以下列方式引入:埃德曼图(Adeimantus)和格罗康(Glaucon)要求对这个主题进行更为仔细的考察,但是要从更大的层面上通过类比的方式来考察。最重要的是,苏格拉底不止一次向他的谈话者表明"个体的正义才是本篇对话探讨的对象",并且最值得注意的是,《理想国》以末世神话收尾,从而来表明:正义的生活会在来世得到奖赏。就此而论,《理想国》分别处理的德性(aretê)与幸福(eudaimonia)的关系问题、德性的回报问题以及与此相关的责任与利益是否存在冲突的问题都围绕正义这个中心议题展开。如果《理想国》的重要主题果真如以上证据表明的,是正义,那么《理想国》谈论的 dikaiosunê(正义)与现代人日常使用的"正义"在概念上一样吗? 显然,这不是一句简单的翻译用词选择就可以一言蔽之的问题。② 相反,它必然与 dikaiosunê 一词在《理想国》中的特定含义是什么以及现代人所谓的正义究竟意指什么这些问题交织在一起。首先来看对话中的苏格拉底是如何理解 dikaiosunê 的。

第一,苏格拉底在《理想国》第一卷中开宗明义指出,所谓正义就是指"正确的生活方式",而对正义的探究就等于在查明什么样的生活方式才是正确和正当的(I 352d-e)。正是如此,人们通常认为,《理想国》谈论的 dikaiosunê 相当于一般意义上的"伦理正当性"③或"人对于其同类的全部责任"。④ 但现代人所指的

① A. Kosman:"Justice and Virtue:The Republic's Inquiry into Proper Difference",in The Cambridge Companion to Plato's *Republic* Edited by G. R. F. Ferrari,Cambridge University Press,2007,p. 118.

② dikaiosunê 应如何翻译? 英语界有很大争议。比如,有人主张译为"justice"(Reeve),有人主张译为"morality"(Annas 和 Waterfield),有人主张译为"righteousness"(Rudebusch),也有人主张译为"Appropriateness"(PAppas)(相关讨论,见 J. Annas:*An Introduction to Plato's Republic*,Clarendon Press,1981,pp. 11-12;G. Rudebusch:Socrates,pleasure,and value,Oxford University Press,2002,pp. 140;N. PAppas:*Routledge Philosophy Guidebook to Plato and the "Republic,"* Routledge,1995,pp. 15-16;C. D. C. Reeve:*Republic*. Reeve Edition,Hackett Publishing,2004,p. 328)。但我认为这样的争论意义不大,因为 dikaiosunê 的含义问题显然不是一个纯粹的语言哲学的问题。因此,在我看来,汉语语境下,人们常在选用"正义""公平"或"公正"哪个词来翻译"dikaiosunê"的问题上争论不休是没有太大意义的。

③ C. D. C. Reeve:*Republic*. Reeve Edition,Hackett Publishing,2004,p. 328.

④ J. Adam,ed:*The Republic of Plato*,Cambridge,1963[1902],vol. 1,p. 12.

"正义"似乎常常体现为一种政治、经济性的"资料分配"原则。① 所以柏拉图所使用的 dikaiosunê 一词的含义通常被认为要比现代人的正义概念更为宽泛,也就不足为奇了。②

第二,"权利"常常被认为是现代正义理论中的核心概念,而且按照现代人的价值理论,"正义"与涉及"权利"的其他诸美德应当被区分开来,分而待之。熟悉柏拉图对话的人会发现,柏拉图没有表达权利概念的专门词汇,但柏拉图(及其同时代的人)往往会用"平等"和"信守属己之物"等概念来把正义规定为人特有的美德或者是"属人的一种美德"(Ⅰ 335c)。比如,《理想国》卷一中的玻勒马霍斯就借用传统诗人的权威提出"正义就是把欠人的还人",即,把别人的应得之物给人家,而苏格拉底也承认,"正义"的反面应该叫作 pleonexia(贪婪),即去拥有和想要超出有权享有的东西。③因此,尽管柏拉图缺乏表达"权利"概念的专门词汇,这是事实,但这并不意味着,《理想国》所谈论的"正义"就不是我们现代人所探讨的"权利"。④

第三,在谈论 dikaiosunê 的时候,人们通常猜测,柏拉图很可能是在广义和狭义两个层面上使用这个词。比如,柏拉图最伟大的弟子亚里士多德在《论题》(Topics 106ᵇ29)⑤这本书中就曾明确指出,就仅在意义上模棱两可的词语而言,dikaiosunê 是这一类词的绝佳典范。此外,他又在《尼各马可伦理学》第 5 卷开头接着这个话题进一步指出:dikaiosunê 包含两种截然不同但又彼此相关的含义:(1)它既可以用来表示"守法",又可以代指一般意义上的其他"有德性的行为";(2)它还可以用来表示同 pleonexia 截然对立的而被人们冠之以"正义"这种更加专门化的美德(E. N., 1129ᵇ-1130ª)。后来的人常常读到这段评论时会倾向于认为亚里士多德说这番话是在隐射柏拉图在《理想国》中用词模棱两可,含糊不清。⑥ 这或许是真的。但是换一个角度来看,这或许也可以说明,柏拉图极有可能有意挖掘 dikaiosunê 在广义和狭义两个层面上的含义。所以由此观之,《理想国》谈论的 dikaiosunê 一方面是指国家政治和经济层面的"正义"(公平),

① 古今"正义"的理解差异,见迈克尔·桑德尔:《公正》,朱慧玲译,中信出版社 2012 年版,第八章。

② J. Annas: *An Introduction to Plato's Republic*, Clarendon Press, 1981, p. 11；C. D. C. Reeve: *Republic*. Reeve Edition, Hackett Publishing, 2004, p. 328.

③ J. Annas: *An Introduction to Plato's Republic*, Clarendon Press, 1981, p. 11.

④ Ibid. , p. 11.

⑤ 文中涉及亚里士多德的文本,参见 Barnes, Jonathan, ed: *Complete Works of Aristotle*, Princeton University Press, 1991.

⑥ Ibid. , p. 12.

另一方面也是指一般意义上的"个人道德"。

如果说,《理想国》的主题的确是"dikaiosunê"(正义或道德),那么,柏拉图为何可以让他的 dikaiosunê 在"共同体层面的正义"(狭义)与"个体层面的道德"(广义)之间自由切换呢?这样做岂不更容易扰乱读者的思绪吗?他难道有意混淆"正义"与"道德"之间的界限?

首先,可以肯定,柏拉图没有把"正义"与"道德"混为一谈的意思,因为苏格拉底在对话中有意不让"正义"篡夺"美德之整体"的地位,而是把"正义"仅视为一种美德,并把它与其他美德区分开来。比如,在早期对话中,正义一直被视为美德中的一种,即"美德之整体"的一个部分,而在中期对话《理想国》中,正义则被小心翼翼地与另外一种社会美德——"节制"(sôphrosunê)——相区分开来(II 360b2-d6);在晚期对话《菲丽布》中,苏格拉底则更是通过进一步强调"正义本身"(而非所有其他美德)才是精确的科学——辩证法——所研究的对象而凸显正义的统摄地位(Philebus 62a2-b4)。

其次,按照安娜斯等人提出的柏拉图坚持一种"扩展性正义理论"(Expansive Theory of Justice)的说法,"正义的生活"归根结底是"道德的生活"。因为在柏拉图看来,回答"正义与不义各自是什么"的问题与"思考产生于社会关系中的主要道德"的问题,是分不开的。换言之,《理想国》中讨论的正义问题是从我们主要的道德关怀发展而来的,而柏拉图打算修正我们的道德直觉,从而一方面给出一种既能解释又能丰富我们日常道德观的新道德观,另一方面又能借此表明为什么道德于己于人都是值得选择和有益无害的。这正是柏拉图的与众不同之处。他没有采用一种道义论式或结果主义式的路径去介入道德问题,而是提供了另外一种路径,即把"什么是正义"与"为什么要正义"这两个问题捆绑在一起,并让前者屈从于后者来解决正义问题。

最后,持有"扩展性正义理论"的人与不坚持这种理论的人对于正义社会的要求有很大的不同。一般而言,前者比后者更为理想、激进。具体而言,后者可能认为,只有当人们的特定权利受到侵犯或先行的法律被破坏时,一个社会才产生不义。但前者并不这么看,而是认为一个社会如果达不到更广的道德要求,就是不义。比如,在一个社会中,财富比美德更受人尊敬,那么,这个社会就不义。柏拉图相信,一旦弄清楚了正义的本性,我们就会认识到,一个社会要想达到真正意义上的"正义",它就必须在各个方面都做到正义才行。可见,在柏拉图看来,正义的问题不单单是法律的执行问题,而且是涉及各个权力部门的重组问题;"不义"这种顽疾不可能仅仅通过纠正几处既有的错误就能得到根治,相反,对财富、荣誉,以及社会中各种益物的整体再分配必须符合基本的道德要求。

因此,有些人认为,"正义"是一种规定人际关系的美德,具体表现为"做自己的事而不干涉他人之事"。① 这是很有道理的。这不仅适用于城邦正义,同样也适用于个体正义,至少从《理想国》看是如此(IV 433a1-c3;cf. IV 441d)。持有"扩展性正义理论"的人倾向于让我们与他人的关系成为道德生活的中心。相形之下,一种侧重于强调个体独特性及其道德决定的自主性的正义理论则趋向于在狭义层面理解"正义",而且否认一个社会要想祛除不义,就需要对整个社会在道德上进行重新排序。因为如我们一开始假定的,柏拉图的正义理论属于一种"扩展性正义理论",所以他对个体性的关注从一开始就可能少于西方自由主义者所期待的。②

的确没有哪个自由主义者会把自己的思想来源追溯到《理想国》。但我们就应该据此认为柏拉图在《理想国》中关注个体少于关注城邦吗?长期以来,人们一直就有这样的误解(尤其在经济学领域)。这些人认为"希腊哲学家那里没有我们今天讲的'个体'概念,柏拉图撰写《理想国》的时候,把重心放在城邦,而不是公民个人,他认为城邦作为整体的幸福远比个人的幸福重要"③。但真是这样吗?细读《理想国》之后,我们恐怕会发现,事实很可能恰恰相反。

首先,从《理想国》论述理想城邦的篇幅在整篇对话中所占的比例来看,柏拉图对理想城邦的描述仅占这部作品很小的一部分——它过于简短粗略,不足以成为政治行动的一个蓝图或指南,因此也就无从谈起这部作品的框架是理想城邦赋予的。整篇对话的核心议题是在第一卷 352d 处论述主要论点的时候才首次提出的,并在第二卷开头得到重申,然后在第九卷结尾处得到彻底的答复:"如

---

① 苏格拉底这里所说的"自己的事"被认为是指对于某人适合的工作,即如苏格拉底所说的,对于个人"天生最为适合"的工作。正义恰是这个原则,即职能应由那些最适合执行它们的公民来执行。国内一些学者却把它简单等同于"各司其职"或"各尽其责",这是不对的,因为柏拉图这里并非指"个人各自负责掌握自己的职责,做好所承担的工作",而是指"各自做最适合于自己做的事,而互不僭越"。有关《理想国》中正义原则的详解,见 A. Kosman: "Justice and Virtue: The Republic's Inquiry into Proper Difference", in The Cambridge Companion to Plato's *Republic* Edited by G. R. F. Ferrari, Cambridge University Press, 2007, p. 124.

② Ibid., p. 13; cf. *An Introduction to Plato's Republic* by J. Annas Review by: Mary Margaret MacKenzie, *The Journal of Hellenic Studies*, Vol. 103 (1983), The Society for the Promotion of Hellenic Studies, pp. 170-171.

③ 张维迎:《博弈与社会讲义》,北京大学出版社 2014 年版,第 409 页。

果想生活得幸福,我应该怎样生活"和"我为什么应该正义(道德)"。[①] 正义似乎是让他人受益,而于我有害。我选择过一种追求满足一己之欲而忽视或损害他人利益的生活岂不于我更好吗?这可能是平常人的看法。但柏拉图认为,即使在现实世界最糟的环境中,正义也比不义于己更有益,而且奉行正义至上的生活也可以被合理地证明是于己于人的最好生活。为说明这点,柏拉图才引入了平行于正义之人的灵魂结构的理想城邦。正如苏格拉底在第九卷论证结尾处说的,理想城邦向我们展现了这种抽象结构,而这种抽象结构正是道德之人作为一种使自己心怀过上美好生活的愿望得以内在化的理想——内心之城(IX 592b2-b5)。可见,无论从篇幅还是从《理想国》的主线看,理想城邦都不是构成《理想国》全书内容的主体部分,这恰如一些敏锐的解读者所观察到的,柏拉图所提出的涉及现实世界的问题也无法在不完成书中论证最主要部分的情况下而借助于一个理想城邦得以解决。[②]

其次,从《理想国》的内容主线看,它侧重于处理的是个体问题,而非集体行动,因为它详细论述了道德对于个体选择及其对于个体幸福的影响,而对道德产生的社会结果则置若罔闻(II 367a5-e5)。

再次,从灵魂结构与城邦结构的类别看,苏格拉底在《理想国》中明显让政治学从属于心理学,把社会结构说成是类似于并对应于个体内在品性结构的一种东西(II 368e7-369b1);理想城邦的图景仅是一个有关灵魂的寓言,而非独立成章的政治纲领。

因此,与其说《理想国》的重心在于城邦,不如说它主要关注的是什么是正义,正义是不是一种美德,正义对于正义的人来说是不是好或是否能带来幸福,以及个体是否应该正义的伦理学中的核心问题。如果说,我们应该怎样生活是

---

① C. D. C. Reeve, *Republic*. Reeve Edition. Indianapolis: Hackett Publishing, 2004, p. ix; G. Santas, *Understanding Plato's Republic*, Hoboken: John Wiley & Sons, 2010, p. 1; McPherran, Mark L., ed. *Plato's Republic*: *A Critical Guide*. Cambridge University Press, 2010. p. 2.

② 详细论证,见 Nicholas D. Smith: Plato's Analogy of Soul and State, *The Journal of Ethics*, Vol. 3, No. 1, 1999, pp. 31-49; Annas, Julia: *Platonic ethics, old and new*. Cornell University Press, 1999, pp. 72-95; J. Annas: *Ancient philosophy: A very short introduction*, Oxford University Press, 2000. pp. 32-33. 《理想国》中的一个主导思想就是柏拉图在卷二中提出并加以解释继而又在卷四中加以论证的城邦与个人灵魂之间的类比。毫无疑问,这样理解这一类比对我们把握《理想国》整部对话的思想脉络意义深远。不少杰出的学者对此给予了相当大的关注。比如, Lear (1993), Williams (1997), Ferrari (2003), Santas (2001), Keyt (2006),等等,这方面有益的综述,见 G. Santas: *Understanding Plato's Republic*, John Wiley & Sons, 2010.

柏拉图道德哲学的核心问题①,那么,《理想国》本质上关注的,确如沃特菲尔德(R. Waterfield)所言,是"道德的本性以及道德怎样使人的生活日臻完备"的问题。② 所以,综合各个角度看,它更像是一部关乎个体德性的伦理著作,而非政治或社会哲学著作。此外,如果说,伦理学加以理性反思的对象是德性与正确的行为,道德哲学则主要关注的是"好"的本性③,那么,鉴于"好之相"(The Form of the Good)无论从本体论层面还是从认识论层面看都是《理想国》中苏格拉底所认为的"最大研究对象"(Ⅵ 504d4-505b4;cf. Ⅵ 508e2-3),《理想国》更确切地说,主要是一部道德哲学著作。

三、《理想国》的家长式统治与反参政倾向

谈到此,有人可能会反驳说,以上说法只解释了《理想国》的重心,但并没有触及"城邦作为整体的幸福远比个人的幸福重要"这个老生常谈的问题,因而也就无从反驳城邦大于个人的观点。因为按照一般的观点,《理想国》中个体的幸福完全从属于城邦的幸福,城邦的幸福则由权力、名誉和安全等这样的"好"共同构成。但事实真是如此吗? 显然不是。因为苏格拉底曾在《理想国》第四卷中给自己设定了一个目标:哲人王要让整个社会繁荣,阻止任何阶层或个体以牺牲整体的代价达到繁荣,理想上正义城邦的宗旨不在于谋求某一个阶层的幸福,而在于让整个城邦尽可能幸福(Ⅳ 420b-421c)。这意味着,城邦的功能和宗旨仅仅是为了提升其公民的福利和幸福,而后者则被诸如知识、健康和幸福(内心和谐)这样的"个体之好"独立地规定。因此,城邦的良好状态被定义为让公民的幸福达到最大值的状态,个体之好在根本上是有价值的,而且城邦的"好"衍生于前者。波普尔(Karl Popper)曾在《开放社会及其敌人》一书中据此而反对柏拉图:苏格拉底是指城邦是一个不同于其公民的实体,理想上正义之邦的宗旨仅在于提升这个"超级有机体"(super-organism)的幸福,而不是致力于提升其成员的幸福。因此,波普尔得出结论,《理想国》本质上是一种极权主义的产物。④ 但只要仔细结合文本的语境,我们就会发现,事实并非如此。柏拉图的真实意思是指,

---

① T. Irwin:*Plato's Ethics*,Oxford University Press, p. 3.

② R. Waterfield:*Plato's Republic*. Trans. Waterfield, Oxford University Press,1993,p. xii.

③ 有关伦理学与道德哲学的区分,见 *Plato's Ethics by Terence Irwin Review* by:Catherine Osborne, The Philosophical Quarterly, Vol. 49, No. 194 (Jan. , 1999), p.133。

④ 对波普尔看法的总结,见 C. C. W. Taylor:Plato's totalitarianism. *Polis*, 1986, 5(2):4-20.

一切典章制度和行为规范都必须以增进全体公民的幸福为出发点,而不能以维护一部分人的利益为出发点,更不能为了一部分人而牺牲另一部分人的利益。这是正义的标准,也是判断善恶的标准。在此,我们还可以顺便反驳另外一个普遍流行的误解:有些人认为柏拉图真正的代言人或传声筒并非《理想国》中的苏格拉底,而是主张正义是强者利益的色拉叙马库斯。① 这其实是大错特错。熟悉柏拉图对话的人都能隐约感觉到柏拉图是一个整体论者,他始终相信,理想上正义的城邦的目的在于保障生活在其中的所有公民的幸福,而不是仅仅把某一个阶层的幸福作为行动指南(VII 519d9-520a4)。所以,在这个问题上,与其说柏拉图是一个"邪恶的极权主义者",毋宁像泰勒(Christopher Taylor)所言,他是一个心怀善意的"主张家长式统治的人"(paternalist)②;理想城邦中的哲人统治者应该像父母对待孩子一样对受其管理的公民负责。

有人可能会对以上说法提出异议:我们为什么要相信柏拉图的"让哲人统治城邦符合每个人的最佳利益"的看法。《理想国》给出的回答是,哲人们参与统治不仅仅是为了确保他们自身的幸福,更重要的是为了保障其中的每个公民的幸福。而且在柏拉图看来,一个人若不是护卫者或哲人统治者,那么,他或她最好是由护卫者或哲人统治者所统治,因为唯有如此,他或她才会最幸福或者尽可能地接近其所能获得的幸福。

但问题是,为什么我作为公民被护卫者或哲人统治者统治却符合我的最佳利益呢?我作为个体要是有更多的"自主性"或"自由"岂不更幸福?《理想国》的回应是,非哲人没有那种分辨善恶和分清好坏生活的知识,所以他们没有能力凭借一己之力让自己变得尽可能美好和幸福起来,因而如果他们想幸福,就需要哲人们的指引。这种看法不仅假定了一个人唯有拥有适当管理自我的能力之后方可管理他人,而且还预设了个体的自主性和自由的重要性并非高于一切。《理想国》偏爱"家长式统治"(paternalism)胜于其他类型的统治,本质上并不是因为它把城邦这样的"超级有机体"的利益看得重于个体的利益,而是因为理想上正义的城邦将会提供生活在其中的每个个体尽可能幸福的最大机会。③

如果说,极权主义对应的是民主制,那么,柏拉图明显是拒绝民主制的,因为他假定存在一种客观好,而后者是大众无法知道的。但也有人会提出反驳:

---

① 凯瑟琳·扎科特、迈克尔·扎科特:《施特劳斯的真相:政治哲学与美国民主》,宋菲菲译,三辉图书、商务印书馆 2013 年版,第 204—205 页。

② C. C. W. Taylor: Plato's totalitarianism. *Polis*, 1986, 5(2): 4—20.

③ G. Fine: *Plato 2: ethics, politics, religion and the soul*, Oxford University Press, 1999, p. 26.

柏拉图相信"存在一种客观好"的信念并不必然要求人们拒绝民主制,因为支持民主的人可能会反驳说民主制本身在客观上就是好东西。的确,即使柏拉图认为,充其量只有少数人才能知道什么是客观好,但他的这个信念也并非与民主制不相容,相反只能说明,只有少数人才能知道民主在客观上是不是好的东西。

总之,《理想国》肯定整体的价值大于单个个体的价值,但并没有从根本上否定单个个体的独立价值;柏拉图并非是极权主义的代言人,反而很可能是反极权主义的,这集中体现在《理想国》中苏格拉底的反参政倾向上。具体而论,亚里士多德曾在《政治学》中第一章开宗明义指出,人是政治动物,社会的目的不仅仅是活着,而在于获得美好生活(Politics I 1252ᵃ1-1252ᵃ8)。但苏格拉底却在《理想国》中一开始就表现出一种强烈的反参政倾向,并认为一个社会应该由那些最没有统治之欲的人来管理,而且正派人士(好人)同意去统治是为了避免被次于他们的人统治。

> 对不肯统治的人来说,最大惩罚莫过于受治于不如自己好的人……好人去统治,不像是去做好事,也不像是去享乐其中,而是像把统治看成一种必要之事,因为他们无法把统治交给任何比自己好或与自己一样好的人……有识之士宁可受人之惠,也不愿烦劳助人(I 347b-d; cf. VII 520b-d)。[1]

在卷七洞穴寓言的论述中,人们通常认为这种反政治倾向甚至达到了顶峰,让"轻蔑的避世主义情绪"彻底抑制住"积极的改良主义情绪"[2];哲学生活是最好的,倘若让已走出城邦洞穴看到朗朗乾坤的哲人的灵魂自己选择,他们不会愿意再度下降到昏暗的、受到歪曲的人造洞穴当中,而是希望留在"福佑岛"(the island of blessed)"如神一般"(homoiôsis theô, cf. Theaetetus 176b; Timaeus 90c)沉思真理,寻求真正的理解;同政治生活相比,哲人的灵魂更爱一种与政治

---

① 文中涉及柏拉图《理想国》中的言论及编页码主要基于 S. R. Slings 最新编订的希腊原文(S. R. Slings: *Platonis Rempublicam*, Clarendon Press, 2003),并参考 Plato: *Complete Works*, J. M. Cooper & D. S. Hutchinson eds., Hackett, 1997。

② 有关这两种情绪的分析,见 D. K. O'connor: "Rewriting the poets in Plato's characters" in The Cambridge Companion to Plato's *Republic* Edited by G. R. F. Ferrari, Cambridge University Press, 2007, pp. 55-90.

生活相脱离的哲学式的沉思生活(Republic VII 519b7-d8；cf. VII 521b7-10，
VII540b-c，VI 496c-e，IX 592a，VII 520a-b)。

在这个问题上，国内传统的看法是把柏拉图设计的理想城邦国家看成是一种现实性的政治规划并讨论其如何才能实现的条件。① 但从现在的研究资料来看，这其实是一种误解。理由在于：第一，哲人，即便是成为一国之君的哲人，也不指望社会成为他可以运用自由实现其美德的王国，而是指望社会成为自己可以实现心智自由生活的领域；第二，哲人并不用社会地位或公民权价值，而是用追求智慧来定义自己。② 这可能正是为何自诩为过隐居生活的哲学家典范的苏格拉底在《理想国》中没有给我们提供太多有关政体或政体观念的非常严肃的分析的根本原因(VI 496b1-e2)。在解读《理想国》中的核心人物格罗康的问题上，施特劳斯派尤其倾向于把格罗康视为一个具有贪婪的政治野心的案例——有可能被引诱成为僭主的性格。但我们听从费拉里(G. R. F. Ferrari)的看法而去反对这种解读的倾向并认为这兄弟两人用例子解释了 apragmosyne 或"寂静主义"(quietism)。③ 按照费拉里的解读，这些不再抱幻想的贵族已经退出政治而具有了一种与世无争的心态。因此，苏格拉底打算说服他们，使他们相信：政治是一种既美好又有价值的追求。然而，苏格拉底在对话第九卷结尾处又向他们表明：政治不及一个人对于自己的灵魂进行明智的管理重要(IX 291d11-292b6)，而且存在一种比正义的城邦和正义的灵魂更高的目标：对于"宇宙"(the cosmos)和"相"(the forms)进行探究与沉思(VII 540a-541b)。正如费拉里指出的，有智慧的领导力是一种"了不起"的成就，但对柏拉图而言，最"美好"的成就是包括写作在内的哲学思考。④ 这种立场并不等于回归到"清静无为"(quietism)，因为它并没有排除这种可能：政治行动可以既是高贵的又具有男子气概的，尽管它不是终极的追求。⑤ 此外，就上文谈论的《理想国》压制个体自由而言，尽管《理想国》不是自由主义的先驱，但它对个体格外重视。诚如费拉里所强调的，《理想国》并不把个体视为一种授予所有人权利、赋予社会其决定性根基

① 姚介厚：《西方哲学史：古代希腊与罗马哲学》第二卷（下），江苏人民出版社 2005 年版，第 626—629 页。

② G. R. F. Ferrari, Griffith T；*Plato：'The Republic'*，Cambridge University Press，2000，p. xxiv.

③ G. R. F. Ferrari：*City and Soul in Plato's Republic*，University of Chicago Press，2004，p. 13，p. 80，p. 93；"quietism"有时也被译作"寂静主义"或"无为主义"。坚持这种看法的人基本上把哲学的作用视为治疗性的或矫正性的。

④ Ibid.，pp. 107-108，p. 118.

⑤ Ibid.，p. 29.

的财产,而是把个体看成少数人的一种成就,即社会在其中至多只能起次要作用的成就。^① 因此,从这个角度看,《理想国》并不是一部严格意义上的论述如何治理政事或政治制度的政治著作,也不主要是一部政治著作,更不只是一部政治著作,而很可能是一部反政治的著作。既然它连严格的政治著作都算不上,那何谈它仅是一部政治哲学著作呢?^②

---

　　① G. R. F. Ferrari, Griffith T: *Plato*: *"The Republic"*, Cambridge University Press, 2000, pp. xxiv-xxv.

　　② 本文在撰写过程中吸收了 G. R. F. Ferrari 教授以及 Alexius 博士的有益建议,特此感谢。

和合文化三个基本哲学问题发微①

沈卫星②

【摘　要】"和合"究竟是个什么问题？它是如何认识世界的？实践中要把握什么问题并如何运用？本体论、认识论、实践论就是这三个基本问题的哲学表述。和合本体论的哲学基础是"一阴一阳之谓道"，所以和合是指调和阴阳两物使之成功生出新事物，并达致和谐，其实质是生存哲学。和合认识论的本性是要求解同一性之何以可能，体悟—以诚致成—致中和构成了和合认识论链条。和合实践论的使命则是解决对立性而实现同一性，此为中庸之道，"时中"则为实践之运用。

【关键词】和合；阴阳；和谐；同一性；中庸

天下汹汹，风云激荡。和合思想备受各界关注，骤成显学，以至于张立文教授构建了"和合学"理论体系以阐此说。然学界谶讼不已，峙成三议：肯定意见认为，和合"既是宇宙精神，又是道德精神，是天道与人道、即天人合一的精神，是人与社会、人与人、人的心灵冲突融合而和合的精神"③，"既是中华民族多元文化所整合的人文精神的精髓，亦是世界各民族文化的基本精神"④。崇颂之高，无以复加。否定意见认为，和合思想不是中国传统和谐文化的核心价值："把有着几千年历史的中国传统和谐文化归结为和合文化，这种概括是否准确、妥当，在学理上值得进一步商榷。"⑤更有论者针锋相对指出，中国传统文化的本质与核

①　基金项目：广西高校人文社会科学重点研究基地民族地区文化安全研究中心基金、浙江省哲学社会科学规划课题（17NDJC220YB）、国家社科基金重点资助项目（14FKS012）。
②　沈卫星，广西高校人文社科重点研究基地民族地区文化安全研究中心研究员，浙江工商大学副教授。
③　张立文：《儒学人文精神与现代社会》，《南昌大学学报》（人文社科版）2002年第2期。
④　张立文：《中国文化的和合精神与21世纪》，《学术月刊》1995年第9期。
⑤　李方祥：《社会主义和谐文化与中国传统文化中的和谐思想》，《高校理论战线》2007年第8期。

心是"中和"而非"和合",因而"和合学"是"既无根又无解",甚至还可以说,它根本就是一个伪命题或假命题。① 持平论则认为,"'和合'或'合和'基本涵义指两个或两个以上不同的东西(事物、元素、成分、条件、因缘……)发生相互作用,互相结合(整合、调和、综合、化合、混合、糅合、杂合……)在一起的一种现象、过程或状态,是与'分离''离散''乖离'相反的一种现象、过程或状态,其本身并没有太多的哲学意味。"②认为没有太多哲学意味,笔者并不苟同。要廓清此类争论,须反思的是:作为奠基性的问题有哪些? ——假如连地基都没有,那岂非空中楼阁,危乎殆哉? 由此争论可引申出三个奠基性问题:"和合"究竟是个什么问题? 它是如何认识世界的? 实践中要把握什么问题并如何运用?

一、和合本体论

和合本体论要回答的是,"和合"究竟是个什么问题? 要回答这个问题,就要先回答"世界的本相是什么样"的这个前设性基本问题。

世界本相要解答的是,世界从何而来并以何种方式存在? 在这个根本问题上,东西方思维大异其趣。西方主张神创论,认为存在一个万能的终极存在者——上帝,他创造了世界万物与人类。即使有的哲学家并不赞同神创论,但其思维方式并无二致,如毕达哥拉斯的"数"、巴门尼德的"存在"、柏拉图的"理念",其孜孜以求的是客观现象(存在者)背后的那个不变的形上存在者,万事万物都是这个形上存在者的派生物。反观中国传统"创世说",并不存在这样一个置身事外、独立存在、静止不变的绝对存在者,而是认为万物派生源于不同事物诸因素之间和合的结果,如"阴阳和合而万物生""天地絪缊,万物化醇""因缘和合"就是佐例。东西方差异经此一辨,可以看出,在发生论层面上,西方秉持域外投射视野,中国传统文化秉持域内省察视野。由此,西方必定采用分解尽理之术,最终推出"一"的终极存在者,它成为世界的根源,世界就成为它的派生物。世界是"被"发生的。而中国传统采用综和尽理之术,籍由事物内部寻找发生动因,存在是存在者自身的存在,世界是自我发生的。既然自身是自身的发动者,那么,这个发动因是什么? 这就是对立统一,也就是世界本相是以对立统一的方式存在的。对此,中国传统文化各家的认识是深切著名的。而要真正理解这个问题,则

---

① 米继军:《"和合学"辨正——与张立文先生商榷》,《学术前沿》(香港)2005 年第 7 期。

② 杜运辉、吕伟:《"和合"与"和谐"辨析》,《高校理论战线》2010 年第 4 期。

要溯及《周易》。

《周易》素有"众经之首"和"大道之源"称誉,是中华文明的源头活水。《周易》要义何在?"'《易》有太极,是生两仪'。太极者,道也;两仪者,阴阳也。"(朱熹:《周易本义·序》)此处两大蕴涵须辨:其一,"道"是宇宙的终极本体,道生万物,后为老子表述为:"道生一,一生二,二生三,三生万物。"(《老子·四十二章》)"道"之本体说,为儒道所宗,构成了道家哲学和儒家理论的宇宙本体与终极依据。其二,太极生两仪,亦即,道与阴阳构成了中国传统哲学根本命题。《易传》明确提出:"一阴一阳之谓道。"(《易传·系辞上》)后来老子将此说表述为:"万物负阴而抱阳。"(《老子·四十二章》)孔子表述为:"易之义,唯阴与阳。"(帛书《易之义》)而朱熹在《周易本义》中则明白晓畅直言,易经的核心是讲事物内部矛盾的对立统一,易只消阴阳二字括尽。见乎此,今人吴前衡老先生精辟指出:"老子和孔子皆是易学大师,皆是《传》前易学的定鼎者,老子的辩证法和孔子易学,实为《易传》发生过程中最为闪光的事件。老子所云'万物负阴而抱阳',孔子所云'易之义,唯阴与阳',正是'一阴一阳之谓道'的等价命题和前在形式。"①"这种阴阳同济协和、矛盾对立统一、万物求同存异、事物互动相生、宇宙整体和谐的阴阳哲学,都是以上述三个命题予以总的表达,其中以易传中的命题为基础、为根本、为总纲。'一阴一阳之谓道'的哲学根本命题的辩证法精神,贯穿在整个周易当中,从而也就贯穿在诸子百家当中,当然也就贯穿在整个中华文明当中。"②足见《周易》泽被后世,开创和规定了中华民族思维模式、精神世界、世界观、人生观、自然观、社会观、历史观、文化观和生命观。

《周易》精义在"阴阳"两字,阴阳又是一种什么样的关系?"一阴一阳之谓道",既然言"道",那就不仅包含事物内部的对立统一、相互转化关系,也包含事物外部的整合协同、析取转化、共生同一的关系,更加注重事物之间相辅相成的整体秩序。在阴阳互动中,阳为主,推动事物的发展,决定事物发展趋势;阴为辅,属从,配合阳之发展。阴阳二元共济,方能达致均衡和谐,而最高的和谐就是《彖》所说的"太和"。"太和,和之至也。"③那何谓和谐?《彖》曰:"乾道变化,各正性命。保合太和乃利贞。"可见周易认为的和谐是,宇宙之中,万物各具其性,各居其位,阴阳交合嬗变,形成一个至大至高的和谐状态,从而普利万物。这一

---

① 吴前衡:《〈传〉前易学》,湖北人民出版社 2008 年版,第 11 页。
② 龚培:《〈周易〉本体论中的和谐精神》,《湖北大学学报》(哲学社会科学版)2010 年第 3 期。
③ 王夫之:《张子正蒙注》,上海古籍出版社 2000 年版,第 15 页。

观点千古传承:从董仲舒说的"和者,天之正也,阴阳之平也,其气最良,物之所生也"①到王夫之那里,进而升拔为宇宙本质予以看待:"天地以和顺为命,万物以和顺为性。继之者善,和顺故为善也。成之者性,和顺斯成也。"②

如何理解"和合"?"和"与"合"二字联用最早见于《国语·郑语》:"商契能和合五教,以保于百姓者也。""五教"指的是父义、母慈、兄友、弟恭、子孝。"和合"常被释为调和,但其实并非如此简单,《国语·郑语》中史伯回答郑桓公的话被视作释"和"权威:

> 夫和实生物,同则不继。以他平他谓之和,故能丰长而物归之。若以同裨同,尽乃弃矣。故先王以土与金木水火杂,以成百物。是以和五味以调口,刚四支以卫体,和六律以聪耳,正七体以役心,平八索以成人,建九纪以立纯德,合十数以训百体。出千品,具万方,计亿事,材兆物,收经入,行姟极。……声一无听,物一无文,味一无果,物一不讲。

此段话中,有两要点:其一,何谓和?"以他平他谓之和",注意这里是两个"他",而且是两个性质不同的"他"!若不是两个他,则"声一无听,物一无文,味一无果,物一不讲。"若即使有许多他,但却是同质性的他,则"若以同裨同,尽乃弃矣。"而这两个不同性质的他,其实就是阴阳两物,而其关系则是"平",亦即铢两悉称、相辅相成。唯其如此,方能和谐。其二,和的实质是要"生物"。阴阳两体并非简单的相聚相合,而是要"成百物。……出千品,具万方,计亿事,材兆物,收经入,行姟极。"质言之,"和"的本质意思是调和阴阳两物以生出新事物。问题是,生出的新事物是否合乎主观目的要求、达致和谐呢?这就借助于"合"。

"合"是什么意思?在这个问题上,学界存在歧解,甚至是误解。如方克立老先生就认为,"'合'与'和'两个概念只有部分意义重合,'合'还有汇合、合并、相同等多种涵义。'和合'或'合和'连用,不但模糊、弱化了'和'的辩证性,而且还容易产生误解和歧解。"③杜运辉在写了篇《我国哲学界关于"和合学"的讨论》④后,又专门写了《"和合"与"和谐"辨析》⑤以阐其见,指出"合"具有多义性:在聚

---

① 董仲舒:《春秋繁露》,山东友谊出版社 2001 年版,第 643 页。
② 王夫之:《周易外传》,中华书局 1977 年版,第 121 页。
③ 方克立:《关于和谐文化研究的几点看法》,《高校理论战线》2007 年第 5 期。
④ 杜运辉:《我国哲学界关于"和合学"的讨论》,《高校理论战线》2008 年第 5 期。
⑤ 杜运辉:《"和合"与"和谐"辨析》,《高校理论战线》2010 年第 4 期。

合或会合的意义上,"和""合"有少量互训的情形:一方面,"和"可训为"合",如《庄子·寓言》有"和以天倪",成玄英疏:"和,合也。"另一方面,"合"亦可训"和",如《吕氏春秋·有始》有"夫物合而成",高诱注:"合,和也。"但是,古代典籍中更普遍的情况是以"同"训"合",而且"合""同"往往可以互训。一方面,从"合"来说,《说文解字段注》:"此以其形释其义也,三口相同是为合。"《玉篇·亼部》有"合,同也"。另一方面,从"同"来说,《说文·𠔃部》:"同,合会也。"因而,从以"同"训"合"来说,"和"与"合"之间就存在着意义上的对立。据此,杜运辉指出,从整体上来看,"合"与"同"之间意义更为接近。不能把"合"直接等同于"和",无视还有"合""同"互训的情况,无视"合"也有与"和"意义抵牾的一面。杜运辉甚至认为,从词语结构看,"和"是中心词,"合"适成为"和"之赘疣。因此,"和合"一词不仅本身没有什么哲学深义,而且它涵义模糊,可以作多种解释,很容易产生歧义,不是一个精确谨严的哲学范畴。概言之,"合"字是多余的,"和合"是无用的。若非要讲"和",那如本文开头反对意见所言,讲"中和"即可。

果真如此吗?"合"字是个多义词,但究竟如何理解这个"多义"呢?如果拘泥于词语结构,得出"赘疣"论,显然这是僵化的;如果执意于"意义抵牾",从而否定"合"之功用,这是形而上学的。我们想说的是,对于问题要从本质性高度加以认识,这个本质性高度就是从"一阴一阳之谓道"这一发生学角度去理解"和合"。《说文解字·亼部》:"合,合口也,从亼,从口。"甲骨文、金文中的"合"字像器盖相合之形,因此,"合"字的本义应该是"器物盖上盖子"。由"器盖相合"的本义,引申为凡物之闭或合拢。对此,第一,"器盖相合"本身就蕴含着阴阳两物;第二,两物闭拢是否就是成功了呢?未必!据此,我们不妨剖析上文指责:第一,认为"合"与"和"之间存在"意义抵牾",因此"和合"不能联用。别忘了,正因存在阴阳两物,才有"抵牾",有抵牾,才有矛盾,有矛盾才有斗争,有斗争才有发展,这正是矛盾对立性的体现。这不正是发生学的表现吗?第二,认为"合"与"同"意义更为接近,而"同"讲究的是取消矛盾、无差别的同一,这与"和"是截然不同的。[①]恐怕要说,这不但是逻辑混乱,还是典型的形而上学思维。其一,既然反对无差别、取消矛盾的"同",那怎么又觉得"和"与"合"之间存在"意义抵牾"而反对呢?这岂不逻辑混乱?其二,究竟如何理解"同"?其实,这个"同"指的是阴阳两物相斗而采用调和手段之后,达到一种成功状态,这种成功状态即谓和谐。"君子和而不同"被视为美誉,但不觉得背后存有遗憾吗?为什么不能是既和又同呢?所

---

① 李方祥:《社会主义和谐文化与中国传统文化中的和谐思想》,《高校理论战线》2007年第8期。

以,从和入同乃是至高和谐。"同"实质表达的是因和差异而同一体的至和至谐状态,故"合""同"可同训。而那种认为同是取消矛盾、无差别的观点,其实是在"和合"这个问题上犯了形而上学毛病。

根据上述论证,我们认为,作为本体论的和合,其哲学基础源自"一阴一阳之谓道","和"指的是调和阴阳,"合"指的是合成生出新事物,和合就是调和阴阳两物使之成功生出新事物,并达致和谐。这种最理想的和谐状态则是同。据此,现在回溯"夫和实生物,……故先王以土与金木水火杂,以成百物。……合十数以训百体"这段话,看我们是否把握住了其本质:这里的"以土与金木水火杂"讲的是调和阴阳,请特别注意"以成百物"中的"成"字,其本质意义是要强调成功生出新事物。那成功生出新事物后是一种什么样状态呢?那就是和谐:"是以和五味以调口,刚四支以卫体,和六律以聪耳,正七体以役心,平八索以成人,建九纪以立纯德,合十数以训百体。"这是何等和谐状态,而最高和谐则是同一:五味调和不是同一了吗?四肢合体不是成为一个整体的人了吗?……同理剖析"和合"二字最早联用于《国语·郑语》中的"商契能和合五教,以保于百姓者也"。第一,"五教"是阴阳体现,具有对立性;第二,"能"和合,说明和合成功了,所以能"保于百姓";第三,为什么"能和合"呢?这里关键一是和,二是合。和就是调和具有对立性的五教,合就是成功地确立了和谐的人伦关系。我们认为,这样的解读才是切合其本义的,才是真正把握住了本质。而这样的解读来自发生学这一本质性哲学维度,至于语义学、词义结构等解读则是舍本逐末。因此这也是本文不同于前人的新意所在。至此须做进一步总结:和合的重点在"合",和是手段,合是目的。因此"合"不是可有可无,不是赘疣。这是本文与前文学者观点不同地方。

申言之,和合文化其实反映的是生存哲学。这源于忧患意识。《周易》原初就是试图强烈把握命运:"《易》之兴也,其于中古乎?作《易》者其有忧患乎?"(《易经·系辞下》)周鉴殷亡,忧患于天下兴亡、吉凶成败,祈望觅得天人之间桥梁,以使天下和谐运行。春秋战国,天下大乱,社会失序,民生困苦,"争地之战,杀人盈野;争城以战,杀人盈城"(《孟子·离娄上》)。诸子百家无不殚精竭虑于救生民于水火。此后中国历史分分合合,然忧患意识千年一贯,横渠四句教经世不衰。和合文化盖源于深刻生存哲学。

二、和合认识论

既然世界以阴阳对立方式存在,那么,对立何以化为同一?这其中的统一性何在？和合认识论的本性就是要求解统一性之何以可能，该论域主要包含认识对象与手段两大范畴。

认识论研究的根本问题是人如何认识世界及其自身，和合认识论的对象很清晰：阴阳之间的对立与同一。既要看到对立面，更要看到对立如何转化为同一，这才是重点。

认识论是与本体论息息相关的。东西方在此问题上大异其趣：西方知识体系中，本体论与认识论是截然两分的，而中国传统认识论则置于存在论之下并成为整体，这直接导致了两者认识手段的巨大差异——西方认识论是分解尽理，中国传统认识论是综和尽理。具体而言，西方文化中，一方面，人与自然是对立的，自人被赶出伊甸园后，就陷入了多灾多难的自然环境中，人与自然的紧张就导致了"人与天斗"，人为了征服自然就要研究自然；另一方面，在其知识体系中，存在一个独立于现象界背后的绝对本体，此岸与彼岸之间的断裂就造成了紧张的对立关系，这促使了人要研究世界。这样一来，西方文化中的世界是两分的，如何弥合这个两分呢？于是就发展出科学研究，包括实验、分析、推理、论证、归纳、演绎等手段，它要把世界一一分解开来搞清楚。这样的结果就是科学技术突飞猛进，知识爆炸式增长，一方面人类创造了史无前例的物质财富，极大改善了生活状况；另一方面戕天役物，加剧了人与自然的对立。而在中国传统文化中，认识论是置于本体论框架中讨论的，也就是认识论是为本体论服务的。一方面，中国传统文化认为，人本身就是宇宙自然的一部分，而"道"则是宇宙本体，因此，"和合认识论把对事物的认识看成是体悟'天道'、修身养性的途径，因此，在认识事物时总是与更高和更大的'道'相联系，与人的生存状况相挂钩。和合认识论的系统性特征有利于合理定位知识的地位，防止把人的认识绝对化，从而避免西方国家绝对化的知识论带来的环境破坏与生态失衡的不良后果"[①]。另一方面，人本身蕴含德性与物性阴阳两立，发展物性必定诉诸分解尽理，而这必定奴役德性，这坚决遭到反对，所以分解尽理受到严重压制，反过来就是发展了综和尽理。[②]这也可部分解释李约瑟之谜原因所在。在这样一种知识体系中，必然制约了认识论的独立发展，从而形成了中国传统文化独特认识论——理性直觉。

---

① 吴志杰、王育平：《和合认识论——中国传统和合文化研究》，《内蒙古社会科学》（汉文版）2011年第3期。

② 这方面表现得太明显了，比如《大学》中的"格物，致知，诚意，正心，修身，齐家，治国，平天下"，"格物致知"本身是分解尽理的最好体现，倘若严格贯彻下去应该推出科学文明，但其矛头一转，道德挂帅，指向"诚意，正心，修身，齐家，治国，平天下"。结果必定是扼杀分析尽理，中西认识论自此殊途两异。

中国传统认识论中的理性直觉有个特点,那就是并不拘泥于万事万物本身,而是关心寓于事物生存变化之中的道。一方面,中华文明一开始就规定了这种致思取向,《周易》曰:"形而上曰道,形而下曰器。"朱熹曰:"天地中间,上是天,下是地,中间有许多日月星辰,山川草木,人物禽兽,此皆形而下之器也。然这形而下之器之中,便各自有个道理,此便是形而上之道。所谓格物,便是要就这形而下之器,穷得那形而上之道理而已。"(《朱子语类》卷62)另一方面,"道"乃形而上学,如何去认识它?于是发展出了"观、感、体、悟"的认识手段。

阴阳之物,留存有迹可循,"在天成象,在地成形,变化见矣"(《周易·系辞上》)。因此可"观"可"感"。但阴阳变动不居,所以有了"变"与"化"概念,而"化"无法直观,神妙莫测,于是又引入"神"的概念。周敦颐说:"大顺大化,不见其迹,莫知其然之谓神。"(《周子全书·通书·顺化》)这里的"大顺大化"就是阴阳和合之道,这样把阴阳之道与不可测的神联系起来了,使得阴阳之道附着上不可测况味。虽然不可测,但并未因此陷入不可知论,反而认为"知变化之道者,其知神之所为乎"(《周易·系辞上》)。于是借助"体""悟"去认识。[①] 问题是,"体""悟"如何把握阴阳之道?[②]

解困之道是"致中和"。为什么?关键取决于对"同一性"作如何理解。同一性是否就是辩证法中的那个两种事物或多种事物能够共同存在、具有同样的性质的东西?不是那么简单,同一性不是指事物表面上、局部性的一些相近和相同,而是要"知其然更知其所以然"的规律性东西,也就是"道"。这个"道"就是"中和",因为是"中和"才有可能使得阴阳对立之物同一,也就是"中和"是"同一"的"道",《中庸》:"中也者,天下之大本也,和也者,天下之达道也。"怎么理解"中"与"和"呢?《中庸》:"喜怒哀乐之未发,谓之中。发而皆中节,谓之和。"显然这里是近取譬喻做法,但究竟如何理解呢?比如东海和南海问题,提出"搁置争议,共同开发",这叫同一性,然而这个同一性仅仅是表象的,是发了之后的对策。其背后的"道"则是"喜怒哀乐之未发",也就是让对手明于事理、慑于实力之后不敢、不能、不必发喜怒哀乐,这就是"中",也就是符合事物之本原。即使要发,也是"发而皆中节",做到"和"。这就引出一个更深的问题了:如何找到"中和"?这就

---

① 此处部分参引了吴志杰等人观点。见吴志杰、王育平:《和合认识论——中国传统和合文化研究》,《内蒙古社会科学》(汉文版)2011年第3期。

② 这就充分体现了充满东方神秘色彩的致思方式。西方的分解尽理,也就是实验、推理、分析、逻辑、演绎等工具对付的是形而下之器物,而这里却是形而上的道,分解尽理对此无能为力,只能用综和尽理。

是"致中和",这里的"致"就是"找到",而不是"达到",达到中和,那是实践论了。只有找到中和,才能"天地位焉,万物育焉"。至此,真正的问题是:这个"中和"怎么能找得到? 也就是,在"体悟"与"中和"之道之间存在一道坎,怎么跨过去? 这又推出了另一个认识论命题:以诚致成。

"体悟"之心必须是诚。孟子将诚提到无以复加的高度:"诚者,天之道也;思诚者,人之道也。"(《孟子·离娄上》)《中庸》的核心范畴也是"诚",强调"唯天下至诚,为能尽其性;能尽其性,则能尽人之性;能尽人之性,则能尽物之性;能尽物之性,则可以赞天地之化育;可以赞天地之化育,则可以与天地参矣。"这就是说,只有"诚",才能"与天地参"。而且强调"诚者物之终始,不诚无物。"这就是以诚致成。但是,"诚"与"成"之间还需要一个中介环节:明。《中庸》云:"诚则明矣,明则诚矣。"这里的"诚"其实是一种真实无妄的客观态度,"明"是理性认识的结果,这样在"诚则明,明则诚"互动中接近真理,参乎大道,人就达到"诚明"境界。体悟—以诚致成—致中和就构成了和合认识论链条。

三、和合实践论

中国传统文化本来就是体用一源。"和实生物"命题内含着实践要求,"致中和"本身就要求着变认识论为实践论。但即使我们把握到了中和之道,是否实践就一定能"成"呢? 未必,因为主观见诸客观是有条件的,这就涉及如何运用中和之道了,这个运用心法就是"中庸"。中庸本来就被称为"孔门心法",《〈中庸〉章句》开篇即道:"中者,天下之正道。庸者,天下之定理。此篇乃孔门传授心法。"如何准确理解并运用"中庸"? 用孔子的话表达就是"时中":"君子中庸,小人反中庸,君子之中庸也,君子而时中;小人之中庸也,小人而无忌惮也。"(《中庸》)

"时中",简言之,"中"就是原则性、规律性,"时"就是权变,合之就是"合宜"。儒家认为,世间万物运行都是有规律的,一切事物都随着时间运行而不断发展变化,人的行为必须适应这一发展变化。"时中"就是适应和把握事物发展变化的实际情况,"无忌惮"就是不管客观事物发展规律,单凭主观愿望一意孤行,结果往往走极端,不是陷入"过"就是"不及"。因此《易·艮象》云:"时止则止,时行则行,动静不失其时,其道光明。"而且儒家认为,"中"在"时"中,也就是"中"不是固定僵化的,而是要根据"时"去把握"中",离开"时"就会破坏规律,典型例子就是孔子说的"使民以时"(《论语·学而》),孟子说的"不违农时,谷不可胜食也;……斧斤以时入山林,材木不可胜用也","鸡豚狗彘之畜,无失其时,七十者可以食肉矣。百亩之田勿夺其时,数口之家可以无饥矣"(《孟子·梁惠王上》)。

"时中"的另一诠释角度就是"权变"。"中"的前面还有一个"时",这就意味着规律性并不等于必然性,而是存在偶然性,这就会出现意外反常情况。这时候,要在"执中"的前提下做到灵活变通,儒家称之为"权",如果不这么做,那就是"执一",对此孟子深恶痛绝:"执中无权,犹执一也。所恶执一者,为其贼道也,举一而废百也。"(《孟子·尽心上》)"执一"就是用片面、孤立、静止的观点来看待事物,这就是僵化的形而上学,其后果必定祸害无穷。"嫂溺援手"就是权变的生动体现,如果"执一",岂不害死嫂子?难怪孟子斥之为"贼道"。由此可见,"时中""权变"高度体现了原则性与灵活性的统一,中庸之道绝不是一加一除以二这么简单,不该遭到误解与诋毁,相反它充满着中华民族传统文化智慧。

运用时中,和合乃成。那么古人眼中和合的最高境界是什么呢?"故阴阳和,风雨时,甘露降,五谷登,六畜蕃,嘉禾兴,硃草生,山不童,泽不涸,此和之至也。故形和则无疾,无疾则不夭,故父不丧子,兄不哭弟。德配天地,明并日月,则麟凤至,龟龙在郊,河出图,洛出书,远方之君莫不说义,奉币而来朝,此和之极也。"(《汉书·公孙弘传》)这是一幅多么美好的画卷,一个多么令人神往的理想世界。

事实上,中国人的所有生活世界,从宇宙观到精神世界、思维方式、人生观、自然观、社会观、历史观、文化观、生命观、建筑、艺术、音乐,乃至日常生活,无不贯彻着一个"和"字:在宇宙宏观层面上,"立天之道曰阴与阳,立地之道曰柔与刚"(《说卦传》),以阴阳和谐有序确立宇宙法则;在天人关系上,以"天人合一"贯通人道仁义与天道阴阳、地道柔刚,确立了天地人浑然一体、圆成会通的宇宙整体统一模式,并以此作为认识事物的总的出发点;在人伦关系上,认为"立人之道曰仁与义"(《说卦传》),提出"礼之用,和为贵"(《论语·学而》)原则,强调德性伦常,主张"保合太和"与"同人"之道,亲附聚合;在身心关系上,主张身心平衡,中医作了阴阳五行相互有序协调论证,心性修养强调诚意、正心、修身而止于至善;天下关系上强调协和万邦。由此而构建了一个圆融和谐的世界,可见,中华文明得以流传五千年而不亡,绝非侥幸,自有其深刻伟大之生存哲学。

和合文化内含本体论、认识论、实践论,可视为中华文明之精髓。中华文明历五千年而不衰,于当代而中兴,其间奥秘由此可窥一二。当然并不是说和合文化白璧无瑕,它也存在严重缺陷,如认识论方面,重综和尽理,轻分解尽理,导致科学不昌,近代以来遭受屈辱与此不无关系,因此现代教育大力引进西方模式,不可谓不必要,但由此导致的戕天役物极大地破坏了天人合一。对此,是否需要和合加以对治、能否对治以及如何对治,这是当代面临的根本问题,期待玉见。

◆当代中国前沿与热点问题的伦理研究

略论市场经济中的平等原则及其矛盾本性

何建华[①]

【摘　要】平等是市场逻辑的基本原则。平等是市场交易的内在准则,是市场竞争的基本原则,也是市场活动中人行为方式的逻辑提升。在如何认识市场经济中的平等原则问题上一直存在着争议。市场经济的平等原则主要包括起点平等、规则平等和结果的相对平等。但市场经济的起点平等、规则平等与结果平等存在着矛盾,这是由市场经济中平等原则的特殊的历史规定性和市场化分配机制的作用造成的。

【关键词】市场经济;平等原则;矛盾

平等是一比较广泛的概念,可以在各个领域和各个层面上去界定:如生命权利的平等、自由权利的平等、政治平等、经济平等、机会平等、结果平等。平等的核心是权利的平等,但其焦点是在什么权利上平等。在政治领域中,权利与平等、自由与平等大致协调一致,但在社会、经济领域权利与平等往往存在冲突。在现代市场经济条件下,在人事实上不平等的基础上,如何实现经济平等? 强调

---

①　何建华,中共浙江省委党校哲学部教授。

经济平等是否又会侵害某些人的权利？如何实现经济平等与政治平等、机会平等与结果平等的统一？所有这些,都是当代社会面临的重大难题。

一、平等:市场逻辑的基本原则

众所周知,市场经济就是一种以市场机制为基础和主导的配置社会资源的经济运动形态,其实质是以市场运行为中心环节来构架经济流程,通过价值规律的作用进行资源配置和生产力布局,实行优胜劣汰的竞争机制。市场经济自身的运作逻辑呼唤着平等原则,现代平等观念根源于市场经济之中,这是因为:

首先,平等是市场交易的内在准则。市场经济是一种以市场交易来配置社会资源的经济运动形态。商品、货币都是天生的平等派。在市场交易中,商品交易实行等价交换的原则。等价交换作为商品经济的一种交换规则,是市场经济的一个基本要求。我们知道,等价交换是商品经济规律的反映,是商品经济下人与人之间不以其意志为转移的客观联系。只要存在商品经济,价值规律就会起作用,商品都要按其价值量——即它们所凝结的社会必要劳动时间等量交换。市场交换活动所遵循的基本原则是等价交换。在交换关系中,交换对象在价值上是等价的,交换主体所交换的是等量的交换价值。等价物是一个主体对于其他主体的对象化,即它们的本身的价值相等,并且在交换行为中证明自己价值相等。通过等价物的交换,每个主体所给出和获得的是相等的东西,进而实现为平等的人。"主体只有通过等价物才在交换中相互表现为价值相等的人,而且他们通过彼此借以为对方而存在的那种对象性的交替才证明自己是价值相等的人。因为他们只是彼此作为等价的主体而存在,所以他们是价值相等的人,同时是彼此漠不关心的人。"[①]在交换过程中,市场主体中的任何一方都不能用暴力占有他人的财产,每个人都是自愿地出让财产。作为交换的主体,他们的关系是平等的关系。"交换价值,或者更确切地说,货币制度,事实上是平等和自由的制度"。[②] 平等观念正是这种客观存在的商品交换中等价原则及商品生产中一般人的劳动的平等在人们头脑中的反映。诚如马克思所说:"作为纯粹观念,自由和平等是交换价值过程的各种要素的一种理想化的表现;作为在法律的、政治的

---

① 《马克思恩格斯全集》第 46 卷(下),人民出版社 1980 年版,第 474 页。
② 《马克思恩格斯全集》第 46 卷(上),人民出版社 1979 年版,第 201 页。

和社会的关系上发展了的东西,自由和平等不过是另一次方上的再生产物而已。"①

其次,平等是市场竞争的基本原则。市场经济的本质和精髓是自由而公平的竞争机制。竞争是市场经济的基本特征,也是市场机制的活力所在。市场经济正是通过竞争来实现社会资源的优化配置。市场竞争的有效展开,是以各经济活动主体在市场竞争中处于平等的地位为前提的。在市场活动中,市场主体不承认任何别的权威,只承认竞争的权威,只承认利益的压力加在他们身上的强制。② 由于市场交易遵循等价交换的原则,这就要求在平等的法律、平等的税负、平等的贷款及利率的条件下使各个竞争者处在同一起跑线上,要求在机会均等的条件下使市场活动主体处于同等的风险与压力承受环境,剔除非经主观努力就能达到其利益追逐目标的任何保护性因素或其他因素,要求各个竞争者在同一市场条件下共同接受价值规律和优胜劣汰原则的作用与评判,并各自独立承担竞争的结果。在市场经济的规律——价值规律面前各个市场参与者一律平等,公平竞争,优化组合,优胜劣汰,由此达到市场行为主体利益上的局部均衡,进而达到资源配置的优化状态。因而,在市场竞争中,竞争规则应是公开的、统一的、无差别的、无歧视的,市场主体之间法律地位平等,当事人双方的权利义务对等,并且在具体交易关系的确立、变更和终止中,不管经济实力、专业知识与信息和市场的认识与驾驭能力等方面的差异有多大,人格的平等、独立均应切实得到尊重和维护。一句话,平等是市场竞争的内在要求。

第三,平等是市场活动中人的行为方式的逻辑提升。在市场经济中,人是自利的理性人。一方面,人们总是为了自己的利益而行动,他们的市场行为无一例外地遵循"最小投入,最大产出"的原则。为了最大限度地提高自己的生活享受,人们努力争取尽可能增加他们可能取得的享受的数量和享受的绝对量,尽可能地提高他们的劳动力和运用这种力量的技能,尽可能地减少为充分满足享受所需要的劳动,按照他们成功地创造的这些条件的程度,以使事先的计算成为合理的那种方式,把他们的力量用于满足各种不同的享受。③ 另一方面,在人人自利的市场活动中,人又是理性人。市场主体作为理性人,不仅体现在市场活动中人的理性筹划过程,而且体现在其普遍的规则意识及遵守规则的行动和习惯。由

①《马克思恩格斯全集》第46卷(下),人民出版社1980年版,第477页。
②《马克思恩格斯全集》第23卷,人民出版社1972年版,第394页。
③ 赫尔曼·海因里希·戈森:《人类交换规律与人类行为准则的发展》,陈秀山译,商务印书馆1997年版,第90页。

于市场主体生产的目的不是为了自己直接消费,而是为了交换,因而其利己的目的和动机只有在他人那里才能得到实现,这就决定了市场主体必须了解和尊重他人的需要。在市场活动中,离开了"利他"的"利己"是难以实现的。任何人若想获得经济上的成功,就必须调整自己的行为来服从市场法则,而不能通过非经济的方式和手段来侵占他人的财富,损害他人的利益,否则就会受到法律和市场运作本身的双重制裁。马克思指出:"如果说经济形式,交换,确立了主体之间的全面平等,那么内容,即促使人们去进行交换的个人材料和物质材料,则确立了自由。可见,平等和自由不仅在以交换价值为基础的交换中受到尊重,而且交换价值的交换是一切平等和自由的生产的、现实的基础。"[①]正是在追求自己利益的市场交易活动中,市场主体才逐步形成自由、平等、契约、尊严、责任、义务等观念,既尊重自己的权利和价值,也尊重别人的权利与价值;既不无原则地为别人奉献,也不任意地剥夺他人;恪守权利与义务对等、目的与手段统一的原则。正是在追求自己利益的市场交易活动中,人们才养成普遍遵守法律和规则的习惯,才普遍意识到在法律面前、在市场经济的规则面前自己和他人是平等的。平等原则正是市场交易过程中人的自利而理性的行为方式的逻辑提升。

二、市场经济中平等原则的基本内涵

如何认识市场经济中的平等原则,一直是一个有争议的问题。从 20 世纪初以来,不少经济学家、政治学家、哲学家等都对市场经济中的平等问题做了一些有益的探索。但人们对平等观念的理解各有不同。

对于诺齐克、柏克、哈耶克、弗里德曼等保守自由主义者来说,平等就是也仅仅只是公民在法律或市场规则面前的平等权利,它只能在形式上被确认,而不包含任何分配结果意义上的实质平等。如柏克所言,平等的含义是"人人享有平等的权利,而不是平等的东西。"[②]试图借助非市场的力量来消除或缩小实质上的不平等,只能造成对(形式)公平的无穷戕害。哈耶克指出:"一般性法律规则和一般性行为规则的平等,乃是有助于自由的唯一一种平等,也是我们能够在不摧毁自由的同时所确保的唯一一种平等。自由不仅与任何其他种类的平等毫无关

---

① 《马克思恩格斯全集》第 46 卷(上),人民出版社 1979 年版,第 197 页。
② 转引自刘军宁:《保守主义》,中国社会科学出版社 1998 年版,第 151 页。

系,而且还必定会在许多方面产生不平等。"①在哈耶克看来,市场制度所要求的平等应该是机会平等。他反对利用国民收入的再分配来人为地制造平等,强调对平等的追求既不能以更大的不平等为前提,更不应该靠损害效率来换取。在他看来,通过国民收入再分配把一部分的收入和财产分给另外一部分社会成员是真正的不平等,而且这还会影响人们的劳动的积极性,造成效率的损失。诺齐克的自由天赋权利说也赋予个人的产权和契约自由以最大的意义,认为所有通过税收进行的社会福利再分配措施在道德上是不允许的,应该予以摒弃,并认为只有一个完全的市场社会才属合法。

新剑桥学派则把经济增长和收入分配理论联系起来考察,认为市场制度所要求的平等应该包括收入或财产的平等。在他们看来,收入分配问题并不是一个技术性的和人与人的关系无关的问题。相反,收入分配直接涉及人们之间的物质利益的分割和利益冲突,在不同的制度下收入分配是不大相同的。他们认为资本主义的分配格局是不公正的、不合理的。福利经济学家也看到了这一点,庇古就认为在资本主义制度下,所有权极其不平等造成来自资本收入的极其不平等,进而造成了整个收入的不平等。财产和收入的不平等必然引起资源配置的失调以及经济运行机制的混乱,从而缺乏效率。因此,他们主张实行使收入均等化的分配政策,一方面要限制垄断组织的利润;另一方面要提高小业主、职员和工人的收入。美国经济学家阿瑟·奥肯在《平等与效率——重大的权衡》一书中所强调的平等也是包括收入或财产分配平等在内的经济平等,并认为平等是现代文明不可或缺的价值观念之一。

而对于自由平等主义者罗尔斯来说,仅有形式上的平等也是不够的,平等意味着所有社会的基本善——自由和机会、收入和财富及自尊的基础——都应被平等地分配,除非对一些或社会基本善的一种不平等分配有利于最不利者。②为此应当改变社会基本结构,使"整个制度结构不再强调社会效率和专家治国的价值",而是"更多地注意那些天赋较低和出身于较不利的社会地位的人们",并使"在天赋上占优势者不能仅仅因为他们天分较高而得益,而只能通过抵消训练和教育费用和用他们的天赋帮助较不利者得益"。③

从当代西方思想家关于平等的研究中,我们可以看到,在对市场经济平等原则的认识上,他们的共同点是把起点平等和机会平等作为市场经济所要求的平

---

① 弗里德利希·冯·哈耶克:《自由秩序原理》(上),邓正来译,三联书店 1997 年版,第 102 页。
② 约翰·罗尔斯:《正义论》,何怀宏等译,中国社会科学出版社 1988 年版,第 292 页。
③ 同②,第 96—97 页。

等原则,但在把收入和财产分配的平等是否作为市场经济平等原则的问题上却存在分歧。我们觉得,对于这个问题应当历史地具体地看。

作为市场经济运行中最基本经济秩序的平等原则,它具有自身特殊的历史规定性。在市场经济的发育阶段,针对前市场社会存在的各种形式的限制自由竞争的壁垒,以及资本原始积累阶段盛行的野蛮的掠夺行径,为促进市场经济的健康发育,建立公正的契约关系,并以公正契约为根本原则建构市场秩序,成为资产阶级的基本政治要求。这一时期,市场经济所要求的平等原则既不是指在人类社会初期人们共同劳动、共同占有和共同消费的那种原始粗陋的利益的平等,也不完全是马克思所提出的等量劳动相交换的按劳分配的平等。市场经济中的平等实际上是机会的平等、规则的平等。所谓机会的平等就是每一个人在市场竞争中和其他场合都享有同样大小的参与的机会、被挑选的机会和获胜的机会,这就好像在运动场上大家都有资格参加比赛,谁也不受歧视。具体讲,在市场经济条件下,各个经济活动主体能机会均等地按照统一的市场价格取得生产要素;能够机会均等地进入市场参与各种经济竞争;能够平等地承担税赋以及其他方面的负担等等。随着市场经济的不断扩张,市场交易逐步成为整个社会经济流程的中心环节,作为市场逻辑的内在本质要求,起点平等和机会平等逐步成为人们的基本共识,成为"国民的牢固成见"。但是,由于每个市场主体自然天赋、运气、自身努力程度及其现实选择等随机因素的差异,市场竞争又必然会形成在竞争结果上的差异或不平等。随着市场经济发育的日臻成熟,一方面,体现起点平等和规则平等的市场规范体系逐步健全完善;另一方面,同天赋、运气、努力、选择等随机因素相联系的、由起点不平等和规则不平等所引起的结果不平等,也随着竞争的不断深入和强化而触目惊心地积累起来,为形式平等所掩盖的实质不平等,开始赤裸裸地暴露出来,成为社会不满情绪的焦点。在这种情势下,人们逐渐由关注起点平等和规则平等转向对结果平等的关注。

现代市场经济所要求的平等主要包括三个方面,即起点平等、规则平等和结果的相对平等。

首先是起点平等。起点平等指的是每个人都有达到一个既定目的的相同可能性,市场主体享有平等的社会权利,市场对所有人开放,每个人都有自由进入或退出的平等权利,任何人都不能以强制的方式要求别人按照自己单方面的意愿进行交易。为了保证这种相同可能性,必须采取一些规定,切实地维护和保障市场主体的自由和平等权利。市场制度是建立在市场主体的自由独立和平等权利得以明确确立和切实保障的基础之上的。市场经济是一种自由和平等经济,它反对特权,反对专制,主体社会地位平等是市场经济存在的前提。市场经济是一种自由经济,自由竞争是市场经济的本质属性;市场经济是一种平等经济,等价交换、等价有偿是市场经济的基本内容。市场经济的性质,赋予了市场经济主体经济自由与平等的权利,经济主体的自由与平等是市场经济制度安排的结果,经济自由和平等是市场经济秩序存在的基本伦理条件。它主张通过规定经济主体成员一般的、基本的经济权利和义务,赋予主体在社会经济生活中进行独立决策和行动的自由人格,赋予经济主体在社会经济活动中进行市场交换、市场竞争以及签订契约的平等人格。只有这样,经济主体在市场上,才能没有高低贵贱之分;才能以平等的身份参与市场;才能实施公平交易,公平竞争;才能通过自由竞争,自己设定权利,自行履行义务,自己承担责任。

其次是规则平等。规则平等指的是每个市场主体在市场竞争规则面前平等的权利与义务,市场规则适用于进入市场的每个主体。市场经济的一个重要原则就是要通过市场公平竞争、公平交易,用等量劳动、等量货币、等量商品在市场交换中获得等量的权益。从市场经济制度本身来看,它通过市场对社会资源进行有效、合理的配置,提高了经济效率,增加了社会效益,创造了更多的财富,满足了人们日益增长的物质文化生活的需要。而市场经济的有效运行又是通过一定的规则来维系的。从保证市场经济运行的规则来看,第一层次的法则,是市场经济的最基本的法则:商品交换法则、竞争法则等,它们都是对经济自由、平等的维护,也就是说它们是对平等、正义的维护。第二层次的法则如经济法、公司法、反不正当竞争法,它们也是理性地、合理地维护社会平等、正义、公道。在经济活动中,要保证竞争的平等性,必须有一整套可操作的规则体系,包括市场进入和退出的规则、通过供求关系自由决定价格的规则、制止垄断市场的规则、保持市场竞争公平化的规则、尊重知识产权的规则等等。在经济全球化时代,为了维护国际经济秩序,还要有符合国际惯例的市场规则。这些规则并不要求主体放弃自己的利益,而是允许主体在遵守这些平等性规则前提下争取自己应有的利益,从而保证市场主体在市场竞争中主体地位的形成。此外,国家还必须通过制定工资法、劳动法、最低工资法等,以法律形式规定最低工资标准和最低劳动条件,以保证竞争中劳动者的弱者能够从社会和国家方面获得支持和扶助,不致沦为企业攫取最大利润的牺牲品。

再次是结果的相对平等。市场经济的一个基本分配原则就是按贡献分配。按贡献分配的平等性就在于承认劳动主体的天赋能力及后天技能习得的合理性,以及由此导致的劳动贡献的差别的合理性。它承认劳动者因出身、年龄、受教育程度等先天生理和后天身体发育所导致的劳动能力的不同,并以社会贡献的量的大小作为分配尺度。其目标就是等量劳动的等量分配,不等量劳动的不等量分配。同时,市场经济是一种损益经济。就是说,市场机制对人来说不是在一切方面都完美无缺的,市场竞争的结果是:有人成功,也有人失败;有强者,也有弱者。市场经济以生产要素贡献大小进行分配,势必导致收入差距的出现。为了维护社会经济秩序,除了必须维护经济活动的起点平等与过程平等外,还要通过税收、财政转移支付和社会保障等制度安排来缩小收入差距,实现分配结果的相对平等,以弥补市场经济的"缺陷"。社会保障制度既是一项保障社会成员生活生产条件的措施,也是一项平等合理的分配制度。它能通过两种方式对人们的收入进行再分配,一是直接的再分配方式,即通过发放政府津贴等形式,把交纳税收或保障费等筹集到的资金直接转移到需要社会保障的人手中;二是间接的再分配方式,即通过把筹集到的资金投入教育、住房、医疗等社会福利项目,间接地将高收入者的财产转移到低收入者手中。

当然,我们这里说的结果平等是相对的,不是绝对的。分配结果平等与效率的确是一对矛盾。萨缪尔森指出:"当各国试图把收入在它们的公民中间平等地分配时,它们遇到了越来越大的对积极性和效率的影响。越来越多的人问道,为了更公平地分割社会馅饼,需要牺牲它的多大部分?"①另一位与萨缪尔森同时代的著名经济学家奥肯也认为,我们无法既得到市场效率的蛋糕,又公平地分享它。② 实际上,从来就没有平等分配收入的经济社会,也没有哪个经济社会试图去平等分配收入,就是共产主义社会也只能是"各尽所能,按需分配"。因而在市场经济体制健全的社会,平等地分享经济成果总是相对的。

三、市场经济平等原则的内在矛盾

市场经济平等原则的矛盾,主要体现在市场经济的起点平等、规则平等与结果平等的矛盾。在以交换关系为基础的市场经济中,起点平等和规则平等是其最基本的经济秩序,但是市场经济的运作本身又不断地产生结果上的不平等,进而又影响新的起点平等和规则平等,这样,市场经济就受到它自身逻辑的阻抑,从而陷入了平等—不平等的矛盾之中。市场经济中的这种平等—不平等的矛盾

---

① 保罗·A.萨缪尔森:《经济学》12 版,高鸿业译,中国发展出版社 1992 年版,第 1247 页。
② 参见阿瑟·奥肯:《平等与效率》,王奔洲等译,华夏出版社 1999 年版。

主要是由于市场经济中平等原则的特殊的历史规定性和市场化分配机制的作用造成的。

市场经济平等原则的矛盾首先是由机会平等原则的矛盾性所引起的。如前所述,机会平等原则在市场经济平等原则中具有逻辑和历史的优先性。然而正如有的学者所指出的那样,机会平等本身是一个难以捉摸的概念,机会平等可以是:(1)前途的考虑——每个人都有达到一个既定目标的相同的可能性,如工作或进入一所医学院;(2)手段的考虑——每个人都有达到一个既定目标的相同的手段。① 而这两种机会平等又是相互冲突和矛盾着的,实际上不可能在机会平等的两种意义上都坚持平等。如果你坚持前一种机会平等,你就会忽视那些缺乏手段的人的平等要求;如果你照顾后一种机会平等,你就可能因为剥夺那些拥有较多手段的人而损害前一种机会平等。机会平等的这种悖论表明,机会平等中仍然包含着差别和不平等。当代自由主义在由单纯强调"机会平等"转向"结果平等"时,承认作为市场逻辑基础的"机会平等"有两个缺陷:一是机会平等在事实上并不能做到。尼克松写道:"付得起千百万元的法律费用的人在法庭中有的机会比付不起这么多钱的人在法庭中有的机会好。在布朗克斯南区的贫民窟出生的孩子拥有的机会比不上在斯卡斯代尔别墅里出生的孩子拥有的机会。"② 二是机会平等"认为在自然的能力与才智基础上的不平等结果是容许的",这与承认社会不平等并无根本区别。罗尔斯提出:"没有一个人应得他在自然天赋的分配中所占的优势,正如没有一个人应得他在社会的中最初有利出发点一样——这看来是我们所考虑的判断中的一个确定之点。""贵族制等级社会不正义,是因为它们使出身这类偶然因素成为判断是否属于多少是封闭的和有特权的社会阶层的标准。这类社会的基本结构体现了自然中发现的各种任性因素。"③ 在詹姆斯·M.布坎南看来,"'起点平等'即使作为一种理想,也不真正意味着每个人在进入每个亚竞争时在所有四个因素方面(指出身、运气、努力和选择——引者著)与其他人都平等"④。正是被机会平等所掩盖的不平等的因素,造成了人们之间的收入的不平等。在市场经济的条件下,这些因素被市场化分配机制放大和缩小的效应所扭曲,造成财富的分配悬殊。而把这种贫富悬殊带入下一轮竞争中去,市场经济所要求的平等就失去其真实的内涵,只能是一种形

---

① 罗伯特·A.达尔:《现代政治分析》,王沪宁等译,上海译文出版社 1987 年版,第 186 页。
② 理查德·尼克松:《角斗场上》,新华出版社 1990 年版,第 344 页。
③ 约翰·罗尔斯:《正义论》,何怀宏等译,中国社会科学出版社 1988 年版,第 99、97 页。
④ 詹姆斯·M.布坎南:《自由、市场和国家》,平新乔等译,上海三联书店 1989 年版,第 190 页。

式上的平等。这样,市场经济所追求的平等原则就因其内在的差别而必然走向它的反面:经济的不平等。

同时,市场经济中平等原则的矛盾也是由市场化分配机制的作用所造成的。市场经济的分配机制也会导致财富分配的不平等。在市场经济条件下,各经济活动主体的行为全部与市场有关或直接发生在市场内,因此,收入分配的市场化是收入分配的最佳实现途径。所谓收入分配的市场化原则就是根本改变人们凭借在社会结构中的地位和权力来占有经济收入的行政性收入分配方式,国家行政尽量不去干预社会分配,让分配在市场内获得实现。具体地讲,就是在价值、供求和竞争等规律的直接作用下,使各经济活动主体的全部收入从市场中获得,通过市场上的平均利润率来决定产权收入;通过企业间的竞争及风险机制来决定经营收入;通过资金供需矛盾运动决定的利息率来决定资金收入;通过劳动力供需矛盾决定的平均水平,以及劳动过程中劳动能量的释放程度来决定劳动者的工资收入。收入分配的市场化原则承认某些非劳动因素和偶然因素决定分配的合法性,用詹姆斯·M.布坎南的话来讲,就是在分配的结果中包含着选择、运气、努力和出身等随机因素。例如,在按经营分配的收入中,商品生产者的个人收入分配不仅取决于生产,而且取决于交换;不仅取决于劳动者个人劳动量的支出,而且取决于市场的需要和变动,后者在个人收入分配中往往起支配作用。这种分配的优点就在于它迫使经营者具备强烈的市场观念和经济效益感,必须密切注视市场供求和价格的变动。但是,这种分配机制客观上承认了某些非劳动因素和偶然因素决定分配的合法性。在市场竞争中,一些人占有的财富的份额大,可能并不一定是他主观努力的结果;而另一些人占有财富的份额小,也不一定是他不努力的结果。但对这一切,市场经济的分配机制是允许的。这就使得各经济主体的收入大起大落和贫富悬殊成为可能。

马克思曾揭示和批判资本主义市场经济过程中形式平等与实质平等、起点平等与贫富差距扩大的矛盾。他认为平等的要求是同市场经济中生产和商品交换密切相关的,劳动的等同性和交换确立了主体之间的全面平等,资产阶级所鼓吹的体现在政治上、法律上以及社会关系上的平等权利也不过是市场经济中平等的抽象表达,是神圣化了的自由贸易的平等权利,实质上是其经济关系的反映。然而,由于市场经济是同资本主义私有制相联系,市场经济中的平等原则在规范经济活动、配置社会资源的过程中也同时完成着资本对劳动的剥削,在资本主义私有制的条件下,市场机制必然为私人利益最大化所驱动,它必然造成贫富悬殊。因此,资产阶级经济学家所鼓吹的平等具有很大的虚伪性和欺骗性,它以平等的形式掩盖了不平等的内容；以反对特权的形式掩盖了资产阶级的"金钱的大特权"。资产阶级常说自由平等的人类的乐园，实际上只有商品交换领域才是这种自由平等的真正乐园。"平等！因为他们彼此只是作为商品所有者发生关系，用等价物交换等价物。"①可是一旦离开商品交换的领域，双方就不同了。"原来的货币所有者成了资本家，昂首前行；劳动力所有者成了他的工人，尾随于后。一个笑容满面，雄心勃勃；一个战战兢兢，畏缩不前，像在市场上出卖了自己的皮一样，只有一个前途——让人家来揉。"②因此，在马克思看来，要实现真正的平等就必须以社会主义公有制代替资本主义私有制，也就是要超越资本主义市场经济。

综上所述，我们可以发现市场经济中的平等已经分裂为两类不同价值的平等：作为起点意义上的市场平等即机会的平等、交易的平等、竞争的平等和作为终点意义上的经济的平等、社会的平等。而市场经济的运作逻辑好像是要求前一种平等而疏远后一种平等。市场经济的平等首先体现的是一种机会平等或形式平等。每个市场主体在各种竞争场合中享有同等大小的参与机会和获胜机会，各种市场规则在形式上适用于每个市场主体，赋予他们相等的权利与义务。但是，由于每个市场主体自然天赋、运气、自身努力程度及其现实选择等随机因素的差异，市场竞争又必然会形成在竞争结果上的差异或不平等。这种差异又构成了新一轮竞争在起点上的不平等。由此循环往复，从初始起点上的平等，可以发展出日益显著的结果不平等。而结果不平等同样符合市场经济的内在逻辑，否则，优胜劣汰的竞争机制就无从谈起，市场经济的动力机制就无从建构。由此，在市场经济的运行过程中就形成了起点平等、规则平等与结果不平等，形式公平与实质不公平的内在矛盾。这就向我们提出了这样一个难题：为了缓解和克服植根于市场内在逻辑的平等原则的矛盾，我们是否可以以及如何超越市场经济的逻辑？

---

① 《马克思恩格斯全集》第 23 卷，人民出版社 1972 年版，第 199 页。
② 同①，第 200 页。

论发展伦理在共享发展成果问题上的"出场"①

张 彦② 洪佳智

【摘 要】全面深化改革时期,我国面临一个重要困境是发展成果创造、获取和分配等历时态问题的共时态解决,这就呼求发展伦理在共享发展成果问题上的"出场"。发展伦理的出场引发了共享权利的外在机制,即"共享理念之生成——共享权利之应然——共享权利之实然"的过程,也凸显了共享权利的内在逻辑,即"成果共建——成果共享——责任共担"的理论范式。同时,也将"共享权利"作为一个核心问题提上日程,使其成为一个内含共享经济成果、政治成果、文化成果、社会成果和生态成果的综合性权利,从而为解决发展的共时性难题提供视角和方法,推动中国发展进入到坚定发展信念、共享发展成果权利、重视分配正义的历史性阶段。

【关键词】发展伦理;分配正义;共享权利;出场

发展作为一个产生并专属于现代社会的概念,与现代化、现代性关系密切。③ 这意味着发展在某种程度上就是实现现代化、获取现代性的过程。但中国的现代化是"压缩的现代化",它使中国的发展过程不可避免地面临着所谓的第一、第二现代性"双重强制"的共时性困境,④从而加剧了中国发展的复杂性和风险性。发展成果的创造、获取和分配尤其反映出这种共时性困境,显现出当代中国语境下的发展是一种特殊性的存在。作为对人类社会存在形式和演进方式的一种现代表述,发展包含内在的规律性和指向性,这种规律性和指向性在"有

① 基金项目:本文系浙江省社科规划课题"全面深化改革时期广大人民共享发展成果的实现路径研究"的阶段性成果,受到教育部思想政治教育中青年杰出人才支持计划和中央高校基本业务经费的支持。
② 张彦,浙江大学马克思主义学院教授。
③ 刘福森:《西方文明的危机与发展伦理学——发展的合理性研究》,江西教育出版社 2005 年版,第 2—18 页。
④ 贝克、邓正来、沈国麟:《风险社会与中国:与德国社会学家乌尔里希·贝克的对话》,《社会学研究》2010 年第 5 期,第 208—231,246 页。

发展成果"和"分配发展成果"这两大主题上都会呈现出来:已基本完成现代化的国家发展历史证明,以"有发展成果"为主题的发展进程是自发的过程,缺少发展伦理的关照,遍及着"制天命而用之"的人类中心主义和经济中心主义的行为方式。这种在物质维度上的单一扩张使发展在自然、社会和人自身的层面上产生了许多问题。但这种发展的"外部性"通过各种途径在"意识"中得到合理稀释,较大地延长了它的时间跨度。而以"分配发展成果"为主题的发展进程是自觉的过程,发展成为"意识到"的问题。在发展伦理的视域下,单一的发展行为方式得到修正,发展的物质扩张得到限定,发展的更多维度合理展开。但"有发展成果"因在时间上的先在性,仍是基本的历史前提。

一般的发展进程在解决"有发展成果"和"分配发展成果"有明显时间跨度。足够长的时间跨度避免了它们在同一历史进程中"相遇",避免了"谁为历史主题"的现实纠结。而对中国来说,这个时间跨度几乎可忽略不计,像第一、第二现代性被压缩一样,"有发展成果"和"分配发展成果"也被压缩在了中国相对短暂的发展过程中:跟其他发展过程一样,中国改革开放以来的发展是以"有发展成果"为主题的。虽然它不是自发的过程,但在发展特点上也表现出自发的特征,是在以"扩大差异"作为发挥主体性的主要方式,以自我作为坐标的纵向比较中获得优越感。但是这种发展"很快"(相对于发达国家来说)"被中断",一方面是因为发展伦理使发展迅速进入了"意识到"的视域中,另一方面是因为西方国家百年的发展历程在中国三十多年里被高度压缩而引发了巨大的发展问题。尤其是以自我作为坐标的纵向比较获得的优越感在横向比较中获得的差距感中得到极大淡化,乃至于"扩大差异"成为发挥主体性的重要障碍。因此,"分配发展成果"在"有发展成果"还未完成使命就进到历史主题中。这就意味着我们要回答如何同时解决"有发展成果"和"分配发展成果"的问题。这是中国发展研究的重要理论困境。发展成果的分配关系到发展的合法性问题,是规范和调节人与他人、人与社会相互关系的重要方面,即发展对"我"的意义问题。改革开放创造了巨大的发展成果,但也造成了较大的贫富分化。这种日趋扩大的贫富分化正在消解人们对发展的信念,如何重树人民对发展的信念,是中国发展面临的主要现实困境。

德尼·古莱(Denis Goulet)认为,发展伦理学家应自觉地对发展目标、发展过程及其暗含的价值观做详尽的批判性解读,提出相应的发展伦理规范,更重要的是建立一个全面的"理论框架"把零碎的具体的发展伦理规范连贯起来。① 因此,当代中国的发展伦理应努力回答"谁为历史主题"以及建立系统发展价值规范的问题。同时,中国发展的理论和现实困境也预示着,中国发展已进入到一个呼求发展伦理出场的时代。共享是发展伦理的基本价值指向,是发展的基础和要义。把"有发展成果"和"分配发展成果"的历史主题之争纳入共享的框架中,在共享权利的逻辑中得到回答,从而把中国的发展实践推进到一个关注发展权利享有的历史阶段。

一、发展伦理出场的使命:好的发展与共享理念之生成

一定历史阶段的发展是自觉或不自觉地根据一定的发展观所做出的选择,而发展观"是基于发展的评价标准而构成的在实践中作出顺序性选择与安排的关于发展的思想理论"②。因此,对任何现实中的发展评价可首先在它的发展观中展开,也可在发展观中得到某种程度的确证;而发展伦理本身就是关于什么是"好的发展"以及如何实现"好的发展",可见,发展伦理表现出的范导性,既构成对现实发展批判的参照与依据,又对未来的发展起到重要的示范和导向作用。所以,发展伦理的出场是要突破中国发展的理论和现实困境,纠正发展中的异化倾向,从而实现"好的发展"。我们从发展伦理的基本问题出发,通过对发展、"好的发展"及其标准的评判和理解,探究"好的发展"与共享之间的关系,研究共享在发展伦理中的地位和作用。

第一,发展伦理的基本问题内含着共享理念。"人类在有限而脆弱的地球应当如何共同幸福生活"③是发展伦理的最基本问题。该问题中的"共同"暗含成果的"共建"和风险的"共担",同时也指向权利的"共享"。具体地说有两个基本指向:一方面指向手段或工具意义上的"如何生存",即在发展的自然维度上,在处理人与自然关系时如何把握"能做"和"应做",以保证有限资源和脆弱环境的安全,实现人与自然的共享;在发展的社会维度上,在处理人与社会或人与人关系时如何把握"公正"和"平等",以保证共同生活的安全与稳定,实现人与他人的

① 古莱:《残酷的选择:发展理念与伦理价值》,高铦、高戈译,社会科学文献出版社 2008 年版,第11 页。

② 孙正聿:《改革开放以来中国哲学发展的历史与逻辑》,《吉林大学社会科学报》2008 年第 9 期,第12 页。

③ 林春逸:《发展伦理初探》,社会科学文献出版社 2007 年版,第 11 页。

共享。另一方面,指向目的或价值意义上的"如何更好地生存",即在发展的(个体)生活维度上,在处理人与自身关系时如何把握"物质"和"精神"间的关系,以保证人的多维度和谐发展,实现人与自身的共享。这里的"人",既是个体意义上的"人",也是共同体、类意义上的"人"。个体的"人"是行动的基本单位,共同体意义上的"人"是行动的基本方式,个体的"人"最终作为行动的目的,唯有"共同"的主旨(如共同创造、共同享有、共同担负等)才能联结起诸多意义上的"人"。可见,发展伦理的基本问题内含共享理念的完整要义,体现了共享理念的基本逻辑。

第二,衡量好的发展的标准体现了共享理念。有学者梳理总结了三种发展标准:"生产力标准""社会进步标准"和"人的全面发展标准",并把生产力标准视为"工具性"标准,把社会进步标准视为介于"工具性"与"目的性"价值标准之间的标准,把人的全面发展标准视为"最高目的性"价值标准。[①] 对这些标准的理解,我们可从自然(物质)、社会和人三个角度理解:一、生产力标准是发展的物质维度,它在发展标准的整个衡量系统中处于最低的、最基础的位置,是发展其他维度得以展开的历史前提;二、社会进步标准是发展的社会维度,强调的是社会整体在历史逻辑上的均衡发展,也就是说,绝大多数的社会成员能够共享社会发展的各种成果,并以社会整体的形式把自身置于历史进程中;三、人的全面发展标准是发展的主体维度,强调的是共同体中的个体在终极维度上的全面均衡发展,在发展标准整个系统中处于最高位置。同时,我们也看到,发展的至善指向了人的自由全面发展,其他的目的比如经济增长、生产力发展、社会进步等都可以作为低阶层的目的或手段;而发展要达到至善就要取消异化,因为异化会把人所有的发展成果或者发展价值置于人的对立面。就像《1844 年经济学哲学手稿》中马克思所刻画的一样,越是发展越是将自己置于自身对立面,从而越是贬低自己的价值。

第三,"好的发展"需要实现共享。古莱列举了发展的三种观点:(1)发展即经济增长。(2)发展=经济增长+社会变革。(3)发展强调价值观,强调"所有社会、所有团体和社会中的所有个人的质的改善"[②]。同时他认为:"发展就是提升

---

① 吴灿新:《发展伦理与道德代价》,《广东社会科学》2013 年第 1 期,第 103—104 页。
② 古莱:《残酷的选择:发展理念与伦理价值》前言,高铦、高戈译,社会科学文献出版社 2008 年版,第 2—3 页。

一切个人和一切社会的全面人性","最大限度的生存、尊重和自由"①的实现就是好的发展。在阿马蒂亚·森(Amartya Sen)看来,发展的第一要务就是扩展自由,"发展即实质自由(人们能够过自己愿意过的生活的'可行能力')"②。阿瑟·刘易斯(Arthur Lewis)也提出,经济增长的好处不在于财富增加幸福,而在于增加了人们选择的范围。也就是说,支持经济增长的理由在于增长使人更有能力控制周遭环境,从而增加自己的自由、增加自己的选择能力和范围。马克思以为:"每个人的全面而自由的发展为基本原则的社会形式。"③是"在保证社会劳动生产力极高度发展的同时又保证人类最全面的发展的这样一种经济形态"④。总之,任何一种意义上"好的发展",无论是人性的提升、自由的拓展,还是人的自由而全面的发展,都是以共享作为必要的实现方式。

第四,发展伦理的核心主张即分配正义直接提出了共享的伦理诉求。罗尔斯认为,所有的社会基本价值或者基本善都应该被平等地分配。⑤ 同时,罗尔斯在解读马克思的正义观念时,认识到马克思持有这么一种观点,即"一种正义概念是否可以运用于特定的政治和社会制度,取决于从该社会的历史使命来看,那种正义概念是否适应了现存的生产方式"⑥。也就是说,正义或者分配正义要置于特定的社会历史条件下。分配正义不能寄希望于某种"原初状态"的再现,而要试图完成具体社会历史条件下的使命,适应这个条件下的生产方式。因此,共享作为现阶段分配正义的呈现方式,一方面以共建的前置逻辑联结了"有发展成果",另一方面以共享的内在逻辑联结了"分配发展成果",将两个问题同时纳入到共享的框架里,修正了"谁为历史主题"非此即彼式的问题设置方式。由此,共享是现阶段分配正义的最合理的呈现方式,有利于该阶段发展历史使命的完成。

因此,无论从发展的基本问题来看,还是从"好的发展"的内涵、标准和核心主张来看,共享都是实现"好的发展"的基本目的,是解决发展成果分配的共时性难题的必要路径。而"共享"(理念)之所以是当代发展伦理的核心,一方面是因为发展伦理本身暗含了共享的"应然性"要素,另一方面则是因为当代中国的发展问题暗含了共享的"实然性"成分。因此,共享理念的生成是共享权利实现的

---

① 古莱:《残酷的选择:发展理念与伦理价值》,高铦、高戈译,社会科学文献出版社 2008 年版,第 8 页。

② 阿马蒂亚·森:《以自由看待发展》,任赜、于真译,中国人民大学出版社 2002 年版,第 30—31 页。

③ 《马克思恩格斯全集》第 23 卷,人民出版社 1963 年版、1972 年版,第 649 页。

④ 《马克思恩格斯全集》第 19 卷,人民出版社 1963 年版、1972 年版,第 130 页。

⑤ 罗尔斯:《正义论》(修订版),何怀宏等译,中国社会科学出版社 2009 年版,第 48 页。

⑥ 罗尔斯:《政治哲学史讲义》,杨通进等译,中国社会科学出版社 2011 年版,第 353 页。

意识准备,甚至可以说共享理念是共享权利的意识存在形态。

二、发展伦理出场的价值形态:共享权利之应然

要明确"共享改革发展成果的权利"的具体内涵,必须首先厘清"发展成果是什么""权利是什么""共享的出发点是什么"这三个问题,而这也是发展伦理出场的价值形态之根本所在。首先,要解决"发展成果"包含什么内容。在发展伦理视野里,发展已不再是单涉经济议题,更是一个涵盖经济、政治、文化、社会和生态等多方面的综合性议题。相应地,发展成果是指包含一些物质性和精神性的价值的总和,包括政治成果、经济成果、文化成果、社会成果和生态成果等。其次,权利的内涵是什么。在发展伦理视野中的权利是完全意义上的权利,它不仅涉及权利,也涉及义务,即权利和义务存在必然的逻辑关系,一方的权利,也体现为是他方的义务。因此,共享权利还存在共建义务,按照"贡献—权利—义务"的分配逻辑,共建先行。这意味着我们在倡导共享时,不仅要承担创造发展成果的共建义务,还要承担发展可能带来的风险。这也是解决发展成果分配的共时性难题,在共享权利的"共建—共享—共担"的内在逻辑中得到了统一。再次,共享是什么意义或立场上的共享。"社会正义所要求的是有尊严的共享,即把共享提升为人民基本权利……承认补偿型共享合理性的共享。"①把共享从理念上的道德权利确定为一项制度中的法定权利,意味着它的应然与必然实现了统一。所谓"补偿"已不是需要承担道德压力的"施舍",而是"实现人之尊严"的一种基本要求。

按照前面对三个问题的回答,我们把"共享改革发展成果权利"划分为"经济发展成果共享权""政治发展成果共享权""文化发展成果共享权""社会发展成果共享权"和"生态发展成果共享权"(以下简称为"经济共享权""政治共享权""文化共享权""社会共享权"和"生态共享权")。"好的发展"是要以"共享权利"为基点建构解决发展成果分配的共时性难题的框架,通过这些权利的实现和资源的共享来获得更有质量的发展。

第一,经济发展成果共享权。经济共享权是共享权利的核心,是实现其他共享权利的物质基础。对于经济共享权可从财富追求和财富分配的角度来理解。

①　张贤明、邵薪运:《共享与正义:论有尊严地共享改革发展成果》,《吉林大学社会科学学报》2011年第1期,第42页。

首先,从财富追求的角度来理解,这是经济共享权的逻辑起点。由于经济共享权的前提是追求财富的实现,而财富追求的伦理基础仍然是以发展伦理的核心理念作为基础,即以人为本。这里的"人"是作为群体或类型意义上讲的;同时,对个体而言,追求"取之有道"的财富,还有成果共建、风险共担的义务成分。其次,从财富分配的角度理解,这是经济共享权的逻辑终点。经济共享权的核心是财富分配的正义。财富分配的正义从手段上来讲,既与经济增长、收入分配方式等密切相关,也受其他领域的分配效应影响;就结果上来讲,不仅体现经济领域的正义,更彰显社会领域的正义。同时,经济共享权必然涉及"利益补偿"。它作为一种利益调节的救济机制,也是一种社会公正的补救机制,是共享发展成果的必经阶段。可见,经济共享权作为共享权的核心,在逻辑起点上既是其他共享权利的出发点,在逻辑终点上又是其他共享权利的物质基础,它的内涵要比经济财富、物质利益丰富得多,是解决发展成果分配共时性难题的关键所在。

第二,政治发展成果共享权。政治共享权要解决两个优先性议题:一个是在政治上确立整个共享权利的合法性,另一个是明确政治领域发展成果的共享路径。首先,把共享权确立为一项人民的基本权利,本身就是政治发展过程中的重大议题。它赋予每个公民能共享发展成果的合法性、正当性,涉及的是共享中"有尊严"的问题。如果无法在政治层面确立共享的应然地位,其他领域的共享权利将没有"权利"意味可言,也就失去进行共享的合法性和正当性。其次,政治发展成果也是改革发展取得的重要成果,其最重要的表现就是每个公民对权利都能享有形式和实质上的平等性。而政治权利呈现出其自身的独立性和复杂性,即不可能通过所谓的补偿途径来解决。罗尔斯的正义原则也明确了平等政治权利的优先性和不可补偿性。因此,政治领域发展成果的共享路径应是先"增量"后"存量",优先保证政治发展成果的平等分配,然后以"增量"倒逼"存量"而实现"真正的"平等分配。但这种理想路径不可避免地会遭遇现实的政治博弈。由上而知,政治共享权是其他共享权之所以称得上权利的前提,也是其他共享权实现"有尊严"共享的基础,甚至可以说,没有政治共享权,其他领域的共享很有可能会沦为无由、无序、无法的状态,会危及整个发展成果。

第三,文化发展成果共享权。一般地,文化发展成果可分为"工具型文化成果"和"价值型文化成果"。它们对个体和社会有不同意义。工具型文化成果共享权的实现对经济的依附度较高,需要相应的文化体系及文化市场的支撑,也表现出较强的依附性、复制性和大众性。它的实现过程就是个体获取不同文化体验的过程,侧重对个体自身的工具意义。而价值型文化成果共享权表现出一种内在的义务倾向,因为价值型文化成果的共享关乎发展的价值理性的延展程度,关乎发展的精神维度。价值型文化尤其人们的价值观念在发展中起到很大作用,一种好的发展价值观念引导一种好的发展,能够实现外在的工具理性和内在的价值理性在发展维度上的完整呈现。价值型文化成果共享权并不意味着有了经济基础,有了一定的文化体系及文化市场就可以实现。在这个方面,它深刻地体现出了文化自身的独立性和特殊性,需要遵循文化发展的特有逻辑和自身规律。可见,文化共享权不仅是现有文化成果上的共享,更重要的是为发展提供"理念"指引,更是一项共建的义务。如果说其他共享权是在偏物质性的成果上实现共享,那么文化发展共享权就是在偏精神性的成果上实现共享。它的意义在于突破以往发展偏重物质维度的局限,纠偏马尔库塞所谓的"单向度的人"对个体发展的不良导向,实现文化共享权对其他共享权的价值指引。

第四,社会发展成果共享权。社会发展成果有两种类型:基础性的物质成果和发展性的能力建设成果。首先,在基础性的物质成果上,社会共享权被认为是经济共享权在社会领域的表现,是经济正义的延伸甚至归宿。每个社会个体其基本身份就是社会共同体的成员,因此,每个成员因其身份,就获得了对发展的第一份天然贡献,就应共享作为社会共同体成员的基础性的物质成果的权利;相应地,每个社会成员也必须履行保证其他社会共同体成员基本生存和发展的义务。其次,在发展性的能力建设成果层面上,社会共享权最大的内涵还在于广泛参与社会建设、尤其通过参加社会组织参与社会管理的权利。随着"单位制"逐渐退出历史,市场力量在社会发展中的作用不断上升,国家领域和市场领域之间的"旷野"(即社会领域)逐渐拓宽,这为社会组织的发展带来机遇,这本身也是社会发展的成果。社会成员应具有平等参与、共享社会管理的权利,这种权利不应被政府以及所谓的"社会精英"单独控制。同时,社会成员参与社会建设的过程是社会成员本身参与能力发展的过程,这是对人的发展的历史需要的满足,同时也是社会共同体对成员的一种义务要求;这个过程是社会共同体自身发展的过程,对社会发展起到优化社会建设结构、强化社会建设能力的作用。可见,社会共享权是保证其他共享权得以实现的能力前提。

第五,生态发展成果共享权。生态发展成果具备两种形态:原始生态成果和经治理的生态成果。首先,相对于粗放式发展来讲,不破坏生态的发展本身就是发展生态,每个个体都能自然地共享这种原始生态成果,基本不存在所谓的分配问题。但对于绝大部分后发国家和地区来说,由于发展条件的限制,容易陷入生态发展成果分配的共时性困境。因此,按照生态共享权的逻辑,我们应确立原始生态成果本身就是生态发展成果的意识,并且这种发展成果具有不可替代性和难以补偿性。确保原始生态成果、保证经济发展速度和生态发展质量的协调性就是对发展的贡献。这是"分配发展成果"的前提。其次,发展主义崇拜"物质生产力",忽略"自然生产力",而后者在隐藏生态风险的现代社会中日益表现出与物质生产力的同等地位和重要性,关系到人类的可持续发展。① 对于如何合理分配生态效益和生态责任、如何处理生态风险的积累问题也涉及生态共享权问题,由于生态要素跨区域的流动,生态治理也需要跨区域,而不同区域往往处在不同的发展阶段,这增加了问题的复杂性。因此在经治理的生态成果层面,生态共享权涉及"补偿问题",即"以经济利益补偿生态利益"的问题。当下,资源、环境表现出它们的不可替代性和稀缺性,生态发展成果共享权也显示出其独特的地位,关乎到其他共享权的可持续性以及共享质量的问题。

因此,发展伦理出场的重要使命就是要把发展实践从对物质的高度聚焦中抽离出来,把生活从物质的感觉主义中解放出来,找到时代的真正"出路"。而共享权利之应然是发展伦理在共享发展成果问题上出场的价值形态,契合了权利意识普遍凸显的伦理吁求,又将"共享改革发展成果的权利"作为一项综合性的权利,完整地展现了人的发展全方位维度:经济共享权是物质维度,政治共享权是权利维度,文化共享权是价值维度,社会共享权是能力维度,生态共享权是质量维度。

三、发展伦理出场的实践路径:共享权利之实然

发展伦理的理念和实践应是高度统一的,发展伦理也应是具体的、实践的。从共享理念之生成到共享权利之应然再到共享权利之实然的过程,就是发展伦理在共享发展成果问题上出场的实践路径。只有从观念、制度和行为层面,把"共享发展成果的权利"视为一种"人民基本权利",把共享视为一种社会公正和正义的必然要求,才有可能保障真正意义上的共享,从而实现"好的发展"。

首先,从价值观引导的路径为人民共享成果的权利提供伦理保障。从社会角度或整体意义上的"人"来讲,一方面价值观与制度体制存在密切的内在关联,价值诉求应当成为制度构建和顶层设计的共识;另一方面制度也需要其背后的伦理文化资源进行价值型的系统支撑。道德或伦理是实现共享的理念基础和思

----

① 刘森林:《重思发展——马克思发展理论的当代价值》,人民出版社 2003 年版,第 61—85 页。

想资源。作为社会发展中的人,要首先树立共建共享的发展价值观,从而才有可能促进人的全面自由的发展。这是一种自觉性的道德义务和价值追求,同时个体还应有一种与自身享受的自由、秉持的能力相当的道德责任承担意识。因此,在观念层面,我们应该把共享权利作为一项伦理共识确定下来,把共享权利的内在伦理逻辑即"成果共建—成果共享—责任共担"作为发展权利的伦理范式确定下来,作为共享权利实现的理论保障。

其次,从制度设计层面为人民共享改革成果的权利提供政治保障。权利的公正分配从内容上讲,包括权利和义务的分配;从形式上来讲,它在制度上得以体现。如罗尔斯所言社会制度是正义的"首要主题",因为社会的主要制度关乎权利和义务、利益与责任的分配。马克思也认为,要以"制度变革"来实现发展成果的共享、达到人的全面发展,只不过这种制度变革是从资本主义制度到共产主义制度的根本性变革。[1] 因此,制度设计应按照"贡献—权利—义务"的分配逻辑,遵循发展伦理的共建、共享、共担的价值排序理念,确保制度达到天然的和人性的有机统一的"公正性"。对人民共享成果的权利进行法律层面的设计是制度设计的最佳选择。法治是现代国家治理体系和治理能力的体现,它本身是现代政治的发展成果。在这里它作为实现共享权的路径,体现出了法治在发展进程的基础性地位。而要使共享发展成果权从一项应然性权利走向实然性权利,根本路径是保证共享权明确的法律地位和明晰的法律操作路径。国外在对共享权法律定位的问题有明显的历史印迹,如德国的共享权经历了福斯多夫的"作为自由权替代物的共享权"到福斯多夫修正的"作为自由权并列物的共享权",再到德国主流认为的"作为平等权衍生物的共享权"。[2] 它既说明了共享权有超越时代的价值,也说明共享权的位阶在逐渐下降。这值得我们思考。因此在宏观制度层面,我们应把共享权利作为一项明确的法律权利确定下来,而在哪个法律层面(宪法还是其他基本法),或许需要进一步讨论;在微观制度层面,应把共享权利细化成各项具体的历史的共享权。

最后,从个体和社会的行为层面为人民共享成果的权利提供实践保障。观念和制度层面的共享权利最终要落实到行为层面。这是共享权利实现的终点。从社会行为的角度来讲,就是要保证社会行为的主体——政府发展理念的更新和发展能力的提高。最终共享权利的实现需要政府行为尤其是政策制定和政策

---

① 刘森林:《重思发展——马克思发展理论的当代价值》,人民出版社 2003 年版,第 232—236 页。

② 罗英:《全面深化改革背景下共享权之定位》,《求索》2014 年第 6 期,第 39—44 页。

执行的实践。从个体行为的角度来讲，主要是扩大社会全面参与，包括共建和共享。公共领域的社会治理需要社会成员的广泛参与，在这个过程中，我们通过社会机制自行消解部分利益分配的矛盾，以减缓制度分配的压力。另外，实现"共享机会"的普遍化、"共享能力"的高效化，发展成果并不完全都由制度实现分配，社会领域在共建过程中逐步实现共享机会的均等、进而进一步提高共享能力。我们需要在社会行为和个体行为上实现共享权的合力。

　　发展伦理是人类走向发展善的实践理性，它在共享发展成果上实现完整意义的"出场"，最终会把我们引向分配正义的价值预期。"有发展成果"和"分配发展成果"谁为历史主题之争是发展伦理出场的历史背景。在这个背景下，分配正义作为一种存在的、自在的价值主张蕴含在发展伦理中。而分配正义以"共享"的呈现方式，契合了它的社会历史性，体现了它的伦理诉求，体现在发展伦理对分配正义的自觉关切和深刻关怀中。当然，共享虽然把"有发展成果"和"分配发展成果"的"谁为历史主题"之争消解在它的权利逻辑之中，但是应然意义上的分配正义本身无法自行消解这个问题的争论。尤其在严峻的现实困境前，它还没有从内在的价值主张外溢为一种可见的实践成果。可以说分配正义是发展伦理最为核心的价值主张，而发展伦理在共享发展成果问题的"出场"，也是我们目前能体认到的这个历史阶段分配正义得以伸张的理想模式。总之，当前中国的发展正处于关键历史节点，人们开始重视发展的多重维度，追问发展对"我"的意义，这需要我们直接而深刻地回答发展成果分配的共时性难题。发展伦理在共享发展成果问题上的出场，为解决一系列发展的共时性难题提供了一种理论视角和方法创新，尤其是将"共享权利"建构成内含多种成果的综合性权利，使"共享发展成果的权利"成为一种应对发展问题的一种可能性和建设性的回答，从而推动中国发展进入到关注共享发展成果权利的历史阶段。

中国现代社会道德认同状况研究[①]

——基于区域比较的分析视角

曲　蓉[②]

【摘　要】对我国现代社会道德认同状况研究需要考察在中国特色社会主义道德体系与其他道德理论之间的张力所构成的社会道德空间中,社会成员对道德重要性的理解、对道德框架的选择以及对中国特色社会主义道德体系的理解与评价。实证调查显示,当前我国社会道德认同状况总体良好,但认同危机在一定程度上确实存在。道德认同危机不等同于道德滑坡,很多危机的现实表现是社会主义道德建设中的过程性和发展性问题,其中孕育着新的道德因素。因此,既要采取积极措施解决道德认同危机,同时也不必对道德认同危机感到悲观。

【关键词】道德认同;道德框架;道德空间;中国特色社会主义道德体系

习近平总书记在多次讲话中都提到认同问题。在同北京师范大学师生代表座谈时,他强调要"加深对中国特色社会主义的思想认同、理论认同、情感认同"[③]。在民族团结和宗教团结问题上,他反复重申要加强对伟大祖国的认同、对中华民族的认同、对中华文化的认同、对中国共产党的认同及对中国特色社会主义的认同。认同的实质是思想、理论、情感及行为实践的认可与接受。认同不仅是"一种包含着鲜明价值判断与价值期待的心理趋向",还包括个体或群体如何处理与国家、民族、社会的关系以及"这些抽象名词背后更为现实与具体的政

① 基金项目:宁波市哲学社会科学学科带头人培育项目"社会主义核心价值观的道德认同研究"(G15-XK06)阶段性成果;2012 年度国家社科基金重大项目"中国特色社会主义道德体系研究"(12&ZD093)阶段性成果;第三批宁波市文化创新团队"软实力与宁波区域发展"成果。

② 曲蓉,宁波大学马克思主义学院副教授。

③ 习近平:"做党和人民满意的好老师——同北京师范大学师生代表座谈时的讲话",2014 年 9 月 9 日。

治、经济、道德、信仰、知识、情感、观念的关系"。① 道德认同是社会成员对中国特色社会主义道德体系、道德原则、道德规范要求在思想上的接受、理论上的认可、情感上的共鸣以及行为实践上的践履。道德认同属于意识形态领域，是对中国特色社会主义认同的重要组成部分，是"政治认同最为主要的构成要素和最为真实的表达与实践"②。道德认同的实质是社会成员对社会主义中国的认同。

然而，随着我国社会主义现代化进程的不断深化，道德认同问题逐渐突显，道德相对主义、道德主观主义、非道德化、价值感丧失等趋向严重。有学者甚至认为我国社会主义道德建设面临的困境归根结底是社会转型期不同程度的道德认同危机的结果。道德认同危机是现代社会行动场景多元化和道德权威多样性的道德空间中社会成员逐渐丧失了一个共同认可的道德框架而产生的。在当前社会历史背景下，一方面，中国特色社会主义道德体系是与我国社会主义制度和宏观社会治理模式紧密联系在一起的、社会主义社会的主导意识形态；另一方面，转型期伦理道德现象日益复杂，其发展呈现多元化趋势，善恶发生激烈碰撞。在中国特色社会主义道德体系与其他道德理论激烈争夺影响力和控制力所形成的道德空间中，道德认同危机在一定程度上确实存在，但是否果如学者所言我国社会陷入普遍的道德认同危机呢？本文将利用实证调查数据对当前我国道德认同现状进行分析说明。③

一、普遍性的道德认同

对当前我国道德认同状况考察的一个首要方面即是社会成员是否存在普遍性的道德认同？换句话说，社会成员是否具有一个大体一致的道德框架？如果存在的话，社会成员普遍认同的道德框架与中国特色社会主义道德体系是否一致？

就普遍性的道德认同而言，我们进一步将之细化为两个方面：社会成员对道

---

① 袁祖社：《"人是谁"？抑或"我们是谁"？——全球化与主体自我认同的逻辑》，《马克思主义与现实》2010年第2期，第83—84页。

② 郭建新：《论核心价值体系道德认同的依据和路径》，《马克思主义研究》2009年第11期，第66页。

③ 本文所使用的数据来自于课题组2014年1月至4月在北京、广东、四川、浙江等四省市开展的全国性问卷调查。本次调查采取随机抽样、入户访问的方法，共发放问卷1203份，回收1195份，有效问卷1177份，有效率为97.83%。其中，城市648份，农村529份；男性559份，女性618份。采用SPSS20.0进行统计分析。

德价值的认同度;社会成员认同的道德价值的一致性程度。有部分学者认为市场经济中拜金主义、享乐主义、个人主义价值观侵蚀了道德建设的基石,使道德丧失了其在社会成员中的影响力。受之影响,社会成员通过金钱、地位等外在性价值而非道德确立认同。在问卷中,我们设计了一个问题考察社会成员对道德重要性的认同状况:"现在中国社会需要道德吗?"从总体上看,我国绝大多数人都认同道德所具有的社会价值与社会意义,认为现代中国社会的维系和发展离不开道德。有97.9%的人认为中国社会在不同程度上需要道德,其中88.5%的人认为中国非常需要道德。但也必须承认,有相当比例的人(9.4%)认为道德并非最重要的社会规范,仅具有一定程度的社会重要性。还有为数极少的人(2.1%)认为道德不具有社会重要性。不同区域对道德重要性给予普遍性认同,但认同程度或者说对道德重要性的理解程度有明显差异。在"中国社会非常需要道德"的选项中,回答比例最高的四川省(94.0%)比最低的广东省(82.0%)高出12个百分点,而其他两地北京为92.4%、浙江为85.7%,数据差异也相当显著。值得一提的是,浙江有2.8%的人认为社会不需要道德,尽管数据比例不高但已远远超出了其他各省市(见表1)。

表1 现在中国社会需要道德吗?(%)

	现在中国社会需要道德吗?(%)						
	非常需要	有一定需要	有点需要	不是很需要	完全不需要	说不清	拒绝回答
北京	92.4	5.2	0.3	1.1	0	1.0	0
广东	82.0	12.7	3.0	2.0	0	0	0.3
四川	94.0	3.7	1.0	0.4	0.3	0.3	0.3
浙江	85.7	6.3	5.2	2.1	0.7	0	0
合计	88.5	7.0	2.4	1.3	0.3	0.3	0.2

在当今时代,道德认同面临的难题是多元道德和价值观框架并存且激烈争夺其对社会成员的控制力与影响力;与此同时,没有任何一种道德和价值观框架真正为社会成员普遍接受和选择。如同查尔斯·泰勒所言,缺乏统一的、与"性质差别""强势评估"相关联的道德框架,我们将"处在冲突甚至混乱之中"①。社会成员是否存在着大体一致的道德框架反映了该社会是否有相对统一的道德认

---

① 查尔斯·泰勒:《自我的根源:现代认同的形成》,韩震等译,译林出版社2001年版,第27—33页。

同,而后者又决定了社会成员是否有一个用以评判生活方式、行为方式之价值并表达生活意义的道德视界,从而避免陷入相对主义和非道德化的境地。我们设计了一个问题:"哪种道德观念最为身边大多数人相信?"问卷尽可能全面罗列当前社会生活中存在着的各种道德观价值观。这些道德观价值观大致可以分为五类:"为人民服务""集体主义"是社会主义特有的道德观,爱国主义是传统道德观的重要内容,同时也是社会主义道德规范体系的组成部分;"己所不欲,勿施于人"是儒家忠恕之道的重要内容,是优良传统道德观的代表;但传统道德观良莠不齐,诸如"明哲保身""相互利用的关系主义""相互照顾的人情主义"等消极传统道德观造成了公共观念的缺失、社会不公等问题;个人主义和利己主义是受西方价值观影响而产生的新道德观,其中自利利他的开明利己主义在一定程度上能促进市场经济的良性发展,而个人主义和极端利己主义等消极道德观则阻碍了社会的良性发展。

　　数据显示,当前我国社会成员确实受到社会主义道德观、传统道德观和西方道德观等不同性质、不同类型道德观的影响。有19.8%的人认为"为人民服务""集体主义"等社会主义道德观被普遍认可,还有11.5%的人认为"爱国主义"道德观被广泛接受,累计有30%左右的人认为社会主义道德观为身边人所相信。此外,有30%左右的人(29.7%)认为"己所不欲、勿施于人"优良传统道德最为身边人所相信,有30%左右的人认为消极传统道德最为身边人所相信。而认为个人主义、利己主义(包括极端利己主义和开明利己主义)道德观最为身边人所相信的比例累计占全部调查对象的6.2%左右,但可喜的是,其中有近半的人(3.1%)持有的是自利利他的开明利己主义。从数据上看,当前我国社会成员从总体上持有相对积极的道德观,尽管并非都持有社会主义道德观。但消极落后的道德观仍然保持了较大的社会认同度和影响力(见表2)。社会成员在道德空间中的方向感大体正确,但缺乏相对一致的道德框架。

　　各省市对社会主义道德观的认同状况差异相当显著,四川对社会主义道德观认同的比例高达43.1%,而广东省仅为16.0%,北京和浙江分别为35.1%、30.7%。相较之下,传统道德观对当前社会成员的影响最为深刻,但传统优良道德的积极影响与封建道德残余的消极影响持平。从区域来看,对传统道德"己所不欲,勿施于人"认同度最高的地区是浙江,有41.5%的浙江人认为身边大多数人普遍接受忠恕之道,而认同度最低的是北京(21.3%),比例仅达到浙江的一半左右,广东为30.3%、四川为25.9%。而对消极落后传统道德观的认同情况则相反:有36.6%的广东人认为身边的人普遍接受的是传统道德中的消极落后因素(其中"明哲保身"12.0%、"相互利用的关系主义"5.3%、"相互照顾的人情主义"19.3%),北京、浙江、四川依次为32.0%、24.0%、23.6%。四川对传统道德(包括积极方面和消极方面)的总体认同度最低,而广东对传统道德的总体认同度最高;两省对传统道德观积极因素与消极因素的认同度几乎持平,换句话说,优良传统道德观对两省保持积极影响的同时,封建落后道德观也保持了几乎同等程度的消极影响。浙江在对传统道德"取其精华、去其糟粕"方面表现突出,而北京的情况则不尽乐观,传统道德的消极影响远远超出了其积极影响(见表2)。

表 2　哪种道德观念最为身边大多数人相信?(%)

	哪种道德观念最为身边大多数人相信?(%)											
	己所不欲,勿施于人	为人民服务	集体主义	爱国主义	个人主义	明哲保身	相互利用的关系主义	相互照顾的人情主义	极端利己主义	自利利他的开明利己主义	其他	说不清
北京	21.3	19.6	4.8	10.7	2.7	10.0	8.6	13.4	0	4.5	0.3	4.1
广东	30.3	4.5	4.0	7.7	4.3	12.0	5.3	19.3	1.0	4.0	4.3	3.3
四川	25.9	19.9	5.7	17.5	2.4	5.7	7.1	10.8	0	2.4	0	2.6
浙江	41.5	13.4	8.1	9.2	1.8	9.2	3.5	11.3	0.4	1.2	0	0.4
合计	29.7	14.2	5.6	11.5	2.8	9.2	6.1	13.7	0.3	3.1	1.2	2.6

异质性、多样性是当代道德领域的最突出特征。诚如麦金太尔所言,"当代道德言词最突出的特征是如此多地用来表述分歧,而表达分歧的争论的最显著特征是其无终止性"[1]。传统道德观念在社会成员的思想意识中根深蒂固,个人主义、利己主义等工具理性道德观的影响日益增强,二者与中国特色社会主义道德体系长期激烈争夺意识形态领域的主导地位。但与此同时,传统道德观与工具理性道德观也是中国特色社会主义道德体系的重要理论来源,在坚持马克思主义基本立场、观点、方法的基础上,前两者的"优良基因得以传承和发扬光大"[2]。尽管调查数据确实表明我国社会成员缺乏相对一致的道德框架,但绝大

---

① 麦金太尔:《德性之后》,龚群、戴扬毅等译,中国社会科学出版社1995年版,第9页。
② 焦国成:《论中国特色社会主义道德体系研究》,《江西师范大学学报(哲学社会科学版)》2015年第1期,第5页。

多数社会成员对道德重要性认同为普遍性道德认同奠定了坚实的基础,而超过3/5的社会成员对积极道德观的认同也表明了当前我国社会存在着一定范围和一定程度的普遍性道德认同。当然,普遍性道德认同的缺失和区域差距主要源于传统道德观、工具理性道德观与中国特色社会主义道德体系"相互交织却没有衔接融合,更多的却是矛盾,而这种矛盾恰恰造就了道德认同难以实现其统一性"①。因此,有必要进一步深入研究当前我国社会成员对中国特色社会主义道德体系本身的认同状况。

二、对中国特色社会主义道德体系的认同

在当今时代,中国特色社会主义道德体系在实践中不断发展、完善,坚持以马克思主义为指导,与社会主义市场经济发展相适应,与社会主义法律体系相承接,直接继承中国革命道德传统,批判继承中华民族优良传统道德,同时吸收借鉴西方乃至整个人类文明中的优良道德。概言之,中国特色社会主义道德体系是由"一个核心、一个原则、五个基本要求、三大社会道德领域的十五个道德规范和一个总的目的"②、公民基本道德规范以及若干重要的道德范畴所构成。本文将进一步考察社会成员是否对中国特色社会主义道德体系具有大体一致的认同。

(一)中国特色社会主义道德体系的性质

道德规范是道德价值属性的具体体现,哪些道德规范被社会成员纳入至社会主义道德规范体系意味着社会成员将哪些规范认可为具有社会主义道德性质的规范,也进一步反映了他们对社会主义道德体系性质的理解和认同状况。为此,我们设计了一个问题:"哪些内容属于社会主义道德规范?"

"为人民服务"是社会主义道德体系的核心和本质体现,是"社会主义道德建设的先进性要求和广泛性要求的统一"③。"大公无私"、一心为公是为人民服务;"顾全大局"、先公后私是为人民服务;"遵纪守法"、诚实劳动同样也是为人民

---

① 黄瑜:《"道德认同"的现代困境及其应对》,《河海大学学报(哲学社会科学版)》2014年第3期,第36页。

② 罗国杰:《论社会主义道德建设的体系结构及其之间的相互关系》,《道德与文明》1998年第3期,第2页。

③ 罗国杰:《建设社会主义道德体系的几个问题》,《思想理论教育导刊》2010年第6期,第44页。

服务。当前我国社会成员对"为人民服务"认同水平不高,仅为 5.9%。而对"为人民服务"三个不同层次要求的认同水平呈递减趋势:作为最低层次要求的"遵纪守法"是社会成员最为认同的道德规范要求之一,有 13.3%的人赞成,仅次于"爱祖国";作为较高层次要求的"顾全大局"仅获得 2.7%的人支持;而作为最高层次要求的"大公无私"更是仅得到 1.5%的人认同。以"爱祖国、爱人民、爱劳动、爱科学、爱社会主义"为内容的国民公德要求在宪法的层面上得以确认。从数据上看,在"五爱"中,"爱祖国"(19.1%)、"爱人民"(12.3%)、"爱社会主义"(9.6%)的规范要求是最为普遍接受和认可为社会主义道德规范的重要内容,比例位居该题选项的前四位;而"爱劳动"(3.3%)、"爱科学"(2.1%)两规范只被很少一部分人看做是社会主义道德规范体系的重要内容。作为社会主义道德基本要求的"五爱"累计共得到近半人数(46.4%)的接受和认同。相对而言,其他规范如团结互助(5.9%)、爱岗敬业(5.7%)、勤俭持家(5.2%)、爱护环境(4.7%)均得到一定程度的认同;而如爱护公物(2.7%)、公正(2.6%)、平等(2.5%)等规范则只有很少一部分人将其认同为社会主义道德规范的重要内容(见表3)。

就何种规范属于社会主义道德体系的内容,各省市之间的差异不是很显著。关于"为人民服务"及其三个不同层次要求是否属于社会主义道德规范体系,总体数据的区域差异很小,最高仅有约 2 个百分点的差距。但单项数据差异相对明显:浙江人最为认同"为人民服务"(6.4%)和"遵纪守法"(14.3%),而对"大公无私"(1.0%)的认同水平最低;北京人最为认同"为人民服务"(5.1%)、"遵纪守法"(12.3%),而对顾全大局(3.1%)和大公无私(2.1%)的认同水平最低;广东人对"顾全大局"(2.4%)的认同度最低。就"五爱"总体上是否属于社会主义道德规范,区域差异比较明显,广东以累计 50.5%的比例位居第一,浙江以 44.1%的比例位居最末,四川为 46.3%、北京为 44.9%。就"爱社会主义"是否属于社会主义道德体系,浙江省的数据明显低于其他三省市,仅为 7.6%,而最高的四川省为 10.8%,中间差了 3.2 个百分点。在"五爱"中,浙江人更赞成爱祖国(20.4%)做为社会主义道德规范的内容,略高于其他省市。此外,从全国数据来看,关于"勤俭持家""爱岗敬业"是否属于社会主义道德规范在全部选项中所占位置居中,但浙江省的数据(勤俭持家占 7.9%,爱岗敬业 9.5%)明显高于其他省市,甚至比最低的省份高出一倍还多(见表3)。

表3 哪些内容属于社会主义道德规范？（此题为多选题，可选三项。以下数据为平均值）（%）

	爱社会主义	爱祖国	爱人民	爱科学	爱劳动	遵纪守法	勤俭持家	爱岗敬业	团结互助	爱护公物	顾全大局	爱护环境	为人民服务	大公无私	公正	平等	其他（包括拒绝回答、不知道）
北京	9.8	18.4	11.4	2.4	2.9	12.3	5.8	5.4	6.8	2.5	3.1	4.9	5.1	2.1	3.3	3.2	0.6
广东	10.3	19.3	14.8	2.2	3.9		3.2	4.3	5.8	2.3	2.4	4.0	5.8	1.3	2.7	2.9	2.4
四川	10.8	18.5	11.6	2.5	2.9	14.0	4.0	3.9	5.6	4.2	2.5	6.5	6.1	1.4	2.7	2.1	0.7
浙江	7.6	20.4	11.4	1.3	3.4	14.3	7.9	9.5	5.5	1.7	2.6	3.1	6.4	1.0	1.8	1.9	0.2
合计	9.6	19.1	12.2	2.1	3.0	13.3	5.2	5.2	5.7	2.3	2.7	4.7	5.9	1.4	2.7	2.5	0.9

　　事实上，上述问题中的所有选项皆是中国特色社会主义道德体系的构成内容，它们之间的差别是先进性道德要求与广泛性道德要求的不同，总体性道德要求与不同生活领域道德要求的不同，稳定性与发展性的道德要求的不同。调查数据的结果显示，与对先进性道德要求的认同相比，广泛性道德要求显然得到了更多社会成员的认同。作为社会主义道德基本要求的"五爱"比"为人民服务"的认同水平要高；而"为人民服务"三个不同层次要求中，道德认同水平与道德要求层次呈反比。先进性道德要求"反映着社会道德要求的最高境界"①，在改革开放之前很长一段时期内，占据了我国道德建设的主导地位。而广泛性道德要求则反映着社会成员切实的道德需求，在当前社会的道德认同中占据重要地位。先进性道德要求与广泛性道德要求是相互联系、相互渗透的统一体，前者提供价值引导，后者确立实现路径。社会成员对二者道德认同状况的差异，要求今后的"道德建设既回归生活又引导生活"②。此外，相较于特殊领域的道德要求，我国社会成员更倾向将总体性道德要求认同为社会主义道德规范的内容；相较于发展性的道德要求，社会成员更广泛认同稳定性的道德要求。就上述三个方面的道德认同，区域之间也存在着差异与不同。

---

　　① 罗国杰：《论社会主义道德建设的体系结构及其之间的相互关系》，《道德与文明》1998年第3期，第7页。
　　② 焦国成：《论中国特色社会主义道德体系研究》，《江西师范大学学报（哲学社会科学版）》2015年第1期，第6页。

(二)对中国特色社会主义道德体系的评价

"道德体系的结构绝不是'板块'的拼接,而是一个有机的整体;不仅是一个有机的整体,而且是一个动态的建构。"①中国特色社会主义道德体系是"一个特殊的、相对完整、稳定的"②且"开放的、不断发展的"③系统。中国特色社会主义道德体系的发展性是与中国特色社会主义建设的发展进程相一致的,是其优越性的具体表现;但发展性也可能会妨碍社会成员对其的道德认同。在问卷中,我们设计了一个题目"中国社会主义道德体系还需要加强哪些内容?"这道题通过考察社会成员对社会主义道德体系的期望内容,借以反映他们对动态发展的中国特色社会主义道德体系的评价性看法和态度。

数据显示,"法治建设"(35.7%)、"公正制度"(25.4%)、"平等原则"(10.9%)以及"和谐观念"(9.7%)获得了社会成员的认同且将之看作是社会主义道德体系需要加强的内容,其中,超过三分之一的被调查对象认为社会主义道德体系应该将法治建设做为其重要内容(见表4)。法治建设与道德建设不仅同属于社会主义精神文明建设的重要组成部分,而且与社会主义法治建设相承接也是中国特色社会主义道德建设的重要要求。党的十八大报告更进一步明确提出了包括自由、平等、公正、法治在内的社会主义核心价值观,将平等原则、公正制度和法治建设看作是社会主义道德建设的重要方面。但比较表3和表4的数据将发现,当前我国社会成员对社会主义道德体系的道德认同仍停留在固有观念上,将"五爱"看作是社会主义道德的基本内容,仅有极少数人将公正、平等看作是社会主义道德的重要内容。然而,大多数人又希望将公正、平等、法治及和谐观念纳入至社会主义道德体系之中。中国特色社会主义道德体系并非僵死的教条,而是不断发展完善的,并吸纳新的道德价值内容。这些新的道德价值实际上也为社会成员普遍接受和认可。但问题在于很多社会成员并没有将这些新的道德价值认同为社会主义道德体系的重要组成部分。

从区域来看,四川和北京两省市更关注法治建设,分别有 44.5% 和 43.0% 的被调查对象认为应将法治建设纳入至社会主义道德体系之中,而广东和浙江仅分别有 28.4% 和 26.9% 的比例,数据差异显著。浙江人更认同公正制度、平

---

① 陈延斌:《建构中国特色社会主义道德体系的探索与思考》,《东南大学学报(哲学社会科学版)》2006 年第 1 期,第 16 页。

② 罗国杰:《伦理学》,人民出版社 1989 年版,第 214 页。

③ 焦国成:《论中国特色社会主义道德体系研究》,《江西师范大学学报(哲学社会科学版)》2015 年第 1 期,第 5 页。

等原则、社会发展和竞争规则等价值观念,分别有 31.1%、12.6%、7.7%、7.3% 的比例,明显高于其他三省市的数据;而他们对法治建设(26.9%)、和谐观念 (8.0%)、审慎决策(0.7%)以及与环境友好(1.0%)方面的认同则居四省市之 末。相对而言,北京居民最不认同竞争规则,最为认同是与环境友好(4.1%)。 这可能与近年来北京雾霾污染以及市民环保意识显著提升有关;广东省选择社 会发展(3.7%)和平等原则(9.7%)的比例最低。广东与浙江同是 GDP 位居前 列的经济大省,而就社会发展是否为社会主义道德体系须加强的内容,浙江居首 而广东居末。这两组数据差距的根源有待深入分析(见表 4)。

表 4 中国社会主义道德体系还需要加强哪些内容?(%)

	中国社会主义道德体系还需要加强哪些内容?(%)									
	法治建设	竞争规则	公正制度	和谐观念	社会发展	平等原则	审慎决策	与环境友好	其他	说不清
北京	43.0	2.1	24.1	8.2	4.8	10.3	1.4	4.1	1.0	1.0
广东	28.4	5.0	26.4	11.0	3.7	9.7	2.0	1.7	5.7	6.4
四川	44.5	3.0	20.4	11.4	4.7	11.0		2.0	0.0	2.0
浙江	26.9	7.3	31.1	8.0	7.7	12.6	0.7	1.0	2.1	2.6
合计	35.7	4.3	25.4	9.7	5.2	10.9	1.3	2.2	2.2	3.1

三、当前我国道德认同的基本概况

当前我国道德认同状况总体而言比较乐观。尽管受市场经济带来的负面价 值观影响,我国绝大多数人仍然通过道德而非其他价值观确立认同,普遍认可道 德所具有的社会价值。在由多元道德观和价值观复杂交错所构成的道德空间 中,社会成员总体上对积极道德观(尽管并非都是社会主义性质的道德观)的认 同要高于对消极道德观的认同,并以此确立自身在社会道德空间中的方向感。 社会成员对中国特色社会主义道德体系性质的理解和评价与党和国家的主导道 德观价值观基本一致。有近半数人将"五爱"视为社会主义道德体系的重要内 容,也有相当比例的人将遵纪守法、为人民服务、团结互助、爱岗敬业、勤俭持家 看作是社会主义道德体系的重要内容。此外,绝大多数人期望将法治、公正、平 等、和谐等价值观纳入至社会主义道德体系之中,而十八大报告已明确地将这四方面列入社会主义核心价值观的重要内容。简言之,当前我国实现了足以保持社会良性发展的道德认同,同时中国特色社会道德体系构成了社会成员道德认同的重要内容。这充分反映了社会成员对中国特色社会主义与社会主义中国的认同感与归属感。

必须承认,当前我国确实也存在着一定程度的道德认同危机,具体体现为四大方面。(1)社会成员对社会主义道德观、传统道德观以及西方道德观等多元框架选择上缺乏相对一致的普遍性认同。具体来说,对传统道德观的认同比例要高于对社会主义道德观的认同比例,而对传统优良道德观的认同比例与对传统消极落后道德观的认同比例基本持平。(2)社会成员对广泛性道德要求的认同远远超过了对先进性道德要求的认同。(3)社会成员对社会主义道德体系认同的实然与应然之间存在认知谬误。有相当一部分人仍然认为法治、公正、平等、和谐等价值观并非但却应该成为社会主义道德体系的重要内容。这也侧面反映了社会成员对中国特色社会主义道德体系存在着一定程度的错误认同。(4)不同省市之间道德建设与道德认同存在着发展性的差距和区域性的差别。

其一,在道德框架选择上,四川对社会主义道德观认同的比例最高,沿海开放省份广东和浙江对社会主义道德观的认同比例较低。广东对传统道德的总体认同比例最高,浙江在对传统道德"取其精华、去其糟粕"方面表现突出,而首都北京似乎受传统消极道德观的影响最为深远。其二,不同区域对"五爱"归属社会主义道德体系的认同差异显著。广东人更赞成将"爱人民"做为社会主义道德规范的重要内容;四川省更支持"爱社会主义";浙江人最不认同"爱社会主义",而主张将"爱祖国"做为社会主义道德规范的重要内容。其三,不同区域对社会主义道德体系的期望差异显著。四川人和北京人更关注法治建设;浙江人更认同公正制度、平等原则、社会发展和竞争规则等价值观念;广东人似乎对社会主义道德的未来发展最为不确定,有相当一部分人说不清楚自己对社会主义道德体系的期望。

这些道德认同危机的表现可能会造成我国社会一定程度上的矛盾与分歧长期存在,甚至可能导致社会成员对社会主义道德建设产生怀疑。也应看到,很多道德认同危机的现实表现归根结底是社会主义道德建设中的过程性和发展性问题,具体包括:如何在坚持马克思主义基本立场、观点和方法基础上与中华传统道德相承接、并吸收人类优秀道德文化成果;如何坚守道德理想主义,又将社会主义道德建设落在实处;如何在保持相对稳定性的基础上,"坚持与时俱进的原则,……提炼、概括、建构、完善与社会主义市场经济相适应的道德体系"①;如何在坚持一个中心、一个原则的前提下,协调中国特色社会主义道德体系内部结构及其相互关系;如何在物质与精神双富有的前提下,尊重区域道德建设的多样性和差异性。这些问题不仅是理论研究持续关注的焦点问题,而且自身蕴含着并孕育着许多新的道德因素。因此,既要采取积极措施解决道德认同危机,但同时没有必要为此感到悲观,或者将之等同于道德滑坡。

参考文献

[1] 罗国杰. 伦理学[M]. 北京:人民出版社,1989.

[2] 焦国成. 传统伦理及其现代价值[M]. 北京:教育科学出版社,2000.

[3] 查尔斯·泰勒. 自我的根源:现代认同的形成[M]. 韩震,等,译. 南京:译林出版社,2001.

[4] 安东尼·吉登斯. 现代性与自我认同:现代晚期的自我与社会[M]. 赵旭东,方文,译. 北京:生活·读书·新知三联书店,1998.

[5] 曾晓强. 国外道德认同研究进展[J]. 心理研究,2011(4).

[6] 焦国成. 论中国特色社会主义道德体系研究[J]. 江西师范大学学报(哲学社会科学版)2015(1).

[7] 刘仁贵. 道德认同概念辨析[J]. 伦理学研究,2014(6).

[8] 管爱华. 社会转型期的道德价值冲突及其认同危机[J]. 河海大学学报(哲学社会科学版),2014(9).

---

① 陈延斌:《论中国特色社会主义道德体系的建构》,《江海学刊》2004年第6期,第51页。

高校大学生廉洁文化教育现状及其路径选择

裘敏晨[①]　周绍志[②]

【摘　要】廉洁是社会永恒的价值追求。加强高校大学生廉洁文化教育意义深远，是提升高校人才培养水平的必然要求，是促进校园文化建设的内在需要，是弘扬社会清风正气的重要力量。大学生廉洁文化教育具有引领性、辐射性、多层次性等特征。但是，目前高校廉洁教育仍然存在着认识不足、形式单一和机制不完善等问题，需切实发挥课堂教育、校园文化、社会实践在廉洁文化教育中的主渠道、主阵地、主环节作用。

【关键词】大学生；廉洁文化教育；现状；路径

天下为公、为政以德、德教为先、修身为本，体现了我国传统伦理道德中的廉洁文化，其核心要义是"公忠"。"背私谓之公。"[③]"公者，通也。公正无私之意也。"[④]而"忠也者，一其心之谓也"[⑤]，忠就是"尽己"，即对公共利益的忠诚，强调竭尽所能的献身精神。但在当今中国，腐败主要以"亚政治文化"的形式滋生与蔓延，以个人主义为核心，以特权思想为载体，以享乐主义为表现，与公认的价值原则、道德规范相对立。高校担负着培养和造就社会主义事业合格建设者和可靠接班人的重任，大学生是未来高层次人才和党政干部队伍的后备力量。因此，高校廉洁文化建设迫在眉睫、意义深远，高校廉洁文化教育是提升人才培养水平的必然要求，是加强文化校园建设的内在需求，是弘扬社会清风正气的重要力量。

---

① 裘敏晨，浙江工商大学公共管理学院助教。
② 周绍志，浙江工商大学公共管理学院副教授。
③ 韩非：《韩非子·五蠹》，盛广智译评，吉林文史出版社2004年版，第248页。
④ 班固：《白虎通·爵》，中华书局1985年版，第3页。
⑤ 马融：《忠经·天地神明章》郑玄注，中华书局1985年版，第1页。

一、高校大学生廉洁文化教育概述

廉洁,是社会永恒的价值追求。"不受曰廉,不污曰洁。"①"朕幼清以廉洁兮,身服义而未沬。"②按照通俗的理解,廉洁指不贪得妄取,不接受不正当的财产。文化作为一种精神追求和行为准则,决定了其必然作为一种普遍存在于社会中的,人们共同遵守的行为、规范及其实践要求。因此,廉洁文化,是以文化的形式表现出来的对于廉洁的规范、信仰,以及与之相统一的生活方式和社会评价,是廉洁意识、廉洁行为在文化上的反映。

高校大学生廉洁文化教育的实质是实现大学生对于"廉洁"的价值认同,所谓价值认同,是"个体或群体在感情上、心理上的趋同的过程"③。进而通过个体层面的认同,使得反腐倡廉成为社会群体的共同意识,正如涂尔干认为:"社会成员平均具有的信仰和情感的总和,构成了他们自身明确的生活体系,我们可以称之为集体意识或共同意识。"④正是通过"廉洁"价值的正面引导,影响大学生的价值准则、伦理道德、行为规范、思维模式,促使大学生始终做到诚实守信、正直自律、自觉抵制腐朽思想的侵袭。教育部《关于在大中小学全面开展廉洁教育的意见》中明确要求:"引导大学生树立报效祖国、服务人民的观念,不断提高大学生的道德自律意识,增强拒腐防变的良好心理品质,逐步形成廉洁自律、爱岗敬业的职业观念。"⑤

高校大学生廉洁文化教育具有引领性。《国家中长期教育改革和发展规划纲要(2010—2020)年》强调,要"积极推进文化传播,弘扬传统文化,发展先进文化"⑥。与此同时,由于大学生的身心发展特点,他们一方面对新事物敏感、接纳、包容;另一方面认知和心理上存在着明显的矛盾,在思想中激进与先进、批判与反叛并存。伴随着社会变迁加剧,大学生的价值观由群体本位向个体本位偏移,由理想主义向现实主义转变,由单一型向多元化发展。因此,高校廉洁教育目标的实质是为了使大学生获得持续发展的能力,通过精神理念、价值取向、道

---

① 王逸:《楚辞章句》,转引自程继隆:《廉政语录 100 句》,上海辞书出版社 2014 年版,第 130 页。
② 屈原、宋玉等:《楚辞·招魂》,吴广平注译,岳麓书社 2001 年版,第 274 页。
③ 车文博:《弗洛伊德主义原理选辑》,辽宁人民出版社 1998 年版,第 375 页。
④ 埃米尔·涂尔干:《社会分工论》,生活·读书·新知三联书店 2000 年版,第 275 页。
⑤ 教育部:《关于在大中小学全面开展廉洁教育的意见》,教思政[2007]4 号。
⑥ 教育部:《国家中长期教育改革和发展规划纲要(2010—2020)年》,《中国教育报》,2020 年第 2 期。

德准则等廉洁文化教育,引领大学生牢固树立积极向上的人生观、世界观和价值观,主动筑牢精神屏障,站在人格高地,保持清风正气。

高校大学生廉洁文化教育具有辐射性。现代高校以其资源及技术优势在先进文化传播中的作用是空前的。正如前哈佛校长德里克·博克所说:"无论是在城市还是乡镇,大学的文化、反世俗成规的生活方式和朝气蓬勃的精神面貌,常常成为刺激周边社区的载体,同时也是他们赖以骄傲的源泉。"①高校廉洁文化具有教化和熏陶功能,它影响着大学生的精神和灵魂,使学生在潜移默化中树立正确的世界观、人生观、价值观,伴随着成千上万的大学生源源不断地走向社会,在用知识和技术服务社会的同时,也把内化于心的廉洁精神和价值观念扩散和渗透到社会,促进社会主义廉洁文化的建设和发展。

高校大学生廉洁文化教育具有多层次性。高校廉洁文化建设的主体是高校教师、行政人员和大学生。这种建设主体的多层次性,决定了大学生廉洁文化教育不是孤立的,而是普遍联系、相互影响的系统性整体,应结合不同层次人群的特点和道德冲突问题,开展各具特色、各有所需的廉洁文化建设,以取得廉洁文化教育的实效。对于教师,通过加强廉洁从教文化建设,使其学为人师、行为世范;对于行政管理者,通过加强廉洁从政文化建设,使其勤政廉政、秉公用权;对于学生,通过加强廉洁修身文化建设,使其诚实守信、正直自律、廉洁操守,为今后"廉洁从业"打下思想基础。

二、大学生廉洁文化教育的现状

(一)重视不够,大学生廉洁文化教育陷入困境

目前,在部分高校中存在着这样一种倾向,廉洁教育宣传频繁,活动组织不少,但是效果甚微,呈现出形式化、任务化、口号化倾向。产生这种状况的主要原因在于高校大学生对于开展大学生廉洁教育的重视不够,对廉洁文化教育活动缺乏深入的思考和严格的落实。

(1)高校对廉洁教育的重视不够。高校担负着培养和造就社会主义事业合格建设者和可靠接班人的重任,大学生是未来高层次人才和党政干部队伍的后备力量。高校的人才培养质量对于全面实施科教兴国和人才强国战略,确保全

---

① 德里克·博克:《走出象牙塔——现代大学的社会责任》,浙江教育出版社 2004 年版,第 246 页。

面实现现代化的宏伟目标,具有深远的战略意义。与此同时,大学阶段是养成青年学生良好行为操守的重要时期,更是世界观、人生观、价值观形成的关键时期。因而,高校在人才培养中,必须通过有效的思想引领,将大学生的思想和行为引导到符合社会发展要求的方向上来。大学生廉洁文化教育,是思想政治教育中的重要组成部分,其目的在于培养大学生廉洁的道德品质、严谨的求学态度、求实的工作作风、诚信的处事方式、坚韧的意志品质,进而提前接种"反腐疫苗"。

(2)大学生对于廉洁教育认识不足。由于缺乏行之有效的引导和教育,大学生群体对廉洁教育的认识正出现由习惯性忽视向激进性反馈方向发展,这对大学生廉洁文化建设的开展产生消极影响。大学生的世界观、价值观体系尚未完全建立起来,在思想中激进与先进、批判与反叛并存,容易形成认识偏差和过激判断。从外部环境看,当前许多影视作品、报刊杂志对腐败现象的夸张不实渲染,不仅使得大学生们对发生在身边的不正之风、不良现象见怪不怪,出现"行为脱敏"现象,更有甚者会对大学生产生误导,引诱他们去模仿和学习一些腐败行为。由于社会上的功利主义思想渗透,使得部分学生为达目的不择手段、弄虚作假,学生团体贿选、奢侈浪费、送礼请客等现象屡见不鲜,大学生廉洁文化教育迫在眉睫、意义深远。

(二)形式单一,大学生廉洁文化教育难以破局

由于认识不足、重视不够,高校廉洁文化教育存在形式方法单一低效,甚至存在灌输式、口号式的现象。德育目标不仅是传授正确的道德规范要求,培养大学生持续发展的能力,而且更加注重强调实践性、创造性过程,树立廉洁文化教育的社会经验和整体生活概念。

(1)单一性传导,关注需求少。当代大学生社会参与方式的特点由集体性、有组织性向个性化、多元化转变。这些现实变化,要求高校教师必须积极转换视角,将重心转到促进人的全面发展上来,真正实现以人为本、因材施教。教育是一个双向的过程,教育者针对教育对象的特点,关注大学生在廉洁文化教育上的真正需求,才能促进学生的自主性,实现双向互动的积极局面,而单向的灌输方式使得大学生事实上被排除在廉洁教育的真正范围之外,也就难以实现预期效果。

(2)理论性讲解,结合实际少。理论结合实践是高校廉洁教育的旨归,缺乏实践的支撑,任何理论都会陷入到教条主义的困境。廉洁教育的内容主要集中在对政策、理论、法律法规等方面,虽会加入现实案例等资料,但并没有将廉洁教育与大学生的日常生活相结合。尽管狭义上廉洁主要是针对党政干部、公职人

员而言,但是作为一个具有普遍意义的核心价值,它其实无处不在。只有贴近大学生息息相关的日常生活实际,才会使他们感同身受,从而以小见大、润物细无声。

(三)制度不健全,大学生廉洁教育亟待重塑

按照诺斯的观点,制度通过影响人们对各种行动方案的成本和收益的计算而最终影响个人选择,它为个人行为提供了激励机制、机会结构和约束机制。廉洁制度建设是保证大学生廉洁修身的基础,当前大学生廉洁文化教育由于缺乏制度规范和合理的体制机制激励,导致在推动力、规范化、科学性等方面不足。

(1)统一规范的廉洁教育标准不健全。目前,全国各高校虽不同程度地在大学生中开展了廉洁文化教育工作,但由于缺乏统一的标准,各高校在落实程度上存在差异。高校普遍采取的方式以阶段性教育活动为主,教育时效性不强、影响力不深。针对这种现状,建立统一规范的廉洁教育标准迫在眉睫,按照教育部对大学生廉洁教育的整体要求,结合大学生特点和实际需求,从教育目标、教育途径、考核办法、行动指南等方面加快制定。

(2)科学合理的廉洁教育评估体系不健全。目前,对于大学生的廉洁文化教育尚未形成有效的监督制度,对大学生廉洁教育效果的评估还没有操作性强的具体量化标准,这就使得高校既无法动态地把握教育的实际效果,也无法有效地评估教育方式的优劣,更无法有针对性地调整教育路径和策略,使得廉洁文化教育在一种模糊的状态下推进。既浪费了部分教育资源,也影响了廉洁教育目标的实现。

三、大学生廉洁文化教育的实现路径

中央颁发的《建立健全教育、制度、监督并重的惩治和预防腐败体系实施纲要》明确要求,教育行政部门、学校和共青团组织要把廉洁教育作为学生思想道德教育的重要内容,培养青少年正确的价值观和高尚的道德情操。因此,高校要紧紧围绕人才培养的中心工作,与校风、学风建设整体推进,结合大学生特点,积极合理实践廉洁文化教育。

(一)发挥课堂教学在大学生廉洁教育中的主渠道作用

高校的根本任务是培养和造就人才,大学生廉洁教育同样要以立德树人为终极目标。中央纪委、中央宣传部等六部门联合下发的《关于加强廉政文化建设

的意见》中指出:"充分发挥课堂教学的主渠道作用,在中小学思想品德类课程和高校思想政治课程标准明确廉洁教育内容,扎实推进廉洁教育进教材、进课堂、进学生头脑。"①

(1)以思想政治理论课为途径,树立大学生廉洁自律意识。"思想政治理论课是大学生的必修课,是帮助大学生树立正确世界观、人生观、价值观的重要途径,体现了社会主义大学的本质要求。"②通过系统的廉洁文化教育,以"两课"和形势政策课教育为主渠道,加强党风党纪、法制、诚信和等廉洁文化基本内容的引导,培养学生形成廉洁自律的习惯和诚实守信、正直为公的品质,加强大学生廉洁意识、法制意识和诚信意识,树立正确的价值取向和人生理念。

(2)以党课和选修课为抓手,加强廉洁文化知识的学习。通过丰富党课培训内容、开设廉洁文化相关选修课、结合大学生党支部"三会一课"的组织生活,对学生党员骨干进行针对性学习。如在党课教材的"党的纪律"以及"党的知识"部分中增加廉洁教育内容,利用日常性思想教育,开展班团学习会。积极学习落实廉洁相关的文件和会议精神,促进大学生较系统学习廉洁教育的知识,增强大学生廉洁自律意识,提升廉洁教育实效。

(3)以高校专业课为载体,挖掘廉洁文化教育资源。大学生廉洁文化教育应充分挖掘专业课的廉洁教育资源,将廉洁文化教育和专业知识及能力培养结合起来,做到显性教育与隐性教育相结合。将大学生廉洁文化教育始终贯穿于专业知识教育之中,促使大学生在潜移默化之中不断感知、学习、培养廉洁品质,实现大学生廉洁教育的知行合一。

(二)发挥校园文化在大学生廉洁教育中的主阵地作用

"人创造环境,同样环境也创造人"③,积极正面的校园文化具有不可替代的激励影响和育人作用,有助于提升大学生的道德精神境界。因此,高校应与时俱进创新教育载体,加强阵地建设,营造浓厚的廉洁文化育人氛围。

(1)充分发挥互联网传媒的教育作用。随着互联网的迅速发展,网络因其自由性、开放性、及时性、便捷性等特征,已成为校园文化传播的重要载体。高校应发挥互联网新媒体在廉洁文化教育中的积极作用,建设内容丰富、生动活泼、符

---

① 中央纪委、中央宣传部、监察部、文化部、广电总局、新闻出版总署:《关于加强廉政文化建设的意见》,中国共产党新闻网,2010 年 3 月 16 日。

② 中共中央、国务院:《关于进一步加强和改进大学生思想政治教育的意见》,《光明日报》,2014 年10 月 15 日。

③ 《马克思恩格斯全集》第三卷,人民出版社 1960 年版,第 43 页。

合大学生需求、互动性强的廉洁文化新媒体平台,组织开展贴近大学生生活的网络廉洁文化教育活动,进而动态把握大学生网络舆情,在大学生廉洁文化教育中,全面主动占据网络阵地。

(2)充分发挥传统宣传阵地的教育作用。校园宣传橱窗、广播电视、校报校刊、宣传横幅等主要舆论宣传载体在推广和宣传廉洁文化中也起着不可或缺的作用。要整合和利用舆论宣传阵地资源,发挥高校廉洁教育资源优势。在校报、广播台、电视台、宣传栏开辟廉政教育专栏,建设廉政、廉洁长廊等,普及廉洁知识、传播廉洁文化、培育廉洁理念,积极营造高校崇廉尚廉的文化风尚。

(3)充分发挥校园文化活动的教育作用。举办高校廉洁文化教育活动,应针对新形势下的新情况、新问题,遵循大学生思想道德形成和发展的客观规律,适应大学生的年龄层次、心理特点、知识水平和接受能力,科学开展廉洁文化主题教育活动。将先进性和大众性、思想性和趣味性结合起来,增强针对性、实效性、吸引力和感染力,切实提高廉洁教育的实际效果和时代意义。

(三)发挥实践在大学生廉洁教育中的主环节作用

"人的思维是否具有客观的真理性,这不是一个理论的问题,而是一个实践的问题。人应该在实践中证明自己思维的真理性。"[1]因此,高校必须发挥实践在大学生廉洁教育中的主环节作用,依托高校党、团组织的政治优势和组织优势,根据大学生的年龄层次、心理特点、知识水平和接受能力,科学安排廉洁教育的内容,寓廉洁教育于丰富多彩的实践活动之中,帮助大学生提高辨别是非的能力,增强廉洁修身教育的针对性和实效性。

(1)结合正反面现实事例,加强廉洁先进榜样教育。社会学习理论的代表人物班图拉认为,"人可从环境中直接学习,榜样示范是道德教育的主要手段。"[2]从阶段特征看,大学阶段正处于知与不知、积极因素与消极因素并存和交错发展时期,辨别是非的能力相对较弱,世界观、人生观、价值观尚未完全成型。因此,大学生廉洁教育应符合大学生的思想实际和心理特点,以正面引导、反面警示为主,结合现实事例,加强大学生廉洁自律意识。此外,高校应加强教师"学为人师,行为世范"的职业道德建设,为学生提供廉洁自律先进示范,进而增强大学生廉洁教育的感染力和渗透力。

(2)抓住不同学习阶段,加强廉洁全程分层教育。教育部《关于在大中小学

---

① 《马克思恩格斯选集》第二卷,人民出版社 1995 年版,第 16 页。
② 皮亚杰:《教育科学与儿童心理学》,傅统先译,文化教育出版社 1981 年版,第 160—161 页。

全面开展廉洁教育的意见》对大学阶段的廉洁教育目标作出了明确的规定:"引导大学生树立报效祖国、服务人民的观念,不断提高大学生的道德自律意识,增强拒腐防变的良好心理品质,逐步形成廉洁自律、爱岗敬业的职业观念。"[①]因此,高校学院必须牢牢把握廉洁文化教育的重要时机和重点对象,将廉洁教育与大学生的始业教育、职业教育、诚信教育、法制教育、党员教育、干部培训相结合,系统性、针对性地开展廉洁文化教育,发挥大学生廉洁文化教育实效。

(3)挖掘社会教育资源,加强廉洁文化实践。"社会生活在本质上是实践的"[②],大学生廉洁文化教育应坚持知行合一,抓住"实践"主环节,充分挖掘社会教育资源,引导大学生到社会生活中去。将廉洁文化教育与志愿服务、专业实习、社会调查、主题教育相结合,在实践中实现人性的不断生成和完善,进而完成价值性与现实性的统一。此外,积极探索"学校—家庭—社会"三方联动的廉洁教育新模式,完善廉洁教育机制,充分营造大学生廉洁教育社会氛围。

参考文献

[1] 吴光.廉政的内涵与中国廉政建设的历史经验[J].浙江社会科学,2006(3).

[2] 单冠初,等.社会分层视域下的公民廉洁教育[M].北京:北京大学出版社,2015.

[3] 陈国铁.本科院校学生道德教育探讨[J].高教研究,2005(1).

[4] 高宁.大学生廉洁文化读本[M].武汉:武汉大学出版社,2016.

[5] 张国臣.高校廉洁文化建设理论与实践[M].北京:人民出版社,2010.

[6] 曹国庆.廉洁文化建设与高校德育教育创新发展[M].北京:中国文史出版社,2015.

[7] 林伯海,田雪梅.制度反腐与廉政文化建设的互动研究[M].成都:西南交通大学出版社,2009.

[8] 徐传光,孔祥华.激浊扬清 大学生廉洁教育纵横谈[M].北京:人民出版社,2013.

---

① 教育部:《关于在大中小学全面开展廉洁教育的意见》,教思政〔2007〕4 号。

② 《马克思恩格斯全集》第 3 卷,人民出版社 1960 年版,第 5 页。

娱乐不远道[①]

——对媚俗的传媒娱乐化的反思

郑根成[②]

【摘　要】当前盛行的传媒娱乐化的文化实质是媚俗,媚俗的传媒娱乐化导致了诸多文化弊病:它既缺乏对人本身价值的深层次尊重与关怀,又缺乏对严肃的社会问题的关注;在思想内涵与审美品味缺失的同时,还对道德价值与意义进行了后现代性消解。事实上,当下的传媒娱乐完全异化了传媒的娱乐功能,它夸大了娱乐功能在传媒实务中的地位,以至于偏离了传媒娱乐功能的初衷。真正的娱乐是健康的、美的,也是法律许可与道德认可的,而且也是能体现民族文化特色的娱乐。

【关键词】传媒娱乐化;媚俗;后现代性;道德

一、低俗传媒娱乐化的实质是媚俗

娱乐功能是大众传媒的主要功能之一,然而,30 余年来,我国的传媒娱乐化浪潮却日渐走向了低俗化、琐屑化、庸俗化甚至粗俗化的歧途。有研究者认为,当前我国传媒娱乐化的偏失根源在于传媒市场化改革的缺失。有研究者甚至认为,低俗化、粗俗化的传媒娱乐化导引了低俗化的社会风气与品格,治理当下社会文化的粗鄙之弊应当从治理传媒娱乐化入手。这两种观点都道出了当前我国传媒娱乐化弊病的某些方面,但都没有真正揭示出当下传媒娱乐化的文化实质。

确实,从传媒娱乐化的进程看,传媒娱乐化与传媒市场化有着密切的关联:我国传媒市场化始于 20 世纪 70 年代末开始的改革开放,其标志性事件是 1978

①　基金项目:本文系国家社科基金项目阶段性成果之一(12BXZ082)。
②　郑根成,浙江工商大学马克思主义学院教授。

年财政部批准的《人民日报》等八家报社实施企业化管理的报告。自此,我国传媒行业就开始了从国家行政事业单位向"事业单位,企业化管理"的双轨制转变,即在不改变传媒国有制的前提下,国家财政逐步减少经费投入,此后更是推出了"独立核算、自负盈亏、照章纳税,财政不给补贴"政策。在后来的研究中,许多学者都把这种双轨制的改革解读为传媒乱象,包括传媒娱乐化的原罪之源。因为,在这些人看来,"事业单位,企业化管理"的双轨制赋予传媒以双重身份或属性:一方面,"事业单位"彰显的是媒体在体制中的"国有性质",是为公共服务的社会舆论机构。其定位是在政治方针上与党中央保持一致的舆论引导者以及主流价值的道德教化者;另一方面,"企业化管理"强调的则是媒体的产业属性,即其作为自主经济主体的属性。这意味着媒体必须通过自主创收以谋求发展。在实际的传媒市场化进程中,媒体的产业属性及其作为经济主体的经济创收功能被片面夸大,甚至被奉为传媒运营中的主导性、决定性方面,以至于凌驾于它作为公共服务的社会舆论机构属性之上。与之相应的是,许多媒体都将自身的经济效益原则凌驾于公务服务原则之上,表现出了一种"市场原教旨主义"倾向。换句话说,相当一部分传媒机构在片面强调其产业属性的同时,不同程度地忽略了自己作为公共服务的社会舆论机构的属性及基于此的责任与应当。

然而,把当下的传媒娱乐化完全归因于传媒市场化的理论是值得商榷的,因为,在当代的社会主义中国,传媒在双轨制下的身份或属性并不是必然对立的:当代社会主义中国的意识形态的基本点在于国家政治生活坚持以马克思主义为根本指导,坚持以"为人民服务"为最高宗旨。这种宗旨贯彻到传媒实务中就应是媒体以服务受众,满足受众的需要为最高目标。在市场化的理论中,满足受众需要即意味着得到其关注并拥有较高的市场占有率,进而能从市场占有率中获得相应的经济效益。因此,从理论上讲,在为公众服务的社会舆论工作方面成就卓越的媒体,其作为经济主体的经济效益同样可以很出色。由是观之,传媒市场化并不必然导致媒体的"市场原教旨主义";同样,传媒市场化虽然在一定程度上与传媒娱乐化相关,但它却不是传媒娱乐化的最根本原因。

也有学者在批评传媒娱乐化时指出,传媒娱乐化引导了当代中国文化的低俗化社会风气与品格。这种解读探察到了当前大众传媒对人们的文化认知、社会教育乃至于行为的决策与品格的塑造等方面的强势影响,但却忽略了问题的另一方面,即社会文化对传媒更为本根性的文化导向性。从文化的层面审视,娱乐化浪潮能得以成为潮流,其本身说明这种娱乐化,尽管已经走向低俗、庸俗甚至粗俗,但其趣味、品味却是拥趸甚众,这种文化态势表明:传媒引导大众文化趣味只是问题的一方面,问题的另一方面则是,大众的娱乐化需求也是当下传媒娱乐化的原动力所在。这即是说:当前传媒低俗化、庸俗化甚至粗俗化的娱乐化浪潮其实是媒介文化与大众文化互动的产物,而不只是传媒单方面的主导。至于当代中国大众文化的低俗化,可深究至当代中国社会的现代转型:当代中国社会正处于一个由前现代向现代、由封闭的一元性社会向开放的多元性社会转型时期。社会心理学的研究表明:在社会转型时期,公众的社会心理往往趋于脆弱甚至迷茫无助,并会伴随着产生诸如"物欲化、粗俗化、冷漠化、躁动化、无责任化和浮夸虚假化"的"病态社会心理"①。在这种具有普遍性的社会心理支配下,人们更倾向于强调感官刺激、消遣娱乐而无视精神净化。娱乐化的信息因此更受受众欢迎,而且,越是低俗化、庸俗化甚至粗俗化的信息,其受追捧的程度亦越高。新闻传播学的研究也表明:一般受众在接受信息有时候大多会受到惰性心理的影响,即人在接受信息时,往往趋向于选择省时、省力就能获取的信息。美国传播学大师威尔伯·施拉姆曾在其《人、讯息和媒介》一书给出了一个公式:

$$\frac{报酬的承诺}{所需付出的努力}=选择或然率$$

　　所谓报酬的承诺是指媒介讯息能满足受众需求及其程度;所需付出的努力是指媒介讯息获得性的大小,对于媒介讯息的选择,一般受众考虑的是所需花费的时间、金钱及体力、情感投入,等等。"施拉姆公式"表明:人们在选择媒介讯息时,更倾向于选择那些预期报偿可能越大且所需付出的努力越小的讯息。相关研究揭示的问题是:当下的传媒娱乐化其实是传媒刻意迎合作为受众的社会公众特定心理需求的结果!因为,与严肃的新闻节目或深刻的文化节目等相比,娱乐化节目更容易受一般公众所欢迎,那些严肃的新闻节目或深刻的文化节目往往要求受众在接受信息时付出某种程度的努力,如进行主观性和能动性的创造,或者调用其原有的经验、理解、决定和判断等,又或者要求受众积极关注并作进一步的解释与解决性分析,等等。而娱乐化的节目则能让受众无需付出太多精神上的努力就能从舒适和愉快中兴奋起来,它可以使人在几乎无需付出的情况下就能获得娱乐的快感。由此不难看出,当前传媒娱乐化的文化实质是媚俗,是大众传媒对受众趣味的曲承与迎合。大众传媒固然能引导舆论、指导时尚,但是,大众传媒舆论导向的方针与立场,以及它所倡导的文化型态与趣向又与社会意识形态,特别是公众趣味直接相关:社会意识形态影响到大众传媒的价值取

---

① 参见沙莲香等:《社会学家的沉思:中国社会文化心理》,中国社会出版社 1998 年版,第 225—250 页。

向,而公众的文化趣味则会直接决定大众传媒的文化定位与风格。关于这一点,有学者指出,现如今,"传播媒介的私人占有和对利润的追求已经导致它注重大众文化,大多数消费者的兴趣爱好主导着传播媒介的内容"。并强调说:"很清楚,这种内容往往缺乏艺术性、知识性和教育性。"①也就是说,当代传媒低俗化的实质是大众传媒在迎合部分社会公众低俗、庸俗的文化心理与文化品位,而不是相反,即认为是大众传媒低俗化的文化趣味导致了当下社会文化趣味的低俗化。在当下传媒最受诟病的道德价值导向问题上同样如此,部分研究者认为大众传媒应当对当前的社会道德普遍失范现状承担责任。然而,事实是,大众传媒对道德上的"善"与"恶"理解或立场原本源自社会生活,换句话说,道德善与恶及其判断机制是一个由社会或社会生活来规定的"前媒体"概念。因此,低俗化、粗俗化的传媒娱乐化因其在某种程度上与当下社会文化的低俗化及社会道德失范的现状有所关联,而将传媒视为问题的根源显然是值得商榷的。

二、低俗化、粗俗化的传媒娱乐化的文化弊病

从哲学·伦理学的维度审视,媚俗的传媒娱乐化导致了诸多文化弊病。

第一,对人本身价值的深层次尊重与关怀的缺失。媚俗的传媒在关注社会事件或社会问题时,往往倾向于关注事件的炒作性要素,而不关注人本身。因为,基于媚俗的娱乐化媒体期望通过挖掘事件中的爆炸性、轰动性娱乐元素以吸引受众关注,而事件中的人存在的社会价值或是他们的行为与处境所引起的社会反思却在娱乐化的趋向中被有意无意地忽略了。在一种极端媚俗的娱乐化取向,人,特别是社会重大事件、闹剧乃至悲剧中的个体或群体不但没有得到应有的尊重与关怀,相反,娱乐化的趋向还将对事件的关注引向了一个极其悖谬的方向:罪恶不是被批判,而是作为噱头被嘲笑,罪恶的主角不是被推向道德的审判台,而是被附魅乃至英雄化。②在追踪报道徐翔等人操作股票的案件中,徐翔被诸多媒体神化为在股市中无所不能的股神,甚至他做局坐庄的行为都被吹捧。在曝光股市乱局中,部分媒体既不关注事件真相,也不关注被"股神"反复伤害的广大散户及其权益问题,股市监管与金融市场的完善等更趋严肃的相关问题更

---

① 梅尔文·德弗勒、埃弗里特·丹尼斯:《大众传播通论》,颜建军等译,华夏出版社 1989 年版,第71 页。

② 郑根成:《媒介载道——传媒伦理研究》,中央编译出版社 2009 年版,第 136 页。

是少有涉及。在一些关于个人隐私的事件中,情况则是:隐私不是被保护起来,而是被争先恐后地曝光,甚至无限放大。有人因此把娱乐化媒体比喻成满足公众窥私欲的公开舞台,实在是不无道理。

尤为值得反思的是,过于媚俗的传媒因极力迎合部分受众的低俗趣味而对社会弱势、边缘人群缺乏关注,漠视他们的存在、忽视他们的需求。在一些媒体及媒体人看来,社会弱势、边缘群体既不关注传媒的信息,也不具备媒体广告的潜在客户的购买力,对他们的关注没有经济意义。因此,娱乐化的主力或主要服务对象大多以白领、小资乃至"新新人类"为主,针对普通平民百姓特别是为困难企业职工、下岗工人服务的节目和栏目则要少得多。在传播内容上,反映弱势群体的价值观念、思想感情、生活方式的东西越来越多,而站在弱势群体的立场反映他们的愿望、要求、呼声的节目却越来越少。① 这在某种程度上加剧了边缘群体的边缘化与弱势化。"很明显,大众传媒是出于经济效益的考虑,不愿意长期关注弱势群体,商业的逻辑则使其在对弱势群体的报道中更多的是能采用一种炒作的姿态,而不是旨在作为长时间的利益代言人。对于本应关注公众生存状态、为弱者鼓与呼的大众传媒来说,这是一个极需反思的现象,特别是在当前我国全面建设小康社会、构建和谐社会的进程中,这种对弱势群体、边缘群体的漠视尤显背离了整个社会建设工程。对大众传媒来说,真正的人文关怀不仅仅是以受众为本位,而更应对受众的人生终极关怀为最终目的,这是媒介的社会责任的应然内涵,不容删减。"②

第二,对严肃的重大社会问题缺乏关注。一个方面,娱乐化媒体不可避免地走向低俗化、粗俗化。因为,娱乐化媒体选择信息或节目的标准是其能在多大程度上刺激公众的兴趣,而不是事件本身的社会价值。换句话说,娱乐化媒体最热衷于能挑起公众兴趣的内容,只是因为这些内容最具收视率与经济效益意义。娱乐化媒体不屑于关注严肃的重大社会问题,原因在于这些问题过于严肃,且缺乏娱乐因素,不太符合普通受众的口味。科林·斯帕克斯曾指出:对许多人来说,了解曼彻斯特联队的竞赛纪录,要比了解一个不引人注目的议会在生育问题上的投票记录有意思得多,但这并不是说体育知识更加重要。任何一种民主理论,都要求公民,包括普通公众应具有起码的关于政治核心问题的基础知识,应具备基本的政治参与和公共讨论的意愿与能力,这是具体实现民主制度的必要

---

① 戴元光、陆琼琼:《弱势群体在中国电视中的"弱势"》,传播学论坛(http://www.ruanzixiao.myrice.com)。

② 郑根成:《媒介载道——传媒伦理研究》,中央编译出版社 2009 年版,第 137—138 页。

条件。而娱乐化媒体所提供的低俗化与粗俗化显然不能提供这些实践公民权利的必要知识。另一方面，即使是传播、报道严肃的重大社会问题时，娱乐化的倾向或动机往往导致报道的不适宜性。这在新闻报道中尤为明显，因为，娱乐化的新闻报道方式及其图片选择总是试图把公众的注意力导向琐屑的小节或有炒作性的娱乐化元素而避免对社会现实问题的反思。在当代娱乐化炒作的标志性事件——戴安娜王妃案、辛普森杀妻案及克林顿绯闻案中，娱乐化的导向就非常明显，媒体极端关注戴安娜王妃事件，并不是为了反思当时的交通安全事故以及对娱乐记者的各种不道德作为进行批判，而在于炒作英王室成员的外遇与家庭关系；媒体关注辛普森案，并不在于对反思美国的种族问题与司法问题，而是在于炒作体育明星的凶杀案；媒体关注独立检查官斯塔尔的报告和莱温斯基的一举一动，并不是在于反思美国总统的品行与美国的司法制度如何应对总统卷入这样的绯闻之中，而是在于炒作总统的风流韵事。正是这些娱乐性的节目，使大众放松或放弃了理性批判和世界重建的意愿，放逐了对生活的反思以及对人生的真、善、美的价值判断。[①]

第三，思想内涵与审美品味的缺失。在对传媒娱乐化趋向的研究中，主流美学流派的学者大多把传媒娱乐化看成是人们审美生活的灾难：在娱乐化浪潮中，人们的审美已完全错位——在审美趣味日益趋于媚俗的低俗化与粗俗化过程中，"美"从曾经的理想精神的高峰跌落到俗世的生活享乐之中，蜕变为看得见摸得着的快乐生活享受，心灵沉醉的美感转化为身体快意的享受。以新闻娱乐化为例：在新闻娱乐化中，"娱乐"大行其道，新闻，甚至严肃的文化新闻也彻底放弃了应有的社会关怀，放弃了对历史和未来的责任，变成了一个只能满足受众感官刺激的娱乐文本。在娱乐化的新闻图景中，事实的真实和历史的深度、新闻中原本应该有的关于对社会问题的思考导向，等等，都不重要，重要的只是日常生活的世俗（庸俗）图画，以及如何刺激"快乐"的享受。这种新闻其实已经变异：因为，在这种新闻图景中，受众被预设为这样的存在：他们不关心自身感觉之外的世界，他们甚至根本不关心新闻究竟是什么东西，而只关心自身在感觉层面上是否获得最大的"快感"。在这种对极度的宣泄及对感官刺激的迷恋中，人们彻底埋葬了新闻的真实与社会的正义，在低俗的娱乐化新闻中，我们读不出真正有价值的信息。正因为如此，欧洲主流美学流派的学者们也坚决反对这种娱乐化，在他们看来，"身体的感官和恶俗趣味往往是连在一起的，诉诸感官的艺术是'媚'

[①]　周宪：《世纪之交的文化景观》，上海远东出版社1998年版，第236页。

而不是美，它所产生的是'娱乐'（'消遣'）而不是'愉悦'（'升华'）"。确实，娱乐化新闻已经偏离了"新闻"与"娱乐"的本义，而成为媚俗、低俗、色情、暴力等的代名词。歌德在谈到对群众趣味导向时曾说过："对待群众，如果你是激起他们想要的情感，而不是激起他们应该有的情感，那就是个错误的让步。"可见，群众的一切需求，哪怕是情感需求并不都是合理的，传媒走向娱乐化也应当有一个度，或者说应更多地提供健康的、能激起他们应该有情感的内容，以高品位的内容去培养其情操，帮助他们确立正确的价值观，这才是传媒必须遵循也本应有的职责与操守。①

第四，对道德价值与意义的后现代性消解。从哲学的角度审视，传媒的低俗化与粗俗化的娱乐化意味着对道德价值与意义的后现代性消解，它代表了娱乐化传媒在价值立场上的异化。后现代性本身是一个极具争歧性的概念，一般来说，后现代性是西方文化的现代性进程中所衍生出的反思性社会文化以及与其生活方式相适应的思维方式与价值立场或态度。② 本文所谓的后现代性意指一种价值立场或取向，其主要特点体现在其解构现代性中所表现出来的非中心性、平面性或无深度性、复制性和大众性等。在某种意义上，由于当代中国尚处于一个未竟的现代化进程之中，后现代其实是一个与当代中国的思想事实并不完全相关的文化概念。然而，吊诡的是：当代中国传媒却已经在各个层面都凸显出了西方文化中的后现代性理论所勾画的诸多特点，正如杜骏飞所说，20 世纪 80 年代以来的"新的传播时代在模式建构和总体理念上，似乎无意中融合了后现代主义的动态哲学"。③ 尤其是 20 世纪 90 年代以来，传媒已经成为促动文化与价值层面的后现代转向的最重要力量，在这个过程中，传媒，特别是娱乐化的传媒自身也表现出了诸多后现代性的特点。有学者甚至认为，后现代理论研究中所勾画出的后现代性特点在处于现代与后现代连续性之间的大众传媒中体现得最为明显。

麦克卢汉与鲍德里亚的"内爆"④理论揭示了具有后现代性特点的传媒的消

① 郑根成：《媒介载道——传媒伦理研究》，中央编译出版社 2009 年版，第 140—141 页。

② 郑根成：《电视节目低俗化的深层反思》，《湖南大学学报》（社会科学版）2013 年第 2 期。

③ 杜骏飞：《弥漫的传播》，中国社会科学出版社 2002 年版，第 3—4 页。

④ 注：在鲍德里亚那里，内爆是指"相互收缩，一种奇异（巨大）的相互套叠，传统的两极崩塌进另一极"。或者"一极被包含到另一极之中，每一个意义区分系统的对极之间都出现了短路，述评和不同的对立面被消除了，传媒和形式也随之被消除了"。他说，"在当前的模拟世界中，所有的事物都崩塌（折叠）进所有其他的事物之中，所有的事物都在内爆"（参见乔治·端泽尔：《后现代理论》谢立中等译，华夏出版社 2003 年版，第 138—139 页）。

极意义：它从根本上瓦解了现代社会和现代性主体，这主要体现在大众传媒对意义的消解上。鲍德里亚指出，媒介创造了一种新型文化，即"仿像文化"，并使之植入日常生活的中心。在这种文化中，媒介以生产的"仿像"创造了现实的替代物，却又无法及于现实，而且，仿像的虚幻性与意义毫无关联。在鲍德里亚看来，大众传媒导致了传媒资讯和现实之间不再有什么区别，精英与大众，信息与娱乐之间的区分不再有效，新闻转而追求娱乐消遣的效果，用戏剧化的夸张的方式来组编它们的故事，政治和娱乐合于一体，各种阶级、意识形态和文化形式之间的界限好像被黑洞所吞噬了一样。① 当代社会虽然充满了信息，然而媒体制造的信息迷狂、信息的肿胀症却使意义内爆为毫无意义的噪音，不再有任何内容可言。在《媒介意义的内爆》一书中，他指出，正是由于传媒中的符号和信息把自身的内容加以去除和消解，从而导致了意义的丧失：在信息、传媒以及大众传媒的消解和去除活动中，信息吞噬了自身的内容，它直接摧毁了意义和指称，或者使之无效。② 在这里，意义已经不再需要各种深度的解释模式，因为意义问题已经不存在了，或者说，已经不再有任何意义了。

鲍德里亚等人所批判的大众传媒对价值与意义的后现代性消解现象，不止存在于西方文化世界，这种现象在当代中国媚俗的传媒娱乐化浪潮中同样存在：当代中国的娱乐化浪潮中，部分传媒刻意营造出一种后现代语境及其文化立场，向大众传播"后现代"的种种含义，由此形成了一个浓厚的后现代传媒语境；并通过广告、商品消费、娱乐节目等方式向大众传递并提供思维素材、灌输后现代性的价值观念与行为模式。需要反思的是：在当今媒介化的时代，传媒话语已经成为大众进行思维和交流的主要符号，而后现代传媒话语和符号对大众的包围与影响，则在很大程度上消解了大众与现代的接触基础，隔离了大众与现代话语、意识之间的纽带，从而消解了现代性——而这原本是当代中国文化的现实性基础。站在现代性的立场反思当代中国大众传媒的低俗化、粗俗化的娱乐化，可以发现，这种娱乐化还不仅仅意味着传媒对大众趣味的片面曲承与迎合，尤为严重的是，它在促推社会文化趋向于低俗、粗俗的同时，还解构了社会意义和价值：在这里，高尚价值成了嘲笑的对象，流俗反而变得崇高。"躲避崇高"一度喧嚣尘上即源于此，其势头至今未衰。事实上，躲避崇高并非真的要和崇高分道扬镳，其真实的意图乃是要摒弃传统道德意义上的崇高，在后现代的辞典中，崇高被注解

① 鲍德里亚：《仿真与类象》，载汪民安、陈永国、马海良：《后现代性的哲学话语——从福柯到赛义德》，浙江人民出版社 2000 年版，第 334 页。

② 包亚明：《后现代性与地理学的政治》，上海教育出版社 2001 年版，第 101 页。

为"世俗的随意",其本身即代表了对"崇高"的反动与反叛。低俗化、粗俗化的娱乐化还通过灌输娱乐与享受的信条改变了许多公众关于生活方式的观念——电视节目、娱乐报道及各种广告所传达的信条是:拥有无限丰富的物质财富,特别是广告所宣传的财富即意味着幸福,意味着生活问题的全部解决;而在娱乐化的传媒的视野中,这些物质财富的获得似乎无需通过艰辛的劳动! 这种信条很容易使人们得出这样的设想:物质财富与社会的普遍健康和公民福利是高度统一的。循此逻辑,物质财富就成了最真实的价值标准。这种观念把娱乐、享受理解为生活的主体内容与方式,娱乐与享受被解读为生活的最大乐趣,这其实就是一种后现代主义的消费心态,这种消费心态的普适化同样深度地解构了现代性的价值与意义。[①]

三、娱乐不远道:真正的娱乐必定是道德的

虽然,传媒应当以提供满足受众需求的内容为己任,其节目也应当以受众能够接受的方式来制作,但一味地迎合部分受众的低俗化、粗俗化趣味未必就是真正切了广大受众的心理需求。事实也已经证明,低俗化、粗俗化的娱乐化追求未必有良好的效果。媒体机构的有识之士们早已经认识到了这种娱乐化中潜藏的危险,哥伦比亚广播公司的著名主持人丹·拉瑟在论及美国新闻界泛滥的新闻娱乐化倾向时就曾指出:"我们已经变成好莱坞了,我们已经屈从于新闻的好莱坞化——因为我们担心不是这样。我们化重要为琐碎……我们将最好的时段给了闲言碎语和奇闻。"[②]德国不莱梅电台的米歇尔·盖耶尔则指出:那种试图使新闻有趣的新闻娱乐化举措"最终与那种献媚取宠的新闻活动并无多大区别。"[③]在当前传媒的各种版面、频道不断创改却又好像离受众越来越远的事实面前,传媒自身确实应该进行深刻反思了,什么才是传媒应有的品性? 当前的低俗化、粗俗化的传媒娱乐化其实已经异化了传媒的娱乐功能,它夸大了娱乐功能在传媒实务中的地位,以至于偏离了传媒娱乐功能的初衷。对这种异化了的娱乐化的批判并不意味着要全然反对,事实上,真正的、适当的娱乐是必要的,也是

---

① 郑根成:《电视节目低俗化的深层反思》,《湖南大学学报》(社会科学版)2013年第2期。
② 转引自迈克尔·埃默里、埃德温·埃默里:《美国新闻史》,展江等译,新华出版社2001年版,第568页。
③ 张颂:《捍卫电视新闻的严肃性,拒绝娱乐化》,《南方电视学刊》2000年第5期。

有益的。因为，首先，真正的娱乐应该是健康的、向上的。健康的娱乐意指娱乐的形式与内容都应当是有利于人的成长与良好生活状态的维持；而向上的娱乐是指传媒娱乐功能的实现应意味着能给人以鼓舞、信心和力量，并且能启迪人们的智慧。其次，真正的娱乐应该是美的，这里的"美"是指符合美的规律与人们对审美的追求。传媒娱乐应当能始终给人以美感，从而帮助人们在娱乐中心境开阔、消除疲劳，获得真正艺术般的享受。再次，真正的娱乐也是法律许可与道德认可的。在法律允许的范围内开展各种娱乐活动，这是社会秩序化的基本要求。同时，传媒的娱乐化也应当普遍遵循一般的道德规则，而不是以非道德立场甚至是反道德为个性。最后，真正的娱乐应当是能体现民族文化特色的。娱乐的民族特色是指在挖掘、整理、借鉴、吸收传统娱乐方式的基础上能够推陈出新，使娱乐内容成为一个民族独特的东西。这种娱乐有深厚的文化底蕴，有悠久的发展历史，形式也是本民族的人们喜闻乐见的。而且，在它自身的发展过程中，其糟粕还不断被淘汰，而更多的新鲜的内容则不断地被充实进来。这种娱乐不会因时间推移而失色，相反，它还会随着时间的推移而总是能够保持旺盛的生命力。①

①　郑根成：《媒介载道——传媒伦理研究》，中央编译出版社 2009 年版，第 142—143 页。

医学伦理审查中道德冲突与程序性共识的构建

刘婵娟①

【摘　要】现代生物科学技术的飞速发展,使人类存在的各种关系发生深刻的变化,同时也出现了纷繁复杂的道德难题甚至道德冲突,给医学伦理审查工作带来了前所未有的挑战。在医学场域面对文化的多元性、科学的暧昧性以及医学伦理评价相对性等现实困境下,道德理性凸显其理性的有限性,难以为解决道德难题提供合理的解释。如是,医学伦理审查该如何维持道德平衡解决道德难题?恩格尔哈特的程序性共识或能为解决充满道德歧义和冲突的现实提供一条可行的、合理的途径。

【关键词】医学伦理审查;道德冲突;程序性共识

现代生物科学技术的飞速发展和社会价值的多元化给医学伦理审查工作带来极大的挑战,生命科学领域一些纷繁复杂的生命伦理问题频繁引起深刻争议,辅助生殖技术的伦理问题、肝细胞技术的伦理问题、安乐死问题、器官移植问题、人体实验问题、动物的权利和福利等,这些问题的争议引起了社会科学工作者的高度关注,也引起了医学工作者、社会公众及各国政府的高度关注。虽然这些问题具有鲜明的宗教和文化特色,但是大部分都极具普遍性,是所有的个体和群体都必须面对的。面对"公说公有理,婆说婆有理"的混乱局面,医学伦理审查该如何融合医学的科学理念与道德理性,使医学研究的动机、手段和结果更合乎理性的选择?

---

① 刘婵娟,温州医科大学人文与管理学院教授。

一、医学伦理审查遭遇道德冲突的现实困境

现代社会道德多元化已是一个不争的事实,医学的科学暧昧性、文化的俗世多元性以及道德评价的相对性使生命伦理学逐渐呈现出后现代的碎片化趋势,道德世界分裂成众多的层面和维向,医学伦理审查不得不时时面对许许多多难以处理的道德分歧,遭遇前所未有的道德冲突。

(一)文化的俗世多元性

当前伦理学已呈现地理学面貌,人类的道德信念因他们生活的不同宗教、意识形态和道德共同体而显多元化。他们坚守自己的文化背景,对自己的道德标准有着十分清晰而坚定的信念,而对信奉不同的道德传统和道德学说的人们,他们却持有尖锐的、甚至是悲剧性的意见冲突。

文化的多元是医学伦理审查必然要考虑的因素,多元的文化背景会导致人们对道德评判的差异,同一个伦理原则在不同的文化背景中可能反映出截然不同的内容,如在对待安乐死的态度上,无神论者认为对一位生命已处于"不可逆"状态的、极端痛苦的晚期癌瘤患者实施安乐死是善的行为,但是罗马天主教徒却认为这是恶的行为。同样的,罗马天主教徒认为一切不适宜的维持生命的治疗都需要终止,但正统犹太教徒则认为只要病人有一丝希望就必须进行治疗直到病人死去。分析各国的医疗决策发现,北美国家大多认为应该由个人自主决定治疗方案、知情同意等;在我国,人们多主张由家庭主要成员或者本人共同决定。又如,对于一些身患绝症的患者,北美的医生主张患者的知情权,会如实告知病情;而意大利和日本的医生则选择先与患者家属沟通,医生和家属一般不将病情如实告诉病人。因为不同的文化背景,一件相同的事情采用了不同的态度和处理方式,导致在伦理学评价上并没有绝对的对与错。为了爱护病人和最大限度地减轻病人因心理承受能力不足而可能导致的疾病恶化,医生会选择善意地对患者隐瞒部分病情。反之,为了尊重病人的知情权,方便病人配合治疗及合理安排有限的生命时间,如实告知也是无可厚非的。这种文化的多元性是地域性的,但是,只要行为合乎当地社会制度,医学伦理审查一般认定它是符合伦理的。

(二)医学的科学暧昧性

现代医学具有标准化、精确化、客观化等特质,它通常是采用精确的检测、标

准化的技术以及客观精准的量化来发现疾病的真相，但是通过这种途径，观察者仅仅捕捉到各种疾病的表征，而不是多变的疾病本身。同时，疾病不是症状的集合，也不是客观性的集合，而是客观性与主体性的互治。即一个疾病的存在不仅是客观的，它还包含了患者主体的感知及表述等，在日常诊疗过程中，患者主体往往会因为技术上的无知，而在描述上带有模糊性，加上医生客观上也可能对疾病真相把握不精准，促使临床医学概念谱系的价值模糊，从而医学上常常表现为一样的症状不一样的疾病、一样的疾病但不一样的症状，同一种治疗不同的疗效、不同的治疗同样的疗效。故而，我们不能将医学完全归结到科学上，"疾病的'实体'与病人的肉体之间的准确叠合，不过是一件历史的、暂时的事实"①。

医学永远无法抵达真相大白的境地，因为疾病是不断变化发展的。福柯最后坚定地认为医学的认知空间具有有限性，生命本质存在永恒的不可知性，医学对于科学来说具有一定的暧昧性。理性是医学伦理审查的思考基础。柏拉图在其Crito 里强调伦理的决定与价值判断必须秉持公义。② 康德则更重视理性的重要性而排除一切主观感情的因素。但什么是理性？理性不能主观诉诸感情，而是探求客观的真理性。一加一等于二，不论在天南地北都是真理，但是医学不是科学，它没有永远不变的固定基础作为科学研讨的基石，虽然我们用理性作为基础去探讨问题，但当它应用到人的身上时，问题却层出不穷。如感染使用抗生素，理论上能达到抗炎作用，但因个体的体质差异，疗效不尽相同。所以临床医学并不能全部以纯理性的观点去评价和衡量，头痛医头，脚痛医脚未必有效。St. Louis 大学医学伦理教授 Kevin O'Rourke 曾说："医学不是完全的科学，正因为医学的复杂性，所以我们必须更加谨慎地去思考价值判断和决定过程中的伦理学问题。"③

(三)医学伦理评价的相对性

医学伦理评价具有相对性，世界上根本不存在适用于一切时间、地点、人的无差别的、普遍的、绝对的评价，医学伦理评价更是如此。随着社会的不断进步发展，人们对医学知识发展的了解也更加深入，不同历史时期的医学伦理评价也在发生悄然的变化。如在 150 年前，妇女在生产过程中使用麻醉药物会被认为是一种不道德的行为，那时人们的价值判断是女人经历生产的痛苦是上帝赋予的，这是天经地义的事，使用麻醉药物显然违背这个自然法则，是一种道德错误。同样，在最

---

① 米歇尔·福柯：《临床医学的诞生》，刘北成译，译林出版社 2011 年版，第 1 页。

② F. M. Cornford：*The Republic of Plato*，Oxford University Press，1972，pp. 37-95.

③ K. O'Rourke：A Primer for Health Care Ethic，Georgetwon University Press，1994，p. 33.

初实施心脏移植技术时,许多人对它的可行性持有怀疑和保留的态度,甚或有人反对,因为传统意义上,心脏与人的灵魂和性格紧紧相连接,如此重要的一个部位,怎能随便取代更换?可是在今天,这些技术却已极为普遍。同样的,我们看到,科技的应用在一定程度上也会影响医学伦理评价,如试管婴儿技术,这项技术产生初期被认为违背了自然规律,扰乱了传统家庭、血缘关系的观念,且可能导致拜金主义、趋利等观念的滋生,而被伦理所不能接受。但是,随着科学技术的发展以及这项技术不断给人类带来的益处,人们改变对这项医学技术的伦理评价,他们认为这项技术的发展不仅维护了家庭的完整和社会的和谐发展,而且以多元化角度看待、分析该技术带来的影响,试管婴儿技术已经带来了丰厚的经济效益,同时带动相关产业如医疗设备、制药、生物制剂等的迅速发展,产生可观的社会经济效益,因而被认定为善的事情。

科技给我们更多的选择,但却也带来价值观念重新修正的必要性,价值观念的改变已迫使社会必须重新评估传统的价值,也使人类道德规范有重新再标准化的需要。随着历史的发展,人们对医学伦理学评价的标准也已发生改变,今天我们所关心的医学伦理的内容与范围已经和两千五百年前希波克拉底时期的伦理强调的范围有所不同,但我们可以肯定,医学伦理评价一直贯穿着人类医学行为的始终,其基本精神与诉求还是一样的,比如健康是一个共识的价值,从古至今未有改变,而人们争取健康的方法,或更加满意的生活方式,却在不断地修正中,这也是医学伦理审查必须面对的问题。

二、道德冲突与理性的有限性

自西方文明发源以来,理性就一直在人们心目中占据着十分重要的地位,从柏拉图、亚里士多德树立的理性典范,西方经历了启蒙运动对理性的高扬,到后现代对理性的批判和重建,理性概念的核心地位在西方从未动摇过。表现在医学上,是技术理性摆脱了宗教神学对医学的束缚,医学在根本上完成了从经验医学到实验医学的转变,技术理性成为各种学说能否成立的最终判决者。医学伦理审查就是伴随着这种理性的力量逐步发展起来的,它不诉诸权威,也不以偏激主观的诉求为依归,而是把判断的基础建立于理性思考上,帮助医学去做合乎理性的抉择,从而促进社会的和谐。

然而,在我们深信人们一定会有一种理性能力来捍卫理性,或者可能存在一种理性的意志及潜能来维护理性的时候,我们却遗憾地发现,即使是理性人,他们对于"理性"本身也没有一致的"理性同意"。最先提出"有限理性"概念的是经济学家阿罗。他指出,人的理性行为是有意识的理性,他可能可以帮我们找到实现目标的所有备选方案并通过预见方案的实施后果而衡量出最优选择,但是人所处的环境非常复杂,存在很多的不确定性,加上信息的不完全,人的认识能力是有限的,因此,我们需要用"有限理性"替代"完全理性"。社会学家巴纳德在此基础上进一步阐述了"有限理性人假设",他说,人是各种物的、生物的、社会的力量的合成物,社会要提供这个合成物的各种要素的可能性是有限的,这就使得人们的决策能力和选择能力只能在一个有限的范围内进行选择,人也只能是有限经济人。美国的管理学家西蒙继承并发展了巴纳德关于人的决策能力有限性的思想,他在1947年出版的《管理行为》中对"完全理性的经济人"假设提出了质疑:"单独一个人的行为,不可能达到任何较高程度的理性。由于他所必须寻找的备选方案如此纷繁,他为评价这些方案所需的信息如此之多,因此,即使近似的客观理性,也令人难以置信。"

那么在有限的理性框架下,医学伦理审查是否也能给人们提供一种统一标准的、充满内容的、唯一正确的道德观?哈贝马斯曾经试图寻求这种共识,他对康德、黑格尔、韦伯以及尼采的理性模式进行了一系列回顾之后,在批评、总结各种理性观的基础上提出了"沟通理性"。哈贝马斯认为,人们可以通过辩论、批评的方式对一些道德歧义进行反思,这个反思的工具就是"有效性申述",通过"有效性申述",一切涉及正值、正当、真诚的有争议的议题都可以通过公开的方式进行争论、批评、捍卫和修改,甚至做公开的检查。哈贝马斯还进一步强调,沟通理性使得社会实践得以可能,"不同行为者的计划和行为,通过定向于相互理解的语言使用和对可批评的有效性申述采取'是'或'否'的态度,在历史时间长河和社会空间中相互联结。通过沟通所获得的同意——它可通过主体之间对有效性申述的承认来衡量——使得网状关系的社会交往和生活世界得以可能"①。

针对哈贝马斯对"沟通理性"的阐述,生命伦理学家恩格尔哈特提出了质疑。恩格尔哈特认为,假设我们同意哈贝马斯的论证,那么我们首先就必须已经认同哈贝马斯大胆、启蒙运动式的假定:提供理由将足以使不同的道德感之间互相批评。"②然而,不同的"道德异乡人"归属于不同的"道德矩阵",他们各自的道德预设或道德前提具有不可通约性,人们生活在不同的道德与社会生活中,他们不可能总

---

① Jurgen Habermas: The Philosophical Discourse of Modernity: Twelve Lectures, Frederick Lawrence, trans., The MIT Press. 1987:322.

② H. T. 恩格尔哈特:《生命伦理学基础》,范瑞平译,北京大学出版社2006年版,第60页。

能说服对方,故而,哈贝马斯对于共识的论证仅仅适合于同一个"道德矩阵"中有着相同或相近的道德感的人们,要在不同的"道德矩阵"。

医学伦理审查中道德冲突与程序性共识的构建中寻求跨文化的有内容的道德共识却是相当困难的。同样的,在医学伦理审查和卫生政策上,医学伦理委员会在进行医学伦理审查时往往会发现,不同的道德人群针对同一个社会存在可能会出现截然相反的道德争论,而且这些道德争论往往使正常的理性无法解决。

综上所述,面对复杂的道德冲突,试图在不同的"道德矩阵"里通过理性来建构一个"标准的、普遍有效"的道德观,且能为人们提供具体的道德指导,在当下是极其为难的,人们可能就某些医学伦理的基本问题达成某种较为宽泛的道德共识,但是,那种所有人都共享的伦理理论是很难被找到的,或根本就不存在,这也在某种意义上证明了人理性的有限性。

三、道德冲突与程序性的共识

既然理性无法证明某一种道德观为最优,那么基于不同道德矩阵的主体,该如何处理道德冲突?医学伦理委员会在当前面临着大量医学和生命技术科学领域有待解决的伦理学问题,在普遍缺乏道德共识的情况下,对于这些问题的处理,学者恩格尔哈特提出在"允许原则"下建立程序性的共识,或许是解决道德分歧的路径。恩格尔哈特认为,既然客观的、充满内容的、普遍有效的道德共识无法形成,我们可以在允许的原则下建立一种程序性的共识。以医患关系为例,医生和患者为了战胜疾病、促进健康、延长寿命,他们本来有着共同的目标,但是医生在具有专业性、复杂性和医学专业精致性的同时,需要对人性、生理学和疾病的机制具有深入的认识,医生专业的观念本身携带着对于具体行善观和适当行动观的承诺,这既是一种专业,也是一种技艺,同时还伴随着一定的道德目标。而作为患者,在临床诊疗时他依赖医生,这在心理学上似乎也是事实,有时患者还会把医疗决策权转让给医生,请求医生给他最好的治疗方式。但是在道德领域上,患者却是医生的"道德异乡人",他不可能像医生那样,知道会发生什么事或如何控制这一环境,也不可能像医生那样深入分析,做出考虑周全的判断,作为异域文化中的外来者,医生与患者就呈现了不同的道德目标,医生无法把一个异乡土地上的异乡人转变为医学期望的道德共同体,而患者也无法进入医生的"道德矩阵"里,医患之间这种沟通的障碍或许是医患冲突的根本原因,而这种道德上的冲突也是无法通过知识再分配而得到克服的。

于是,在医患之间发生矛盾时,要么一方屈服于另一方,强制对方改变自己的立场,对于这种路径,恩格尔哈特认为,这是行不通的,它是一种典型的伦理帝国主义;要么一方压制另一方,历史一再证明,野蛮的镇压消灭不了道德的多样性;第三种路径就是理性论证,这种双方试图通过圆满的理性论证来解决道德冲突,就如本文前文所阐述,其不可能性已是不辩的事实。由此,仅有再选择一种路径,那就是"允许原则"下的程序性共识。

在俗世的多元文化社会中,想为生命伦理学难题找到合理辩护的解决方案,存在着很大的困难。"人们共同持有的前提不足以为道德生活构成一种具体的理解,并且理性论证本身无法确切地建立这种前提,因而,理性的人们只能通过相互同意来确立一种共同的道德结构。"①在恩格尔哈特看来,约束道德异乡人的道德与约束道德朋友的道德之间存在着深刻而重要的区别。约束道德异乡人之间的道德依赖于个人通过允许所传达的权威,这种道德具有一种消极结构,它揭示了不受干预的权利与义务,只有征得别人同意才能利用别人这一要求确定限制,即在道德异乡人之间如果因为一个行动是否适宜发生冲突,他们可以通过主体间的相互同意来得到解决。不同的道德共同体会有不同的道德观,这些道德观产生了充满内容的伦理原则,人们通过同意的合作而达成的道德上充满内容的联合事业,并对个人应该如何行动给予实质性的指导,这在道德上是可以得到辩护的。"这种道德结构支撑着各种各样的道德生活形式,因而,如同人们有意于解决道德争端一样,这是一种不可避免的一般结构,根据这种道德,相互尊重应被理解为只有经得别人允许才能利用别人。"② 这也就是恩格尔哈特所构建的程序性的共识。在这个程序中,人们不必肯定一个实际的道德共同体将会形成,只要实际上有意于形成一种道德世界,人们总是可以概述其必要条件。同时,他也意识到,实际的伦理生活需要具体的道德感,"通过相互同意来确立一种具体的道德的过程是同道德这一概念本身紧密连在一起的,这一过程可以得到同内含于下述这一承诺的一般原理一样的理性辩护:不通过诉诸强制来解决道德争议"③。

理性无法解决不同的道德冲突,那么,只有设定一种程序的共识,规定来自不同的道德矩阵的人们,共同遵守彼此约定或可解决此种矛盾。罗尔斯在用社会契约的衍生方式来解决分配公正的问题时曾经提到,"为了在分配份额上应用纯粹程序正义的概念,有必要建立和公平地贯彻一个正义的制度体系。只有在一种正义

---

① H. T. 恩格尔哈特:《生命伦理学基础》,范瑞平译,北京大学出版社 2006 年版,第 104 页。
②③ 同①,第 105 页。

的社会基本结构的背景下，包括一部正义的政治宪法和一种正义的经济与社会制度安排，我们才能说存在必要的正义程序"①。价值的差异与分歧是当代社会的既存事实，合理的公民能够形成交迭共识，支持一套政治性正义观，来解决社会上的深层冲突。尤其在面对宪政核心争议与基本正义问题时，合理的公民能够搁置其争议性的整全性学说，遵循公共理性的理念，来解决争议、凝聚共识。这同样也是恩格尔哈特程序性的共识之构建之义。

　　恩格尔哈特程序性共识问题的提出对医学伦理审查具有积极的指导性意义。程序性共识的建立可以解决医学伦理审查中遇到的道德难题和道德冲突，包括因事实的解释和理解的分歧而导致的道德判断歧义的事实性道德冲突、因规范缺失或规范矛盾而导致的对抗性的规范性道德冲突以及涉及伦理学的根本性观念的元伦理学层面的道德冲突。建构一个理想的对话环境，诉诸程序性共识，是解决这些分歧的根本途径。恩格尔哈特的"道德异乡人"论述，对于各个群体之间的和平合作有着积极的意义，我们需要充分尊重来自各种文化背景的人们，反对任何将自己的价值观作为普适价值的观点，只要人们在面对不同文化背景下的道德冲突时，通过对话、交流、劝说的方式来影响"道德异乡人"的道德观，同时宽容他们做出的审慎的、理性的决定，世界才能在"允许"的原则下走向和谐。我认为，在如何对待道德异乡人的道德分歧上，恩格尔哈特给出了非常圆满的论证。

四、结　语

　　我们返回到开始的地方：现代社会道德多元化已是不争的事实，道德的不可通约性也致使人人都是"道德异乡人"，他们分属于不同的"道德矩阵"而不可能进入同一的道德共同体。如是，在我们没有可能建立起一门有实质内容的、统一的生命伦理学，也不可能建立一种超越一切的、永恒普遍的原则的时候，我们则需要形成一个程序性的共识，在一定程序的基础上认同道德的多元并在此基础上理解沟通，以保持社会的和谐。

---

① 约翰·罗尔斯：《正义论》，何怀宏、何包钢、廖申白译，中国社会科学出版社 2009 年版，第 68 页。

耻感伦理的思想基础与内容含量[①]

章越松[②]

【摘　要】耻感伦理的思想基础和内容回答的是"需要什么样的耻感伦理"问题。社会主义核心价值体系从思想指导、思想主题、思想精髓、思想要求等方面规制了耻感伦理的思想基础。耻感伦理是由一系列德目相互联系、相互结合而构成的系统的、复杂的含量体系。这既是由社会物质生活条件决定的,也是伦理道德本身发展的需要。

【关键词】耻感伦理;思想基础;内容含量

在文化多元化和价值取向多样化的今天,耻感伦理的现代境遇所呈现出来的是一幅紊乱失序与井然有序并存的道德图景。要读懂这幅现世生活的"浮世绘",必须对"需要什么样的耻感伦理"做出回答。因为这不仅仅是联结"什么是耻感伦理"和"怎样建设耻感伦理"的纽带,更是测量社会转型下社会生活和生活中的人的伦理道德标尺。"需要什么样的耻感伦理"就是科学合理地确立和构建耻感伦理的思想基础与内容含量的问题,而这也是最为复杂与艰难的事情。

一、耻感伦理的思想基础

耻感伦理指的是"人们在社会实践过程中面对耻感现象所涉及的应然性的道德准则与价值诉求"[③],不仅表现为规范人们行为的准则体系,而且还表现为

---

　　①　基金项目:2013 年度浙江省哲学社会科学规划课题"社会转型下耻感伦理的现代境遇及其建设"(13MLZX004BY)阶段性成果。
　　②　章越松,绍兴文理学院马克思主义学院教授。
　　③　章越松:《耻感伦理的涵义、属性与问题域》,《伦理学研究》2014 年第 1 期,第 12—16 页。

人们践行准则体系所形成的德性品格与价值取向。无论是作为准则体系,抑或是作为德性品格与价值取向,只有代表、反映或彰显占统治地位的社会意识形态与伦理道德观念,才能成为指导和规范人们行为的思想力量与价值准则。也就是说,耻感伦理必定要以占统治地位的意识形态与伦理纲常为思想基础。

任何社会都存在各种各样的价值体系,都有与经济基础和上层建筑相适应的、能形成广泛共识的、凝聚社会全体成员意志和力量的核心价值体系。正如传统社会的耻感伦理只能以"三纲五常"伦理道德为思想基础一样,社会转型下的耻感伦理必须以社会主义核心价值体系这个为全体中国人共同认同的"最大公约数"为思想基础。作为社会主义制度的内在价值取向,社会主义核心价值体系体现了社会主义意识形态,反映了全体社会成员的核心利益和共同愿望,涵盖了当代中国共同价值观的主要内容。它从思想指导、思想主题、思想精髓、思想要求等方面规制了社会转型下耻感伦理的思想基础,具体表现为以下四个方面。

(1)马克思主义指导思想为耻感伦理提供了思想指导。任何社会的任何时期,起主导作用的经济基础的一元化决定了起主导作用的意识形态必然也是一元化的。因为"统治阶级的思想在每一时代都是占统治地位的思想。这就是说,一个阶级是社会上占统治地位的物质力量,同时也是社会上占统治地位的精神力量"①。这意味着,社会的稳定与发展,既需要雄厚的经济基础、坚强的政治领导、完备的制度体系,也需要把握和掌控主流的意识形态,使全体社会成员在思想观念和文化上具有认同感、归属感。思想的统一是行动一致的前提,不管社会形态多么不同,社会思潮多么复杂,一个社会始终都应有一个共同的思想基础,即指导思想的一元化,而马克思主义就是这样一种思想指导。坚持和巩固马克思主义在意识形态领域里的指导地位,用一元化的指导思想来引领、整合多样化的社会思潮,是国家和社会沿着正确方向前进的根本思想保证。确立马克思主义为指导的一元化地位,以马克思主义来建立社会意识形态的统一性、合法性、合理性,才能使社会转型下的耻感伦理在应对意识形态领域里的新自由主义、普世价值论、文化保守主义等新思潮挑战时,通过在坚持社会主义核心价值体系为思想指导的"政治正确"的前提下确保其"伦理道德正确"。

(2)中国特色社会主义共同理想为耻感伦理规定了思想主题。任何一种价值体系或价值观,都内含了理想信念的元素。对于一个人、一个政党、一个社会,乃至一个国家而言,理想始终都是重要精神支柱和奋斗目标。"理想信念,是一

---

① 《马克思恩格斯选集》第1卷,人民出版社2012年版,第178页。

个政党治国理政的旗帜,是一个民族奋力前行的向导。"①无论从思想政治层面,抑或从伦理道德层面,中国特色社会主义共同理想始终是中华民族团结奋斗的强大动力,是实现中国梦的必由之路,是社会主义核心价值体系的主题。耻感伦理的思想主题既包括个人层面的,也包括国家、社会层面的。从逻辑关系上看,国家、社会层面决定了个人层面,个人层面是以国家、社会层面为归依的。从国家、社会层面看,以社会主义核心价值体系为思想基础的耻感伦理,必须以中国特色社会主义共同理想为思想主题,因为其本身就是社会主义核心价值体系的目标层次内容,是政党的主张、国家的意志,是社会的要求、人民的意愿。随着改革逐渐步入"深水区",体制的转变、利益关系的复杂化和社会矛盾的新变化,人们的耻感观念和标准与以往相比也有了新变化。要使人们在利益关系的得失、现实矛盾的分析处置中分清主次大小,在各种社会问题面前树立正确的是非观、荣辱观、耻感观,必须要有一个共同的奋斗目标和发展方向。在发展前途与命运、根本利益和愿望、价值标准与选择上,只有绝大多数人取得共识,一个风清气正社会的形成才有可能。全面建成小康社会,把中国建设成为富强、民主、文明、和谐的社会主义现代化国家,实现中华民族的伟大复兴,是中国特色社会主义共同理想,是人民的美好追求与宏伟愿景,是中华民族的"中国梦"。

（3）民族精神和时代精神为耻感伦理奠定了思想精髓。一个理论的精髓是这个理论得以确立、构建的根本出发点和基础,是贯穿这个理论的始终和所有方面的活的灵魂,是理论的精华和宗旨之所在。把握住了耻感伦理的思想精髓,也就把握住了耻感伦理最本质的东西。任何一种伦理道德都不可能是凭空形成的,必定是在继承以往积累的思想材料的基础上得以生成和发展的。作为从传统文化土壤中生长出来的伦理规范、道德要求与价值准则,耻感伦理在摒弃传统糟粕汲取精华的基础上,必须依据时代发展的要求加以补充、完善和发展。这就是说,耻感伦理的思想精髓,不仅深深地植根于民族优秀传统文化的丰厚沃土,而且也符合时代进步潮流,即既具有民族精神,又具有时代精神。民族精神和时代精神不仅仅是现时代的客观描述,更是着眼于未来发展对当下现实的"应当"——价值取向与价值引领的一种回应。一个时代提倡什么,反对什么,都能通过民族精神和时代精神在耻感伦理中得到体现。以爱国主义为核心的民族精神和以改革创新为核心的时代精神,表现了应当具备什么样的精神风貌问题,而这个问题也恰恰是耻感伦理所要解决和回答的问题。从这个意义上说,民族精

---

① 中共中央文献研究室:《十六大以来重要文献选编》(中),中央文献出版社 2008 年版,第 636 页。

神和时代精神为耻感伦理奠定了思想精髓。

　　社会主义荣辱观为耻感伦理明确了思想要求。耻感伦理的思想要求呈现出普遍性与特殊性相统一的特征。这里的普遍性是指耻感伦理内容的客观性与标准的一致性。自从人类迈入文明大门以来，在是非、善恶、美丑、荣辱等问题上，总有业已确定的内容要求与道德准则。这些内容要求与道德准则并不会随着时间推移和社会变迁而改变。从哲学意义看，普遍性总是通过特殊性而存在的。具有普遍性的耻感伦理的思想要求在现实性上，总是以特殊、具体的样式而存在。在是非、善恶、美丑、荣辱等问题上，这种特殊性会随着时间推移和社会变迁而改变。"廉耻的范畴千差万别，矛盾重重，每个时代都有各自的廉耻范畴。"①社会转型期，社会主义荣辱观为耻感伦理明确了思想要求。"在我们的社会主义社会里，是非、善恶、美丑的界限绝对不能混淆，坚持什么、反对什么，倡导什么、抑制什么，都必须旗帜鲜明。"②从内容要求看，社会主义荣辱观体现了社会转型下耻感伦理思想要求的普遍性与特殊性的统一。对祖国之忠、人民之责、科学之智、劳动之勤、互助之惠、诚实之信、法纪之守、艰苦之奋，不仅呈现出历史性、普遍性之价值，而且还彰显了现实性、特殊性之精神。所以，坚持耻感伦理思想要求的普遍性与特殊性，就是坚持以荣辱观为基础的社会主义核心价值体系所标识的时代精神与当代价值。

二、耻感伦理的含量厘定

　　耻感伦理内含了事实与价值两个层面。在人们的知识谱系中，事实与价值存在着根本性的区别，事实属于已经存在或发生的事情，价值属于人赋予事物或事件的好坏意义与评价。事实问题是实然性问题，价值问题是应然性问题。前者探究对象是什么、有什么、为什么，后者探询对象是好或坏、善或恶，据此追问人应当如何以及不应如何。关于以对"对象是什么、有什么、为什么"的追问，只能用已有的相关事实作出回答，这是描述伦理学的任务。对"对象是好或坏、善或恶"以及"人应当如何"的提问，最终只能通过确立一定的价值标准来评判，这是规范伦理学的任务。

　　耻感伦理是对耻感现象的认识，而这种认识的前提与基础是基于描述伦理

---

① 让·克洛德·布罗涅：《廉耻观的历史》，李玉民译，中信出版社 2005 年版，第 305 页。
② 胡锦涛：《牢固树立社会主义荣辱观》，《求是》2006 年第 9 期，第 3 页。

学向度的事实性现象。由于耻感伦理研究的是耻感现象——事实,即道德上的"是",所以,需要对人们行为的对与错、善与恶等道德现象进行耻感甄别,这就必须借助于描述伦理学方法。描述伦理学从纯客观的角度,对耻感伦理的事实性现象,以经验描述和分析的方法,通过获取大量的耻感事实材料、数据等,再现耻感伦理的社会本性、心理学规律和文化人类学特征。它充分反映了耻感伦理与人类社会生活的深刻契合性,以及人类耻感伦理生活本身的丰富多样性,为寻找耻感伦理中应然性的道德问题提供经验、材料与指导。

　　然而,伦理学毕竟是从理论层面建构的一种指导人们行为的规范体系,并对其进行严格的评判。对耻感伦理含量的厘定不能只停留在描述伦理学向度的事实性现象,即不能仅仅停留在道德上的"是"层面,必须寻求耻感伦理中应然性的道德问题,即必须深入到道德上的"应当"层面。也就是说,必须从实然与应然两个层面着手,即基于描述伦理学向度的事实性现象与基于规范伦理学向度的应然性道德问题。如果说描述伦理学是从对耻感现象进行材料的提取、汇集、整理的话,那么,规范伦理学则是对这些业已获取的大量耻感现象的客观性材料进行分类、筛选,从形而上的层面进行理论抽象与逻辑分析,以此提炼出应然性的伦理规范和道德要求,而这些提炼出来的具体规范与要求就是耻感伦理的德目。

　　关于耻感伦理内容的提炼与归纳,只有通过对从伦理道德生活中的耻感现象予以形而上的审视,才能发现耻感伦理道德生活的当然之则。这种伦理道德生活的当然之则所构成的耻感伦理实际上是一个体系,具有层次性,涵盖诸多含量。从要素的内在关系看,价值取向是耻感伦理的基本内核,反映这些基本内核的一个个具体的德目——彰显了人类普遍意义上的价值共识,构成了耻感伦理的主要内容。在伦理学视域下,耻感伦理既是底线伦理,也是德性伦理,还是公域伦理和私域伦理,可以从这些视域中,厘定出耻感伦理含量的具体德目。

　　在社会转型期,既存在传统意识与现代观念的冲突,也存在东西方价值观念的冲突,还存在价值观念的构成内含着矛盾的冲突。可以说,这一系列的冲突触及人们的行为方式和思想观念,更触及理想、信念、信仰等价值的坚守。多元化的社会产生多元化价值观念,价值观念的冲突普遍地存在,呈现出复杂性、社会性和历史性的特点。虽然一定的价值观念冲突,有助于提高人的认识能力、提升人的价值判断、促进人的主体地位的确立,但也会对社会发展产生负面效应,在一定程度上会带来思想混乱与行为失范。社会转型下耻感伦理问题凸显的根源就在于价值观的一元化与多样化的矛盾与冲突,即价值观的错位与冲突。在此,必须正确定位价值观的一元化与多样化,以此为基础,理顺不同价值观之间的相互关系,促进不同价值观之间的协调运行与和谐发展。在肯定价值观的多样化存在合理的同时,建立一种基于广泛的社会共识基础之上的价值观一元化,使不同利益诉求之上的价值观的多样化在价值观一元化的指导下和谐共存与良性发展。这里,价值观的一元化,从底线伦理视域看,表现为羞耻、荣誉、荣辱、守法、诚信、爱国、敬业等,因为这些德目的缺失会造成底线伦理的震颤;从德性伦理视域看,表现为良心、自律、自尊、责任、弘毅、正义、友善、廉洁等,因为在一个组织良好的社会中,要实现经济发展和社会进步,仅有底线伦理是远远不够的,还需要德性的引领。德性具有一定的价值导向,是引领社会发展的风向标,是推动社会进步的不竭动力。

从底线伦理与德性伦理视域聚焦现实社会的要求,守法、诚信、弘毅、正义、良心、羞耻、荣誉、荣辱、自律、自尊、爱国、敬业、责任、廉洁、简朴等德目均是维系社会稳定和良性运转的要素,都应该纳入耻感伦理的含量体系之中,使之成为人的应有道德品质——做人的标准。

人类的生活可以分为公域与私域两个领域。然而,传统社会没有真正意义上的公域,因为私域不仅是个人生活的内容,而且也是社会生活的全部,所有的社会伦理道德都只在私人联系中发生意义。人们把具有亲情的家庭人伦关系向外推衍到社会关系,通过修身齐家实现治国平天下的理想目标,家庭伦理成为社会伦理的基础。全社会只有一种伦理道德,没有公域伦理和私域伦理之分,在一定程度上都属于私域伦理的范畴。工业社会催生了公域领域,市场化的社会生存方式成为解构社会公域与私域一体化的力量,公私两域的分化才得以显现,公共生活和日常的私人生活成为现代社会生活中的两种常态。需指出的是,私域伦理和公域伦理不是分属于传统社会和现代社会的两种伦理主张,也不是在公私划分之外的两套价值体系,而是在现代社会内部公私域相分的前提下所独有的一对社会伦理主张与要求。

在此,私域伦理要求个人空间及其特殊感受得以保留,私人生活不得干涉,私有财产不受侵害,个人自由不被剥夺。在私域共同体中,人们的交往以感情为基础,彼此密切,应遵循羞耻、荣誉、荣辱、良心、自主、自立、节制、审慎、感恩、仁爱、慷慨、诚信、责任、友善、廉洁、简朴等德性。公域伦理要求在每一个人的私域之外,还存在公共空间、公共财产、公共利益。在公域共同体中,人们彼此的身份平等,共同从事公共事务,应遵循平等、尊重、合作、信任、宽容、弘毅、正义、守法、爱国、敬业等德性。这些德目的价值取向表明,人们所应秉承的私域伦理与公域伦理的要求不是相互对立的,相反却具有相同的理论旨趣与价值诉求。只是这两种伦理要求关涉领域不同、方向不同,私人领域中要求人的行为应该合理利己,其应然的价值取向是经济活动的绩效、社会生活的自由与个人的发展。公共领域中要求人的行为应该无私利他,其应然的价值取向是追求公共利益、实现公平正义、建立和谐稳定的公共秩序。就耻感伦理而言,无论无私利他与合理利己如何冲突、排斥,二者都必须符合耻感伦理的要求,遵循耻感伦理的规则,因为耻感伦理既是底线伦理,也是德性伦理。

从公域伦理层面看,耻感伦理是处理公共领域中社会关系所应遵循的基本的、起码的道德要求,是社会的文明尺度,爱国、敬业、守法、弘毅、正义等德目应是其内在要求;从私域伦理层面看,耻感伦理是处理私人领域里人伦关系抑或人之为人所应遵循的基本的、起码的道德要求,是人的德性标识,诚信、友善、责任、廉洁等德目则应是其内在要求。

三、耻感伦理的内容含量

无论从何种维度、何种层面把握和构建耻感伦理内容,都必须秉持整体性与层次性相结合的原则,注重各个要素之间的关联。在耻感伦理含量体系中,爱国、敬业、守法、弘毅、正义、羞耻、荣誉、荣辱、良心、自律、自尊、自主、自立、诚信、友善、责任、廉洁、简朴、节制、审慎、感恩、仁爱、慷慨、平等、尊重、合作、宽容等德目均是重要的内容。然而,这些德目之间的排列却不是杂乱无章的,而是根据对道德经验的概括和对个体品德的应然规定有一个主次轻重的先后顺序。如果进行分门别类的话,那么,从主体载体看可分为个体德目、群体德目,从时间发展看可分为传统德目、现代德目,从涉及领域看可分为私域德目、公域德目,等等。

然而,耻感伦理毕竟是人的一种心理情感体验,这种自我反思、自我意识的情感活动存在于人与人的关系之间。所以,建构耻感伦理含量体系可以从道德心理机制和所涉关系的类别层面进行分类排列。从道德心理机制层面看,耻感伦理涵盖了羞耻、荣誉、荣辱、良心、自律、自尊、自主、自立、悔恨、审慎、节制等德目。从所涉关系的类别看,人的活动关系不外乎公共领域的社会关系与私人领域的人际关系,人们在处理社会关系与人际关系时,根据耻感伦理指向的不同,可分为所涉公共领域社会关系的德目和所涉私人领域的人际关系的德目。从所涉公共领域的社会关系看,主要有爱国、敬业、守法、弘毅、正义、合作、平等、尊重等;从所涉私人领域的人际关系看,主要有诚信、友善、仁爱、责任、廉洁、宽容、简朴、感恩、慷慨等。无论哪一个层面,撇开其中含义相近的德目,那些居主导地位、起支配作用、统摄其他德目的部分就是核心德目。如果把每一层面的含量体系视作一个同心圆的话,那么,核心德目就是圆心,其他层次的德目则根据与其紧密相关度由内而外作梯次排列。核心德目最为稳定,德目的变化由内而外渐次影响,这些核心德目构成了耻感伦理的主要内容。

在道德心理机制层面,耻感伦理的核心德目是羞耻、荣誉、良心、自尊、自律。羞耻是行为主体因为个人言行的过失而产生的一种否定性的心理情感体验,这种心理情感体验是缘于违背内心的善恶、荣辱、是非标准而感到不光彩、不体面或因为受到周围人的谴责。与之相反,荣誉则是行为主体因为作出成就或贡献后而受到来自他人和自我的一种肯定性的心理情感体验。就耻感伦理的内容而言,羞耻与荣誉是一个硬币的两面,一个物体的两极,是矛盾的两个方面。羞耻居矛盾的主要方面,荣誉是矛盾的次要方面,二者共同表达了对于行为主体的思想和行为的价值评判。当人们讨论羞耻时,其背后实际隐含着荣誉。同样,当人们谈论荣誉时,其背后也隐含着羞耻。从这个意义上说,羞耻与荣誉作为合理内核而并列在一起。如果说羞耻与荣誉是耻感伦理合理内核的话,那么良心就是其基本内核。羞耻、荣誉与良心有着密切的关系,善与义务的主观性环节即为良心,羞耻、荣誉属于道德人格与良心的范畴。一定意义上,羞耻与荣誉都是通过良心发生作用,良心在一定程度上也表现为羞耻感与荣誉感。也就是说,羞耻感与荣誉感是良心的羞耻与荣誉的道德情感体验,羞耻感、荣誉感是良心的羞耻感、荣誉感,是良心的标识。羞耻、荣誉与良心构成了驱动耻感伦理的双核。与羞耻一样,自尊是人之为人的根据,不同的之处在于它是"个性的精神核心,是一个灵魂中的伟大杠杆",是"人们赖以自立的强大的内在力量"[1]。作为耻感伦理的德目,羞耻与自尊二者不仅是互动关系,而且也是互为表征关系。与一个良心缺失的人不可能有羞耻感,一个羞耻感缺失的人同样是没有良心的人一样,一个羞耻感缺失的人不可能有自尊心,一个自尊心缺失的人也同样没有羞耻感。就是说,丧失了羞耻感的人对自我价值的评价一定是错位的,他的知觉自我与理想自我也一定是扭曲与畸形的。从这个意义上说自尊是耻感伦理的健康人格的表征。自律是以耻感为基础的。"知耻之心是道德自律思想中的一个重要思想内容,知耻之心是道德自觉的一个重要的思想基础。"[2]一个人能否抵制恶的欲望、言行,自觉践行社会道德,实现道德上的自律,受制于耻感伦理的发展程度与水

---

① 俊华:《自尊论》,上海文化出版社 1988 年版,第 103 页。
② 罗国杰:《中国传统道德修养——教育修养卷》,中国人民大学出版社 1995 年版,第 395 页。

平。"一个人能否在道德上自律,不仅与其理性认知水平有关,而且与其道德情感,尤其是耻感的发展水平相关。"①在道德机制层面,自律是修养方式与境界,与羞耻、荣誉、自尊一起构成了耻感伦理含量体系的核心德目。

在所涉关系层面,耻感伦理涵盖了公共领域和私人领域两个方面。在公共交往领域,人们主要面对的是个人与国家、个人与职业、个人与社会等三个方面关系,与之相对应的耻感伦理要求分别是爱国、敬业、守法和弘义。爱国不仅是一种传统道德,更是一种现代道德,因为危害祖国不仅仅是一种羞耻,更是一种犯罪。敬业是一种职业精神,是一种对待工作的坚持与坚守的态度。作为核心价值观,爱国与敬业一起理应被纳入耻感伦理内容之中。在面对个人与社会关系时,人们应遵守和维护社会秩序,对应的耻感伦理要求必须坚持法治与德治的有机结合,即必须秉承守法与弘义两种价值观。从社会转型下耻感伦理的现代境遇看,诸多无耻现象发生多与违法乱纪和缺乏正义担当有关。把守法和弘义纳入耻感伦理的内容范畴是构建和谐社会需要。爱国、敬业、守法、弘义等耻感伦理德目,不仅反映了社会主义社会的基本属性,而且体现了社会转型下耻感伦理的价值诉求。

在私人交往领域层面,人们主要面对的人际关系和家庭关系,必然涉及诚信、友善、责任、廉洁等这些基本伦理要求。在此,诚信奠定了人际交往的基石,诚信的缺失与危机,不仅会影响人际关系的和谐,更会影响社会秩序的稳定。友善是和谐的人性基础,能够有效地化解社会转型下因阶层严重分化、收入差距拉大等带来的矛盾与戾气,成为人们友好相处的润滑剂。责任具有的自我纠偏纠错功能,对人的行为产生巨大的约束力和推动力,不仅体现在对国家、社会、职业,而且还体现在对家庭、他人的应尽的义务和担当。廉洁是立身之基、齐家之始、治国之源,有助于形成风正气清的社会。这些作为人类文明普世价值的德目,不仅是人与人交往的基石,而且也是个人修身正己、为人处世的耻感价值准则。

无论是爱国、敬业、守法、弘义,抑或是诚信、友善、责任、廉洁,都是人类社会的价值共识,在社会转型下被赋予了新的内涵,与当下所倡导的社会主义核心价值观高度契合。从结构关系看,与道德心理机制层面的核心德目相比较,所涉关系层面的核心德目处于外层,围绕着道德心理机制层面的核心德目而展开。

---

① 李海:《论耻感与自律》,《道德与文明》2008 年第 1 期,第 30—31 页。

从边缘到中心：社会治理中
"三位一体"的道德调控

郭夏娟① 杨麒君②

【摘　要】在当今的治理转型中，政府单一控制的道德调控正在逐渐失效，强调国家主导道德调控的观点受到多元调控理论的批评。实践中，政府、社会与个人"三位一体"的新型道德调控模式应运而生。与政府主导道德建设的传统模式不同，新型道德调控模式源自民间和社会的自主推动且以社会为中心；其运行机制依赖于社会力量而非政府权力；这种多主体、多途径参与的道德调控对政府治理转型产生了积极的推动作用，不仅有利于促进社会道德发展，还促进了社会多方协作、政府和公民新型关系的形成。

【关键词】社会治理；"三位一体"的道德调控；社会中心

社会治理是由政府、社会、企业、个人等多方力量协同、对公共事务进行协商、妥协并共同决定和实施的过程，其治理途径不再局限于政府对社会的行政控制，而是多主体、多渠道的共同合作，核心是治理主体与途径的多元化。其中，道德调控（Moral Regulation）便是这种多元治理的重要途径，并构成政府职责的重要部分。事实上，随着政府处理社会事务的方式逐渐向公共治理转变，出现了各种创新途径以便将道德调控引入社会治理，一些地方政府将这种新尝试作为善治的重要途径，且已证明道德调控在社会治理中的有效性。然而，在学界，道德调控究竟在当今中国的治理转型中能否有效运行的问题，却一直存在质疑。本文正是基于这一背景，以浙江省德清县创新的"三位一体"道德调控模式为例，解析多主体、多途径的道德调控是如何形成的，具有怎样的运行机制，以及发挥了

---

① 郭夏娟，浙江大学公共管理学院教授。
② 杨麒君，浙江大学公共管理学院博士研究生。

何种作用,以便更好地理解道德调控在社会治理中的作用。

一、何谓"三位一体"道德调控模式

回答上述问题,需要了解什么是道德调控。本文所说的"道德调控"并非常识理解的"私人领域"中个体行为调节方式。作为一种理论,"道德调控"最早出现于 1970 年,特指政府在进行社会调控时,对特定伦理和道德规则的运用。众所周知,二十世纪中期以后的西方,随着宗教对政府政策的影响日益减弱,无政府状态下的市场出现了道德危机,伦理和道德开始受到政府的重视。很多学者开始探讨道德在调控市场导致的社会问题时的作用。涂尔干(Durkheim Emile)认为,人类本性贪婪,充满无尽的欲望,如果没有强制力则难以得到约束。为此,他提出国家需要将道德调控引入社会管理。他所说的"道德调控"是指国家和政府制定明确的道德标准,约束并调节个体行为。在市场日益膨胀的背景下,政府应该更多地制定并运用伦理与道德原则以规范人们的行为。科里甘与萨耶尔(Corrigan Philip, Sayer Derek)同涂尔干持类似观点,认为道德调控是一项国家意识形态合法化的活动,需要与国家建构同时进行,其功能在于维持社会秩序。

但是,也有学者质疑和反对这种国家主导的"道德调控"论。柯蒂斯(Bruce Curtis)在研究社会教育时提出,道德调控不是依靠强制力量,而是通过习惯、观念、原则等来影响人们自身行为,建立在私人联系、舆论、劝说和民选代表的道德权威基础上,如教育就是一种道德调控方式。迪恩(Mitchell Dean)认为道德调控是多元主体参与的活动,国家不是唯一的调控者,地方、宗教和非盈利组织等都应被列入道德调控行动者的范畴。汉努(Hannu Ruonavaara)则主张道德调控是社会控制的一种形式,通过教育、说服、宣传等平和手段,转变社会成员认知,使他们遵守统一的规则。1997 年,柯蒂斯再次阐述道德调控理论,提出"社会中心论",重申道德调控是由社会个人或组织实施的多元途径的调控过程,其"道德权威"不是来自于国家权威。针对科里甘与萨耶尔文章中将道德调控定义为资本主义合法化过程的观点,新福柯主义学者(neo-Foucauldian)强调道德调控在主观建构上的作用,应将道德调控从国家合法化的概念中分离出去。这些学者批评科里甘与萨耶尔的观点过分强调国家作用,倾向于将道德调控概念从资本主义剥削假设的权力分析中排除出去,并更注重考虑民主治理模式下"自由"和自我建构的实践。

显然,这些不尽一致的道德调控理论涉及三个核心要素:国家、社会和个人。

除了迪恩以外，多数学者对三者的阐释都是分而论之，以说明某一方面的重要性。不过，综观这些论述可以发现，道德调控基本上涉及三个层面：一是"国家中心论"，强调国家和政府在道德调控中的作用，带有强制性，调控效果显著。这种理解把道德调控视为重要的社会治理途径，以涂尔干的"国家中心论"为代表；二是强调"社会中心论"，认为道德调控是运用各种社会力量规范人们行为的方式，以迪恩的多元主体论为代表；三是注重个体的道德培育与内化，如汉努主张通过道德调控转变社会成员的认知，使他们对规则形成共识并接受。

　　据此，笔者将整合上述分而论之的各派观点，提炼出政府、社会和个人"三位一体"的道德调控分析框架，对当今中国社会治理转型中的道德调控进行概括，以此分析我国地方政府探索的道德调控模式，并且聚焦于近年来浙江省德清县探索道德调控的实践模式，探讨政府在传统家长式控制社会的调控方式面临危机、社会公共事务治理主体与途径越来越多元化的背景下，如何运用道德调控，使之成为达成善治目标的途径。这一道德调控模式如图1所示：

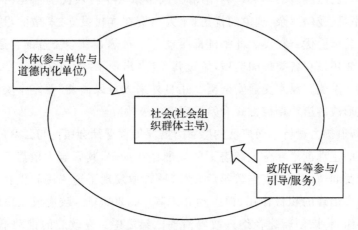

图1　"社会中心"的"三位一体"道德调控模式

　　在这一道德调控模式中，政府从传统的控制地位转换成平等的参与者，对源自民间的道德创新进行引导与推动；社会主要是指社会组织和民间道德协会，在新型道德调控模式中处于中心地位，成为道德调控的核心力量；而个体则是道德调控的具体参与者和实践者，他们既是道德调控的主体，也是被调控的对象与客体，更是道德内化的重要单位。各主体间形成互补互助的协作关系。德清县自1997年开始以"民间道德设奖"为引导所进行的道德调控尝试，正是契合了上述"三位一体"模式，成为当今我国道德调控模式探索中的典范。多年来，这种社会中心的道德调控模式已成为社会治理不可或缺的重要组成部分，成为融合各种社会价值达成治理目标的有效途径,为善治目标的实现发挥了重要作用。

二、"三位一体"道德调控模式何以形成

现实中,不论探索何种形式的道德调控都是以化解现实道德冲突为目的。社会治理中的道德调控更是为了回应治理困境所进行的尝试。改革开放以来,市场经济冲击传统道德调控机制,政府主导的道德调控失去了以往的权威性与影响力,而效率优先的市场调节机制往往难以有效调节社会伦理价值冲突,以至于面对日益严重的道德失范,难以找到有效的调控途径化解伦理难题。为此,地方政府以创新思维探索治理途径的实践日益增多。在这种背景下,德清的尝试便是顺应社会治理转型而创立的。

从源头考察,"三位一体"道德调控模式的首创者既不是政府,也不是社会组织,而是一位普通农民。1997年,德清县武康镇太平村农民马福建出于对社会上"养老不足、爱幼有余"现象的忧虑,个人出资在本村设立"孝敬父母奖",褒奖长期孝敬父母的优秀村民。此举随即带动了一批热心社会公益的普通百姓,很多热心人效仿设立各类民间奖项,短短几年内,出现了"孝敬父母奖""天荣环保奖""志国拥军奖""溪水交通安全奖""正良外来人员风尚奖"等多个奖项。这一民间自主形成的道德调控方式开始显现出积极效应。

然而,道德力量持久而广泛的感召力需要依赖于社会舆论与公众的知晓度,源自民间的主动创举在分散状态下的发展存在局限,其影响力依然有限。在个体驱动的民间道德设奖实施数年后,政府敏锐地发现了这一民间创新道德调控方式对社会治理的积极作用,便主动介入其中。2005年,政府成立民间设奖指导管理小组,将该创新途径纳入政府治理框架之中。在政府的推动下,2006年成立了"德清县民间设奖协会",以便对分散的民间设奖创新进行规范、指导与推广。该协会主席与成员由民间志愿者组成,其职责包括制定民间道德设奖章程、规则,提供交流沟通平台。如接受设奖申报与登记、规定设奖年限、在政府和民间设奖人之间进行沟通协调与信息传递等。

随后,政府作为平等参与者的作用日渐显现,使得这一民间自发的创新途径,呈现出快速增长发展的趋势,从2006到2015年,已发展出44个奖项,内容涵盖"尊老爱幼、拥军爱国、见义勇为、诚实守信、助残助学、热爱环保"等各个方面。至今,形成了覆盖全县范围的道德氛围,尤其是在农村,几乎每个村都已知晓民间道德设奖的道德调控实践(见图2)。

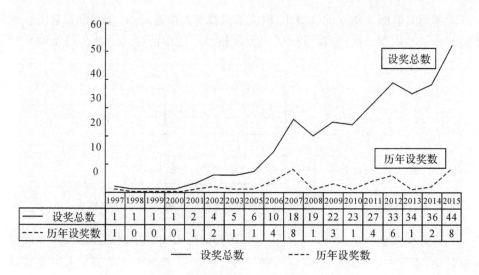

	1997	1998	1999	2000	2001	2002	2003	2005	2006	2007	2008	2009	2010	2011	2012	2013	2014	2015
—— 设奖总数	1	1	1	1	2	4	5	6	10	18	19	22	23	27	33	34	36	44
---- 历年设奖数	1	0	0	0	1	2	1	1	4	8	1	3	1	4	6	1	2	8

—— 设奖总数   ---- 历年设奖数

图2 德清民间历年道德设奖增长

很显然,从民间自主设立单一道德奖项,发展到从多领域的普遍共同实践,政府作为公共权力的实施者,利用其权威与影响力,将自发的个体行为整合成社会行动,尤其是通过培育"民间道德设奖协会"这一民间组织,由社会组织行使具体的指导、规范以及交流沟通职能。而政府的介入并非传统意义上的主导或控制,而是以平等身份参与其中,甚至是隐藏于社会组织背后,出谋划策,提供政策支持与宣传平台,包括力所能及的经费资助,使得民间道德设奖义举在政府这只"看不见的手"的助力下得到孵化,将原先分散零星的民间奖项纳入到整体框架中,使之更有序地得以完善,使这种尝试得到快速发展,有效带动了积极道德风气的形成。综观这一过程,政府始终处于幕后推动地位,并非台前的主导,更没有以领导自居,而是作为服务者、推动者和倡议者,确保社会和个体的作用得以最大限度的张显,从而使得这一有效创举从产生之初便充分体现出"社会主导"的特征。

三、"三位一体"道德调控模式如何运行

任何具有生命力的道德调控都需要有效的运行机制。那么,德清"三位一体"道德调控具有怎样的运行机制并驱使其运行呢?这是理解该模式是否具有真实有效性的重要前提,也是理解道德调控在社会治理过程中发挥作用的基础。在该模式中,政府、社会和个体在道德调控中承担各自角色,发挥不同的功效。

三者各司其职而又相互配合协作,形成了道德调控中政府、社会与个人紧密合作的循环运作机制,并且使得"社会"成为该调控系统中的核心力量。该调控机制如图 3 所示:

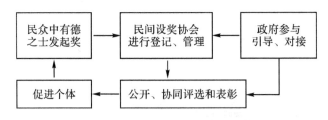

图 3　德清民间设奖运行机制

首先是公众自主设奖。"三位一体"道德调控模式在原创阶段始于民众的自觉行动,而且在运行过程中同样体现该特征。所有道德奖项的设奖人都是普通民众。他们以个人或团体为单位,自愿出资设立某个奖项,奖励该领域道德高尚的普通民众。这些自愿出资设奖人多是农民、退休老人、残障人士、下岗职工、个私业主等个体或群体,如"孝敬父母奖"的设奖人马福建原先是海鲜生意人,"诚信市民奖"的设奖人蒋引娣是清洁工人,"丽红巾帼创业奖"的创始人俞小红和陆小丽是两位公司经理,"彦方诚信经营互勉奖"的设立者王彦方是一名女企业家,"少儿进步奖"由一批退休教师所设立等。他们不仅自己遵从社会道德,具有社会责任感和高尚品德,还想方设法引导他人的道德教化。与此同时,民间组织或团体也发挥了重要的引领作用。例如,退休教师协会于 2012 年设立了"少儿进步奖",奖励进步的贫困学生。在目前的设奖者中,企业家占了 53%。特别是女企业家协会,除设奖之外,经常发动成员做一些慰问老人、帮助贫困儿童等具有社会影响力的善举。

其次是协会的协调管理。虽然个体或团体设奖具有道德感召力,但是分散状态的运作难以形成广泛持久的影响力,而"民间设奖协会"恰恰是整合分散行为的核心平台。该协会的主要职能包括:广泛动员社会各界人士热心出资设奖;指导规范设奖名称;利用媒体加强宣传;指导监督各类民间设奖的评奖、颁奖活动;建立会员档案;对受奖者进行登记等。此外,协会还负责制定每一个奖项章程,协助活动的开展及奖金管理。其运作程序是:协会收到民间个人或团体设奖申请后,就登记在案,协助设奖人建立起该奖项的委员会和章程。各民间奖项都有各自的委员会和一套行为准则,用以长期规范和指导民间自费设奖工作,组织和动员人们参与,拓宽其知名度。比如"少儿进步奖"委员会由参与设奖的一批退休教师组成,其奖金来自参与设奖的退休教师捐款,所有出资者都可称为设奖人,他们构成了"少儿进步奖"委员会,第一届设立委员会于 2012 年 3 月到 6 月开了多次预备会,制定了相关章程。该章程规定了评奖标准、奖金数目、评奖程序等。很显然,民间设奖协会对各将其进行有效管理,通过宣传和引导发动更多民众参与其中。这种由社会力量建构的非正式组织,在"三位一体"的道德调控机制中具有核心地位。

再次,每个奖项在设立委员会并制定章程后,由民间设奖协会联络政府相关部门,由后者提供服务,指导辅助推荐候选人、评选、颁奖等。政府不同部门协助不同奖项的运作,如农业办负责协助与农业相关的奖项,妇联负责协助与妇女相关的奖项等。又如,与妇联关联的有"爱心帮扶奖""诚信市民奖""海平家庭和谐奖"等 15 个奖项,其设奖人或获奖者为女性,被统称为"姐妹草根奖",妇联也是候选人的推荐方和评奖者之一,同时协助宣传和颁奖仪式的实施。各个奖项所对接的政府部门会参与奖项的运作,但不会干涉与施加行政控制,只是作为平等合作者和协助者提供服务。比如,政府利用其资源,联合社会媒体进行宣传推广,扩大道德设奖的影响范围,并协同社会媒体,将蕴含在民间道德设奖中的道德精神提升到社会主流价值的高度。

这种设奖机制充分体现了道德调控主体的变化,政府不再处于绝对的主导地位。但是,这并不意味着政府无所作为,正如涂尔干强调的,国家和政府在道德调控中的作用依然不可忽视。当政府成立领导小组,指导建立民间道德设奖协会之时,便蕴含着制度的创新,通过培育民间组织,把分散无序的个人设奖义举,整合到制度框架中,这超越了传统道德教育的"运动式"思维,使之具有稳定的可持续发展性。正如学者所指出的,以往道德调控中缺乏制度建议,便失去了有效稳定的可持续特。这种作用并非如有些学者主张的那样,仅仅需要将法制手段引入道德调控,"以国家强制力作为保障系统的法制调控手段才能够真正起到威慑作用"。相反,在"三位一体"道德调控机制中,政府的作用并不是运用强制性权力对公众进行道德调控,虽然政府在与本行业契合的道德领域展现出"在场"姿态,但并非行政控制,而是为民间设奖提供制度保障,确保民间设奖活动有效展开。

在此基础上,各方合作进行道德评奖与表彰。按照各奖项的时间规定,设奖人主动联系协会,启动评奖程序。其推选和评选过程则由三方协作完成,并且由民间组织扮演主要角色。例如,由十二名女企业家发起的"诚信经营互勉奖",其推选程序是由德清县个体劳动者协会、德清县民营企业协会各基层分会推荐,报县个体民营企业协会,由县个民协会、县民间设奖协会、最终核定后确定获奖人。由德清新市镇企业家宋永良设立的"好家风"家庭奖,其获奖推选程序为:通过村、社区(居)、企业党组织推荐和自荐两种方式产生候选家庭,再由新市镇评审小组(由县妇联、县文明办、新市镇机关干部及群众代表组成)对上报家庭进行审核,评选出候选家庭对其事迹在媒体进行公示,接受公众投票,再由评审小组进行综合打分,评选出新市"十佳好家风"家庭,给予表彰奖励。

随后的颁奖过程同样体现各方协作的特征。由奖项委员会和协会主导,政府协助,确立颁奖场地、表彰形式等。政府则适时推动辅助民间运作,履行其特有的职责。例如,2014年"孝敬父母奖"表彰大会在上柏镇召开,政府协助邀请各乡妇女主任、支部书记前来参加,随后通过媒体报道宣传,随之,400多家媒体作了报道,有效提高了"孝敬父母奖"的知名度,进而将评奖范围从该镇扩展到全县,之后更是涉及湖州和杭州等地。

不难看出,个体民众与社会组织、政府部门"三位一体"互动协作的特征日益显现,过程公开透明,充分体现了多元参与、社会中心的理念。这正是"三位一体"道德调控模式成功的关键所在,即"民间推动结合政府引导,全社会共同加入促进道德进步发展的行列"。不同于政府单一主导的传统调控方式,该模式中社会组织与民众个体成为道德调控的自治主体,而政府以平等角色参与其中,起到指导与协助作用。通过道德主体的自治、道德教化与舆论场,政府起到推波助澜的作用,使得民间道德风尚传播更广泛且更持久。

最后,"三位一体"的道德调控源自民间个体,最终需要回归于个体的道德内化,形成积极的道德品质,推动社会整体道德提升。道德的基础是人类精神的自律,没有道德主体的"自我立法",道德调控的功能难以发挥。道德调控的最终目标是唤醒个人的义务感、良心感和自我价值感,引导人们自觉按照道德至善的方式行事。与其他道德奖励模式不同,源于民间的"三位一体"道德调控运行机制为公众提供了道德评价的平台,有利于整合道德价值信息。通过广泛的公众参与,有效传播道德精神,促进社会道德的个体内化。例如,"孝敬父母奖"自设置以来,已经感召了一大批普通百姓。如太平村有一户人家,婆媳关系一直不好,争吵不断。而在该奖项设立后,看到别人家庭关系和睦受人尊敬,儿媳妇开始改变对婆婆的态度,后来被评上了"孝敬父母奖"。在这一道德调控运行机制中,设奖者作为促进社会道德文明的引领者感召民众,而后者通过身体力行,为他人做出道德表率,进而影响更多的人择善而行。正是这种源自草根的凡人善举,与普通个人息息相关,相互影响,使得"百姓设奖,奖励百姓"的社会风尚日益盛行,激发出蕴藏人性中的道德力量。正如瓦尔韦德（Mariana Valverde）所说的，道德调控是一种双向交换活动，道德调控主体既是道德行为的接受者，也是道德行为的行施者，当行施者对接受者提供了道德帮助，接受者也会给予施行者一定的道德资本（如名誉）作为回报。道德调控的运行不是自上而下的行政途径，而是基于普通民众的自主性，"让社会诸力量介入，发挥官方和非官方的社会管理和社会调控能力"。不可否认，这种官方、非营利组织与个人自主运行的道德调控机制，不但已显示出持续的活力，而且成为善治的有效途径。

四、"三位一体"模式对政府善治有何影响

随着社会事务日益复杂，政府的控制式管理越来越不适应社会需求，这导致社会治理模式的变革。正如全球治理委员会提出的，治理是各种公共的或私人的个人和机构管理其共同事务的诸多方式的总和，既包含正式制度规则，也包含人们所认同的非正式的制度安排。这意味着，政府不再是唯一的行为者，各种私人部门和公民自愿性团体正在承担着越来越多原来由国家承担的责任。社会治理作为现代行政转型的方向，其重要特点就是多元主体的共同协作、持续互动。"善治"的本质特征就是政府与公民对公共生活的合作管理，是权力向社会的回归。"三位一体"的道德调控途径不仅推动社会治理，而且对善治目标的实现具有重要贡献。

首先，多元调控的道德途径体现了各方协作的善治特征。长期以来，伴随市场经济带来的道德"滑坡"，政府通过各种形式进行道德灌输与培育，但这种居高临下的价值传递方式总是以强制力为依托，因违背道德形成的基本规律，其效果自然不尽人意。无论是个体还是公众或者是社会组织，都作为被教育对象，成为道德调控的客体。在这种背景下，道德教育难以达成动员民众的效果，也无法让社会"运转"起来，结果是难以将主流道德标准及价值导入个体公民以及社群。

相比较，"三位一体"的道德调控模式正是在解构传统政府管理方式中的自觉选择。当民众首创道德设奖后，政府敏锐发现该创新的价值，便以平等参与者身份，加以引导和规范，促成"民间道德设奖协会"成立，进而通过该协会整合分散的个体行动，由民间协会制定设奖章程，规范奖项名称和标准，为设奖人设立并管理奖项基金。在评奖过程中，从候选人推荐、评选出获奖人，包括颁奖形式与范围等，都是在多元主体参与下完成的，包括普通公民、社会组织、志愿者、政府官员等，而道德调控的途径更呈现出"去官方"色彩，即使是颁奖形式，不同内

容的奖项具有不同的颁奖方式,往往取决奖项内容的需要,由社会主体自主选择,政府只是以服务者身份,提供必要的指导与具体帮助。这种尝试实践了社会治理的基本要素,即各主体围绕共同目标相互协作,以使治理目标达到效率最大化,在社会公众实现道德内化的过程中,也推动社会协同治理的进程。

其次,促进政府和公民新型关系的形成。如果说,政府治理的目的是在各种不同的关系中运用权力去引导和规范公民的各种活动,以最大限度地增进公共利益,那么,从本质上说,善治是国家权力向社会的回归,是政府与公民之间的良好合作,它有赖于公民自愿的合作。从这个意义上说,善治的基础正是公民或民间社会的自觉参与和合作。"三位一体"道德调控模式的实施为政府与公民对公共生活的合作管理提供了现实切入点,进而建构出国家与市民社会的新颖关系。该实践有效地将公共领域与私人领域相结合,通过民间组织和管理建立合理的制度安排,实现公共领域与私人领域的沟通。

更有意义的是,政府从开始便以合作者出现,往往是在民间运行需要帮助或需要推进时给予及时支持,利用政府的行政权力及其权威,给予帮助和支持。例如,2005 年成立指导小组,促成了"民间道德设奖协会"的成立,随后民间道德设奖的呈快速增长态势;又如 2006 年创立的"非遗保护传承奖",由于设奖人移居外地,无法继续参与奖项运作,为了让该奖项能持续发挥作用,政府向民间设奖协会提议,并参与发布信息,征集热心民众继承该奖项的出资人,不久,新的设奖人接任,该奖项得以持续运作并传承至今。显然,政府的作用不再体现在简单的"领导"之中,而是基于相互尊重与信任的协作与指导。

最后,推进政府职能转换。长期以来,政府垄断了管理社会的全部职责,包括道德调控,而学界对政府职能转换的关注点更多地聚焦于经济层面,对道德调控职能则少有涉及。每当社会发出道德下降信号时,学者们总会呼吁政府行政权力强行介入社会道德重建,相信只有"以国家强制力作为保障系统的法制调控手段才能够真正起到威慑作用",并且主张以法制建设为基础进行社会道德重建。科里甘与萨耶尔认为,国家和政府进行道德调控的活动是确立社会普遍认同的规则和形式,并通过经验性的特殊方式规范社会生活。然而,这种理论上的一厢情愿在实践中却收效甚微。更让人困惑的是,这种观点相信,强制性行政权力可以挽救日益衰落的社会道德,但并没有提出政府以何种途径重建道德,对于政府、社会和个体在道德调控中的角色定位也模糊不清、责任不明。结果是,道德调控机制运行中缺乏明确的主体责任,导致道德规则形同虚设,社会和个体缺乏主体意识和有效的道德内化机制。鉴于此,也有学者呼吁加强道德调控体系建设,建立一套新的有效的道德调控机制刻不容缓。

显然,在政府向服务型政府的转变过程中,引入道德调控机制进行自我变革,在与其他社会自治力量开展行动的过程中提供服务和引导,显得尤为重要。在"三位一体"道德调控的创新模式中,政府对社会的责任从全权掌控的行政式管理,自觉转变为支持和辅助的服务型职能,主要体现在引导、规范、宣传并提供平台,而非传统意义上的掌控与领导。相反,社会力量成为道德调控的核心,民间组织对调控过程进行自我管理,最大限度地调动民众的道德责任感,依靠社会舆论、风俗传统、社会声誉等形成道德舆论场。社会组织与个体公民则成为道德实践的直接参与者,主动融入道德调控过程。而政府在治理转型中主动转换职能,使得道德调控发挥出显著效果,并创造出良好的社会道德环境。值得关注的是,这种转变的意义不仅体现在道德领域,而且对政府在认识自身与社会关系上,也具有开启性影响。

参考文献

[1] Matthews D R. Mere Anarchy? Canada's "Turbot War" as the Moral Regulation of Nature[J]. Canadian Journal of Sociology, 1996(4).

[2] Durkheim E. Professional Ethics and Civic Morals[J]. American Journal of Sociology, 1983(6).

[3] Corrigan P, Sayer D. The great arch: English state formation as cultural revolution[M]. Oxford: Blackwell, 1985.

[4] Curtis B. Policing Pedagogical Space: "Voluntary" School Reform and Moral Regulation [J]. Canadian Journal of Sociology, 1988(3).

[5] Dean M. "A Social Structure of Many Souls": Moral Regulation, Government, and Self-Formation[J]. Canadian Journal of Sociology, 1994(2).

[6] Ruonavaara H. Moral Regulation: A Reformulation[J]. Sociological Theory, 1997(3).

[7] Curtis B. Reworking Moral Regulation: Metaphorical Capital and the Field of Disinterest [J]. Canadian Journal of Sociology, 1997(3).

[8] Purvis T, Hunt A. Discourse, Ideology, Discourse, Ideology, Discourse, Ideology [J]. British Journal of Sociology, 1993(3).

[9] Valverde M. Moral Capital[J]. Canadian Journal of Law & Society, 1994(1).

[10] 李恺. "少儿进步奖"设奖人李恺访谈记录[Z]. 湖州:德清图书馆, 2014.

[11] 王彦方. 民间设奖协会会长及"诚信经营互勉奖"设奖人王彦方访谈记录[Z]. 湖州:德清县政府, 2015.

[12] 德清县民间设奖协会. 德清县民间设奖协会章程[Z]. 湖州:德清县武康镇, 2006.

[13] 赵继伦,宋禾. 强化道德调控手段的现实性思考[J]. 长白论丛,1996(5).

[14] 刘丽群. 从道德调控走向法制调控——对市场经济条件下摆脱道德困境的思考[J]. 西安联合大学学报,2001(1).

[15] "诚信经营互勉奖"委员会. "诚信经营互勉奖"章程[Z]. 湖州:德清县武康镇,2011.

[16] "'好家风'家庭奖"委员会. "爱有味·新市'好家风'家庭奖"章程[Z]. 湖州:德清县新市镇,2014.

[17] 马福建. "孝敬父母奖"设奖人马福建访谈记录[Z]. 湖州:德清县莫干山老年乐园,2014.

[18] 丁根林,吴海燕. 社会转型期公民道德建设实效性提升的路径审察——基于民间设奖"德清现象"的实证研究[J]. 湖州职业技术学院学报,2011(4).

[19] 施敏锋. 重构道德主体的自治:公民道德教育范式变革的实效向度——以湖州市德清县"民间道德奖"为例[J]. 浙江学刊,2012(5).

[20] 徐魁峰. 道德调控的弱化与自律能力的培养[J]. 社科纵横,2007(10).

[21] 马向真,徐萍萍. 道德调控与和谐社会心态塑造[J]. 南京师大学报:社会科学版,2009(4).

[22] 林桂榛. 人生价值的自命与他命[J]. 浙江社会科学,2001(1).

[23] 卡尔松. 天涯成比邻[M]. 北京:中国对外翻译出版公司,1995.

[24] 俞可平. 治理与善治[M]. 北京:社会科学文献出版社,2000.

[25] 奥斯特罗姆. 公共事物的治理之道[M]. 上海:上海译文出版社,2012.

[26] 德清县宣传部部长. 关于德清民间设奖的访谈记录[Z]. 湖州:德清县政府,2015.

[27] 谢洪恩,肖平. 简论道德调控机制[J]. 道德与文明,1998(4).

[28] 张康之. 论社会治理中的法律与道德[J]. 行政科学论坛,2014(3).

◆研究生论坛

基于《尼各马可伦理学》幸福意蕴的多视角解读

李浩俊①

【摘　要】幸福是《尼各马可伦理学》中重要的一个核心指向,也是本论文的研究主要论题。本论文主要从快乐、德性与沉思等3个视角,基于学术界相关的文献资料来解读《尼各马可伦理学》文本中所具有的丰富而又深刻的幸福意蕴。本论文在梳理与总结前人文献资料的基础上,指出了其中的研究不足之处,目的在于为以后的研究起到抛砖引玉的目的。

【关键词】尼各马可伦理学;亚里士多德;幸福;快乐

一、引　言

从古至今,幸福始终是人们乐此不疲的重要话题,也是诸多哲学家们所探求的一个论题。在《尼各马可伦理学》中,亚里士多德在构建自己理想化的伦理思

---

①　李浩俊,浙江财经大学伦理学专业硕士研究生。

想系统时,即突出了"幸福"在整部著作中的重要性。他的起点是追问"幸福",终点亦为对"幸福"的沉思。换言之,对于"幸福"的思考始终贯穿在他的伦理思想中。它被普通人、有教养的人与哲人等各个群体所追求,最后归结于哲学家的沉思幸福。哲学家能够通过伦理学的方式引导人们走向幸福。当然,在亚里士多德那里,幸福并不是简简单单的一个单向度的命题指向,而是一个非常丰富而又多元化的文化内涵。在这样比较宏观的论题语境下,要能够真正充分地了解幸福的含义,听众必须具备良好的品格,也就是在习俗与习惯中形成一定的教养。在文本中,亚里士多德深刻地阐述了幸福观,认为幸福是合乎德性的一种至善性的欲求。在他看来,幸福并非是先天性的存在,而属于一类现实性的活动。因而,每个人都有权利去追求属于自己的幸福。

幸福始终贯穿于每个人一生中的各个时期,是一个终极性的目的。事实上,人们选择与追求幸福的目的是出于幸福自身。换言之,人们所追求的名望、权力、财富与荣誉等真正的原因在于幸福自身。"幸福是全部善事物内最值得欲求的,不能够和其他的善事物所相提并论的东西。"①幸福是终极和最高的目的,也就是最高善的生活。本文正是对幸福展开了多层面的意蕴诠释。

二、幸福的多层面意蕴解读

(一)快乐的视角

快乐是《尼各马可伦理学》中对阐述幸福时的一个重要视角,主要集中于第7卷中的第11—14章与第10卷中的第1—5章。邓国宏(2008)、赵灿(2010)等学者在分析快乐时,都沿着亚里士多德阐述的进路展开,即首先分析幸福的定义,幸福在古希腊原文中的前缀含义为"好",即指神灵,原始含义指的是受到良善神的庇护。幸福在多数希腊人看来指的是人生的终极追求或是最高目的,是客观化的。亚里士多德则认为幸福指的是生活得好或做得好。因此,幸福是一种活动,又可以细化为主观幸福和客观幸福。在当下,幸福则被视作主观层面上的快乐感觉,即幸福存在于自我的感受与掌控,和主观情绪与生活态度息息相关。至于客观层面上的幸福和快乐的本质含义并不吻合,即快乐并非等同于幸福。可见,主观与客观上的幸福指向存在着一定的区别。

---

① 亚里士多德:《尼各马可伦理学》,廖申白译,商务印书馆 2003 年版,第 352 页。

　　笔者认为,目前学者们在探究快乐与幸福关联性时,更注重于本源的文化探求,即先探索幸福的词源意义,再基于传统文化沿袭的基础上逐步地引申出快乐的内涵。然而,对于快乐的文化本源解读却存在着缺位的情况,即快乐在古希腊时期的含义是如何的? 它在当时受到人们以及哲学家怎样的评价? 当下的国内外文献资料中都并未能深层次地挖掘出这一层意义,而只是阐述了快乐的当下意义,因此,这就导致在诠释快乐进路的过渡环节中产生了突兀的现象。

(二)德性的视角

　　亚里士多德在《尼各马可伦理学》中的观点如下:快乐并非为关键的善,但也并非排除全部的快乐,至少部分快乐属于好的范畴;虽然幸福不等同于快乐,然而幸福的生活必然为快乐的。"幸福是万物中最好、最高尚高贵和最令人愉悦的。"①幸福的生活无需外在的快乐,然而快乐能够完善实现活动,进而完善幸福,而快乐则内蕴在幸福中。显然,幸福是让人称赞与艳羡的。《尼各马可伦理学》中把快乐和德性相联系起来,即有德性之人在做德性事情时会感受到极大的快乐。亚里士多德进一步地指出,只有这样的一类人才能够真正算得上是有德性的,也才是幸福的。从个体的行动中感受快乐是评判幸福的重要维度。若个体可以准确地判断快乐,那么,他必然地会认定有德性之人的生活才是最为快乐的。如果个体可以准确地界定快乐,那么他必须拥有理智德性;如果个体可以去做与德性相吻合的实现活动,那么他一定具备伦理德性。而在此过程中,个体必须感受到快乐。因此,要能够获得幸福,理智德性、伦理德性与快乐三者不可缺一。

　　笔者以为,目前学术界在探讨幸福时有意识地引入了德性的重要性,这样的分析是与亚里士多德的想法是相一致的。因为在亚里士多德看来,伦理生活必定是快乐的。总而言之,将快乐德性化,是《尼各马可伦理学》的一个重要观点,即有德性之人必然是快乐的。学者们基于德性的视角来论述快乐,是符合亚里士多德的论述逻辑体系结构的。

(三)沉思的视角

　　纳斯鲍姆等很多学者指出,《尼各马可伦理学》第十卷中有关沉思生活的部分提出了和书中其他部分并不吻合的、甚至是有矛盾的幸福观,即完善的幸福属于沉思。然而其他书中部分则认为幸福是完全的、自足的,它包括了多元化的内

---

① 亚里士多德:《尼各马可伦理学》,廖申白译,商务印书馆2003年版,第182页。

在善,且具备全部好的事物。这即学术上争论已久的理智论和涵盖论现象。思辨与人的本性的实现活动最为契合。然而,理智论者仅仅认可幸福的思辨成分。在《尼各马可伦理学》中,思辨生活被看作是首要的幸福,伦理德性和实践智慧所获取的生活则属于第二幸福,同时其余活动均属于服务思辨活动这样最高级别的幸福。理智论者所区别的思辨生活和政治生活并不够准确,而应该归结为思辨活动和道德活动。在《尼各马可伦理学》中,同时将思辨活动认定为最高的幸福,且远远地超出了其他所有活动。就人主体而言,幸福属于综合范畴的定义,包括了德性及其活动(涵盖思辨活动和道德活动)以及外在的善。人的幸福生活中最为核心的部分是思辨活动与道德活动两个部分,相应地就有思辨生活与道德生活的分野。

毫无疑问,单纯的思辨生活(即仅存有思辨活动)或是政治生活(仅存有道德活动)对于人而言,其可能性并不十分明显。只有神才能够享受单纯的思辨生活,而人类仅仅能够基于个体中归属为神的部分德性有相应的神的生活,且这种局限性是几乎可以说是永远难以超越的。人所能做的最大努力只可能是趋靠于神,从而尽量地发挥出个体中归属于神的部分力量。相类似地,单纯的政治生活也并不是可能的。单个体的人都分有"努斯"(Nous),而努斯则属于个体中最佳的部分,也即人自身。因而,倘若一个人不去过属于他自我的生活,却刻意地追求其他的生活,那么可以断定这种行为是极其荒谬可笑的。可见,人成为人的必要条件是他自然而然地去进行思辨活动。而所谓的思辨生活即指的是围绕思辨活动这个轴心所进行的一种生活范式,同时也包括其他德性的活动。相应所产生的快乐自然属于思辨快乐——当然它也并不排除其他类型的快乐。同理,政治生活亦大体相似,但政治生活中也涵容了一定的思辨活动成分,不可否认的是,道德活动是它的核心特点。此类生活的快乐源自于伦理德性与实践智慧及其实现活动。此外,它也包容了思辨快乐的成分。那么,上述二者哪一种更加幸福?罗秋立、庄奕莲(2014)通过研读后发现,在亚里士多德看来,思辨生活才是最为幸福的,所获得的相应快乐也最大。因为他在《形而上学》中指出,亚里士多德所提及的神即等于思辨,而神始终处在思辨的情况中,人所维持的时间是有限性的。神的生活显然最是幸福。人必然性地追求永生或是不朽的欲念,也包括对于神与思辨的追求。因而,人与生俱来具备追求必然性知识和永恒事物的这样一种深沉甚至是坚定不移的热情。这就促进人们会主动地追求思辨式的生活,因为只有在思辨生活里才享有趋于神的快乐。

此外,若把快乐区分成肉体快乐与理智快乐(兼有思辨与伦理快乐)两种,那么,《尼各马可伦理学》中所提及的幸福生活快乐亦兼有上述两者。当人在做具有德性的活动之际,所感受到的是理智快乐。而这种德性活动包括前文所述的思辨活动与道德活动两类。相应的理智快乐包含了思辨快乐与伦理快乐两类。前文已述,思辨活动是最为高级与幸福的活动,那么,思辨快乐的重要性也自然首屈一指。此类型的快乐属于人自身中最佳的部分,也是最趋于神、最为本质的快乐。因此,快乐的高低级别难以直接地加以评估,然而,它们均伴随着对应的实现活动所出现。《尼各马可伦理学》文本认为能够经过不同的实现活动来评估相应的快乐。若外在的善非常地充足,那么能够带给人们肉体快乐,譬如健康;同时又能给予理智快乐,譬如朋友。理智快乐拥有无约束性的善,肉体快乐仅仅在好的与合适的时候才被认为是善的。幸福所涵盖的快乐包括理智快乐以及好的与恰宜的肉体快乐。《尼各马可伦理学》在谈及幸福所具有的快乐时,指的都是好的与善的快乐。亚里士多德所推崇的也正是这种善的快乐。人类在追求幸福时,所追求的也正是善的快乐。对于善的快乐的欲求也即对于幸福的欲求。

刘亚峰(2013)展开了中西文化向度上的对比研究,即通过对孟子中相关文本内容进行了平行对照式阅读,认为"乐"(lè)本身并没有被划分或出现剥离的后果,此词的表述凸显出高度的浓缩性、简约适意性以及愉悦性等特点,和音乐存在着密切的关联性,异于《尼各马可伦理学》和现代汉语中所指涉的快乐与幸福,其含义远远超出了快乐与幸福的含义界定。同时,他还指出,在《孟子》中,"乐"更多地是与君子相互融合的,具有了价值性与意义性,且体现于人事关系中,二者是一个不可分割的统一体。他通过分析认为,《孟子》中"诚"的实现与《尼各马可伦理学》中的沉思活动有一定的类似性,都能够让人感受到"乐"、快乐与幸福等一系列积极的感觉,都突出了"思"在其中的功能与地位,超越了存在者的先在性预设。然而,孟子所阐述的"思"富含了深厚的感情,具有"诚"的特质,"诚"之"乐"必须通过"行"和"事"的有机整合才能够加以完满地实现,且"诚"拥有形而上的观念性。而沉思则不然。沉思必须通过一定的物质条件来确保闲暇的实现,相似地,"诚"则不具备"思"的这种特点。

从上述的分析可知,在《尼各马可伦理学》中,幸福的定义被架构于不同的层次上并被加以应用。其中,涵盖论者仅仅把幸福放置于人的生活维度展开论述,但忽略了幸福的活动特点;理智论者却仅仅视幸福为一种活动,忽略了幸福的生活特征。二者均有一定的正确性,但都不完善。事实上,如果取二者之长,去二者之短,然后加以整合之后,即得出了亚里士多德较为完整的幸福观。同时,笔者还以为,刘亚峰的研究更加丰富与深刻,他通过对《孟子》中相应文本的仔细解读,揭示出《尼各马可伦理学》中基于沉思视角探讨快乐与幸福中所存在的不足与缺憾,能够让读者基于新的研究视角更为全面地分析沉思的意蕴,填补了在研究《尼各马可伦理学》过程中可能存在的阅读与理解上的障碍,拓宽了探究文本的视域。这也为今后学者的研究提供了一定的借鉴参考价值。

三、结　语

幸福在《尼各马可伦理学》中是一个非常丰富而又复杂的论题,也是诸多国内外学者们一直以来所热衷研究的一个维度。限于篇幅,本文仅仅选取了其中的几个视角展开研究,即主要探讨了快乐与幸福的内在关联性,梳理了解读快乐的进路,通过德性与沉思的视角来进行多层次地分析。事实上,《尼各马可伦理学》中对于幸福的探讨是非常广博而又多元立体化的。比如,幸福的程度界定(完美性与非完美性)、幸福生活的样态及其表现、幸福的实现活动及其途径以及对于当下幸福观的反思等内容等,这些都还有待于以后展开深入的阐释。

参考文献

[1] 亚里士多德.尼各马可伦理学[M].廖申白,译.北京:商务印书馆,2003.

[2] 邓国宏.亚里士多德论快乐[J].青海社会科学,2008(30).

[3] 赵灿.快乐、幸福与政治哲学的主题——论《尼各马可伦理学》的政治哲学意蕴[J].兰州学刊,2010(15).

[4] 罗秋立,庄奕莲.论明智德性的道德形而上学意蕴 ——《尼各马可伦理学》二元幸福论辩正[J].吉首大学学报(社会科学版),2014(15).

[5] 刘亚峰.比较哲学视域下的《孟子》之"乐"刍议——以《尼各马可伦理学》为对读文本[J].中华文化论坛,2013(25).

我国公民慈善意识调查分析①

王琳欢　　崔亚超　　尹玲馨　　王婷慧②

【摘　要】通过问卷调查及数据分析，了解我国公民对慈善的认知程度、参与慈善的动机，从总体上把握我国社会总体慈善状况以及影响我国慈善发展的各种因素。调查结果反映出我国公民对慈善有一定的认知，也具有参与的意愿，全社会已经形成慈善意识和慈善氛围，但是从总体上说，我国慈善事业的发展还存在着慈善形式较传统单一、参与渠道狭窄、慈善组织公信力差以及网络慈善等新型慈善形式亟待规范化发展等亟待解决的问题。

【关键词】慈善意识；慈善事业；慈善组织；慈善活动

一、调查背景

慈善意识也称慈善观念，是指人们对慈善事业的看法、观点和态度，是影响慈善事业发展最深层的因素。围绕"慈善意识"这一主关键词，课题组在进行资料收集整理和分析的过程中发现，目前学界普遍认为：较之于国外盛行的慈善文化，我国社会的慈善氛围相对不浓、公民的慈善意识相对薄弱，亟待提升。但是，同时也发现以上的认识在很多文章中都是人云亦云的状态，或者可以说是"刻板效应"。课题组搜索了中国知网等文献平台，发现现有文献存在两大问题：一是关于慈善意识的调查问卷较陈旧，不能反映出当下我国公民慈善意识现状；二是很多慈善意识研究只是来自对社会现实的观察，缺乏系统的数据支持。

事实上，随着我国经济社会的快速发展，社会存在决定社会意识，虽然我们

---

①　本调研报告为中共浙江省委党校硕士研究生专项课题，指导教师为何建华教授。
②　王琳欢、崔亚超、尹玲馨、王婷慧为浙江省委党校哲学部硕士研究生，王琳欢为课题负责人。

国家的经济发展水平还没有达到发达国家那种推动慈善盛行的阶段,但是近几年来我国公民的慈善意识还是有着明显的变化的。特别是"共享社会"理念的提出,在一定程度上,正在推动人人参与慈善,共享发展成果,维护平等发展的权利。同时,现代信息技术发展带来的"互联网+",已经使得"微公益""网络捐款"等新型慈善形式进入我们的生活。关于这类慈善方式是否为我国公民所认可,或者这类慈善方式应该如何规范化发展,也应该成为当下慈善意识调查的重点。基于慈善意识定量研究的欠缺和已有研究存在的问题,课题组展开了此次慈善意识调查活动。

二、文献回顾

(一)国外慈善意识研究

国外以 Jenny Harrow 和 Robert Mark Silverman 为代表的著名学者对美国自身的慈善事业及文化作了较为完整的追溯,并提出了当下出现的问题和未来发展的方向。目前阶段,国外对慈善意识的研究,主要是从宗教、财富、道德等观念对人的影响来展开的。

(二)国内慈善意识研究

目前国内学界对慈善意识现状的资料来源主要以问卷调查为主,除了被调查者的基本情况以外,多数的问卷设计是围绕着被调查者对慈善事业的认识和理解、参与慈善事业的行为取向和动机、对慈善事业参与责任主体的认知、发展慈善事业的制约因素等相关问题来展开的。通过对相关数据进行统计分析,研究结果显示:女性的慈善意识高于男性;年轻人的慈善意识高于老年人;文化教育有利于提升公民的慈善意识;收入的高低并非是影响慈善意识的主要因素;不同的职业与社会地位明显地影响着公民的慈善意识。通过对调查问卷进行综合分析,我们得出了我国公民慈善意识的总体现状:人们对慈善事业的功能、意义和作用都有了比较成熟的认识,但尚未在全社会形成浓郁的慈善意识和社会氛围;虽然多数人意识到发展慈善事业需要社会各方面的共同参与,但仍然有些人把发展慈善事业的希望寄托在政府、富人的身上;大多数人认为我国的慈善事业已经有了一定程度的发展,但有些人也表示了对慈善机构和组织的不信任,说明慈善机构和组织的公信度已经越来越受到人们的关注。

针对目前我国公民慈善意识存在的问题和不足,一些学者梳理了影响慈善意识的因素,提出了提高慈善意识的建议:(1)罗竖元、李萍在《论慈善意识的培育与慈善事业的发展》中从缺乏"第一行动集团"引领的视角来解析抑制公众慈善意识的各项因素。(2)韩振秋在《我国公民慈善意识的影响因素与对策思考》中认为慈善意识可分为感性认知、知识、态度、评价和行为意向五个层次,这五个层次都是影响慈善意识的重要因素。(3)蔡勤禹教授在《慈善意识论》中提出,社会主义和谐社会的构建过程中,应该通过树立正确的财富观、发扬传统慈善文化等来培养人们的慈善意识。(4)刘新玲在《论个体慈善行为的基础》中提到,好的、正面的慈善意识可以激发慈善主体的主动性,而慈善主体的主动性往往是以宗教信仰、仁爱之心、真善美等慈善意识为基础。(5)程立涛在《论慈善事业的道德支撑》中表明了慈善事业的发展有三个道德基础:以情感伦理为慈善的内在支撑;以人道主义理性观为慈善的外在规范与行为约束;以互助行为的总体交换为慈善的最终价值。(6)张亚月在《慈善伦理与公民意识培育》中认为只有在公民伦理和公民意识下,人们才会形成强烈的社会共同体意识,而共同体意识又是慈善伦理最基础的理据,因此要加强公民意识教育和公民伦理的培育,为慈善伦理的建构提供良好契机。(7)罗竖元在《培育慈善意识 发展慈善事业——美国经验及其启示》中借鉴美国的有益经验,认为要想加强慈善组织的自身建设,提升组织的公信度,就必须完善与慈善事业相关的法律和政策、注重慈善事业专门人才的培养、建立慈善组织与媒体经常性的沟通渠道,启动媒体的引导作用。(8)陈伦华、莫生红在《从问卷调查看我国公民的慈善价值观》中提到应该高举社会主义人道主义的旗帜,构建以社会主义人道主义为核心、多元价值并存的慈善文化价值体系,加强诚信道德建设,政府要主动作为,培育和壮大社会慈善组织。

三、调查方案

(一)调查目的

此次调查通过慈善意识调查分析研究,更新原有的调查数据,增加与当下社会发展相适应的问卷题项(如网络慈善等),洞悉中国人慈善意识现状及其成因和影响因素,提出提高我国公民慈善意识的对策。同时,此次调查结果力求能够为专家学者提供参考价值(对慈善意识问题进行深入研究,特别是在剖析原因和探索提升我国公民慈善意识对策时作参考)。

(二)调查内容

调查内容(问卷设计)由以下六个门类构成:被调查基本情况;被调查者对慈

善的认识与理解;慈善意识的总体社会态度;被调查者参与慈善的目的和动机;影响慈善行为的内在与外在原因;与慈善相关的其他问题的认知。

(三)调查对象

本研究拟通过在全国范围内的随机发放,以大样本数据呈现我国居民的慈善意识以及影响慈善意识的可能性因素。参与调查的对象主要为组员微信朋友圈的老师、同学、朋友、家长等。

(四)调查过程

(1)问卷形成:通过文献研究、访谈和小组讨论,制定出《我国公民慈善意识调查问卷》,并通过预调查,删除不合理题项,增加重要题项,形成正式问卷。

(2)问卷发放与回收:本研究采用电子网络问卷形式,依托"问卷星"平台将问卷生成电子版,通过微信群、朋友圈发放,总计回收问卷364份。

(3)数据统计:对所收集到的问卷数据进行统计整理形成初步统计结果,然后使用 SPSS 软件进行相关性分析得出我国公民慈善意识在相关统计变量上的显著性差异。

四、调查结果分析

(一)被调查者的基本情况

本次调查采用网络问卷形式,共发放问卷364份,回收364份,回收率为100%,有效问卷364份。被调查者分布于浙江、安徽、山西、天津、上海、北京、辽宁、山东、广西、云南、陕西、重庆、河南、四川、吉林、湖北、内蒙古、宁夏、贵州、江苏、海南、湖南、福建等23个省、自治区和直辖市。被调查者的性别:男性143人,占39.29%;女性221人,占60.71%。被调查者的宗教信仰:54人有宗教信仰,占14.84%,310人没有宗教信仰,占85.16%。从被调查者年龄分布来看,主要集中在20—30岁这一年龄段,以青年居多。从被调查者受教育程度分布来看,多数被调查者有本科及以上学历,文化程度较高,接受过良好的教育,具有一定的理性思考能力。从被调查者的收入状况来看,收入分布比较广泛,各个层次的分布都较为均匀,没有特别集中的现象。从被调查者的职业来看,涵盖了各行各业,所获样本具有较好的代表性,使得调查结果较为全面、客观(见表1—表4)。

表 1　被调查者年龄段构成

年龄段	20 岁以下	20—30 岁	30—40 岁	40—50 岁	50—60 岁	60 岁以上	总计
人数	2	206	72	52	22	10	364
占比(%)	0.55	56.59	19.78	14.29	6.04	2.75	100

表 2　被调查者受教育状况

学历	初中及以下	高中	本科	硕士	博士	总计
人数	17	44	199	72	32	364
占比(%)	4.67	12.09	54.67	19.78	8.79	100

表 3　被调查者收入状况

收入(元)	2 千以下	2 千—3 千	3 千—5 千	5 千—8 千	8 千—1 万	1 万以上	总计
人数	83	54	94	75	30	28	364
占比(%)	22.80	14.84	25.82	20.61	8.24	7.69	100

表 4　被调查者的职业构成

职业	全日制学生	教师	管理、技术人员	专业人士（会计师、律师、医生、记者、咨询师等）	企业职员	其他	合计
人数	71	68	33	38	75	79	364
占比(%)	19.51	18.68	9.06	10.44	20.61	21.70	100

(二)对慈善的认知

为了从总体上了解我国公民关于慈善的认知,课题组专门设置了一组与慈善认知相关的问题,包括对慈善、慈善对共享社会、慈善机构、慈善氛围等的认识,调查结果见表5—表8。

表5　您对"慈善"认识(多选题)

选项	小计	比例
一种爱心的奉献	292	80.22%
一种社会良知和责任感的体现	285	78.30%
一种对贫困弱灾者的暂时的、消极的救济	90	24.73%
一种提升人的价值的品质消费	124	34.07%
本题有效填写人次	364	

表5数据显示,292人(80.22%)认为慈善是一种爱心的奉献;285人(78.3%)认为慈善是一种社会良知和责任感的体现;90人(24.73%)把慈善看作是一种对贫困弱灾者的暂时的、消极的救济;124人(34.07%)觉得慈善是一种提升人的价值的品质消费。这组数据反映了有八成左右的被调查者认为慈善是一种爱心的奉献,是一种社会良知和责任感的体现。说明我国的大多数公民对慈善有一个积极正面的认识,但也有少部分被调查者对慈善的认识过于消极、狭隘。因此,我国还需要进一步提升公民对慈善的正确认识,从而推动我国慈善事业的健康发展。

表6　慈善事业的发展对我们共享社会的构建的相关性(单选题)

选项	小计	比例
有	325	89.29%
没有	4	1.10%
关系不大	35	9.61%
本题有效填写人次	364	100%

表6数据显示,325人(89.29%)认为慈善事业的发展有利于共享社会的构建;而4人(1.1%)认为慈善事业的发展对共享社会的构建没有帮助;同时,35人(9.62%)觉得两者的关系不大。从这组数据种可以看到,我国的绝大多数公民普遍认为"慈善"与"共享"是有联系的,认为慈善事业的发展对共享社会的构建起积极作用。在相关性上,根据SPSS相关性分析,本次问卷样本显示,对慈善事业与共享社会构建的认知与受教育程度不存在明显相关性,可见,知识并不等于道德。事实上,慈善作为一种利他、助人的活动,是实现共享的手段,只要人人参与、人人受益,就能使发展成果惠及每一个人。

表7 对国内慈善组织、慈善活动等的了解情况(多选题)

选项	小计	比例
A.《中华人民共和国慈善法》(2016)	166	45.60%
B. 分享冰箱(将食物分享给有需要的人)	85	23.35%
C. 黑土麦田公益(发展农村)	36	9.89%
D. 中国麦田计划(助学)	89	24.45%
E. 中国扶贫基金会	277	76.10%
F. 壹基金	252	69.23%
G. 希望工程	326	89.56%
H. 春蕾计划	213	58.52%
I. 烛光工程	73	20.05%
本题有效填写人次	364	

表7数据显示,被调查者对国内几项慈善组织或活动的了解程度由高至低依次为希望工程(326人,89.56%)、中国扶贫基金会(277人,76.1%)、壹基金(252人,69.23%)、春蕾计划(213人,58.52%)、《中华人民共和国慈善法》(166人,45.6%)、中国麦田计划(89人,24.45%)、分享冰箱(85人,23.35%)、烛光工程(73人,20.05%)、黑土麦田公益(36人,9.89%)。而在相关性分析上,是否知道分享冰箱、壹基金、希望工程、春蕾计划与被调查者的文化程度的相关系数分别为0.161、0.217、0.172、0.215,这在一定程度上反映出,对于慈善项目的了解与被调查者的文化程度存在一定的相关性。从数据反应来看,我国公民对国内慈善组织或活动都有一定程度的了解,特别是一些国家性质的耳熟能详的慈善机构或活动,由于活动覆盖面广和宣传到位,国人基本都有所了解。为了进一步了解我国公民对一些新出现的慈善组织或活动的认知度,研究小组增加了如"黑土麦田公益""中国麦田计划"等新型慈善模式,这类模式主要由自发的社会性组织发起,调查结果显示,我国公民对这样一些慈善组织或活动的了解度相对较小。

表8 对我国慈善公益氛围的认知(单选题)

选项	小计	比例
A. 很好	17	4.67%
B. 比较好	49	13.46%
C. 一般	214	58.79%
D. 比较差	70	19.23%
E. 非常差	14	3.85%
本题有效填写人次	364	100%

表 8 数据显示,17 人(4.67%)认为我国慈善公益氛围很好;49 人(13.46%)认为我国慈善公益氛围比较好;214 人(58.79%)认为我国慈善公益氛围一般;70 人(19.23%)觉得我国慈善公益氛围比较差;剩下的 14 人(3.85%)认为我国慈善公益氛围非常差。从这组数据中可以看到,超过半数的被调查者认为我国的慈善公益氛围一般。可见,虽然我国的慈善事业已经有了一定程度的发展,但大多数群众认为我国慈善公益氛围依然不浓厚。

(三)慈善意识的总体社会态度

为了总体上了解我国公民的慈善意识状况,课题组专门设置了一组与慈善意识相关的问题,包括对慈善的关注度、参与慈善活动的意愿及情况,这一系列的调查结果展现在表 9—表 11 中。

表 9　是否关注慈善方面的事情(单选题)

选项	小计	比例
A.经常会主动去关注	40	10.99%
B.偶尔会去关注	203	55.77%
C.没时间去关注	14	3.85%
D.浏览信息时看到才会看	107	29.39%
本题有效填写人次	364	100%

表 9 数据显示,经常会主动去关注慈善方面的事情的有 40 人(10.99%);有 203 人选择了偶尔会关注,占比一半以上;14 人(3.85%)选择了没有时间去关注;有 107 人(29.4%)选择了浏览信息时才会看。从数据可以看出,我国主动关注慈善的人比较少,大部分的人都是偶尔或者被动地了解慈善方面的事情,极少人一点都不关注。由此可见,我国总体慈善意识的大环境还处于一个被动接受的阶段,大家的慈善意识较为薄弱,缺乏主动性,但是不可否认的是,绝大部分的人还是在关注慈善方面的事情,所以,我国的慈善事业虽然任重道远但却充满希望。另外,课题组分析了主动关注慈善方面的事情与职业、与受教育水平以及与收入的相关性,根据样本数据分析显示,其不存在明显的相关性,可见,慈善意识并不与职业、学历、收入等直接相关联。

表 10　除了单位学校组织的捐款活动,其他慈善活动的参与情况(单选题)

选项	小计	比例
会	167	45.88%
不会	197	54.12%
本题有效填写人次	364	100%

表 10 数据显示,167 人(45.88%)除了单位学校组织的捐款活动,还会主动寻找并参与其他慈善活动;与此同时,197 人(54.12%)不会主动寻找并参与其他慈善活动。由此可见,我国大部分人参加慈善的方式是单位和学校组织的捐款活动,只有少部分的人还会主动去寻找并参与慈善活动。这说明,我国的慈善活动多是以集体组织的形式,个人的主动参与性不高。虽然目前我国公众参与社会捐助活动的主要形式是参加集中募集的组织化动员,但是从小部分公众主动找寻参与慈善活动可以看出已经有更多的公众把参加经常性捐助当作自己喜爱的参与形式。而在主动寻找并参与慈善活动的人群中,SPSS 统计分析结果显示,其只与年龄之间产生相关性,与职业及受教育程度的相关性较弱,这可能是因为年轻人更喜欢去参加一些志愿者活动,例如支教等。

表 11　会选择去自愿参与的慈善行为(多选题)

选项	小计	比例
A.陌生人的求助	98	26.92%
B.身边亲朋好友的求助	253	69.51%
C.特殊时期(如地震、海啸、雪灾等)的募捐	291	79.95%
D.捐赠闲置衣物	253	69.51%
E.义务献血	153	42.03%
F.义工、志愿者	165	45.33%
G.App 上的慈善公益项目	105	28.85%
H.慈善基金	50	13.74%
本题有效填写人次	364	

表 11 数据显示,有 291 人(69.51%)会在特殊时期(如地震、海啸、雪灾等)自愿参与募捐;253 人(69.51%)会自愿参与捐赠闲置衣物和身边亲朋好友的求助;165 人(45.33%)主动参加义工和志愿者活动;153 人(42.03%)会主动参与义务献血;105 人(28.85%)会主动参加 App 上的慈善公益项目;另外,会主动

帮助陌生人的求助的人只有 98 人（26.92%）；会主动参加慈善基金类型的活动的人更少，只有 50 人（13.74%）。由表 11 可以看出，重大灾难特殊时期的捐助、捐赠闲置衣物是大部分中国人会选择参与的慈善活动；志愿者、义务献血这类传统的慈善行为，也一直都是我国公民主动参与慈善的形式。值得注意的是，在针对身边亲朋好友的求助和陌生人的求助，我国公民的态度截然不同，由此可见对受助者相关情况的了解及捐助对象困难处境的真实性的把握，是社会公众选择是否给予捐助的重要因素之一。另外，慈善基金这类在国外非常常规的慈善项目，在我国的认可度非常低。在相关性分析中，课题组发现选择会参与 App 上慈善公益项目与被调查者的受教育程度呈现明显的相关性，其相关系数为 0.179，而其他方面的慈善活动参与取向与学历等都不存在明显的相关性，表明受教育程度越高越倾向于接受并参与一些新型的慈善方式，在某种程度上，可能是因为这类人群往往更懂得辨别网络慈善的真假，会选择一些认可程度高的慈善活动参与。总体来说，我国公民具有慈善意识，只是我国公民参与慈善的方式比较单一和传统，大多局限在捐款捐物层面；其他形式的慈善方式在我国还没有普及。

（四）参与慈善事业的行为取向

为了了解我国公民的慈善行为取向，我课题组专门设置了一组与参与慈善事业行为取向相关的问题，包括参与慈善原因、参与慈善的途径，调查结果见表 12 和表 13。

表 12　参与慈善活动的动机（多选题）

选项	小计	比例
A. 从众（大家都参与，不参与不好意思）	101	27.75%
B. 同情他人	250	68.68%
C. 助人为乐	269	73.90%
D. 强制要求	58	15.93%
E. 受宗教教义影响	20	5.49%
本题有效填写人次	364	

表 12 数据显示，269 人（73.9%）是因为助人为乐而选择参加慈善活动；250 人（68.68%）是因为同情他人；101 人（27.75%）是因为从众心理；58 人（15.93%）是受到强制要求而参加；还有 20 人（5.49%）是因为宗教教义的影响。

通过表 12,我们可以得出,八成左右的人都是出于好的心态即助人为乐或者同情他人参加慈善活动,还有一小部分是因为从众和心理和强制要求。所以,我国现阶段的慈善事业大环境还是良性发展中的,人们对于慈善事业也都是阳光心态居多。

表 13　参与慈善的途径选择(更愿意)(单选题)

选项	小计	比例
A.学校、单位、社区等组织的捐款捐物	121	33.24%
B.参与慈善机构组织的志愿者活动	78	21.43%
C.慈善基金	23	6.32%
D.直接和受助者建立联系	103	28.30%
E.网络"微公益"(如通过微信、微博等发起的求助信息)	39	10.71%
本题有效填写人次	364	100.00%

表 13 数据显示,121 人(33.24%)的人更愿意通过学校、单位、社区等组织的捐款捐物参与慈善活动,一方面是因为有公信力的机构组织的慈善活动更能引起人们的认同感,另一方面可能是因为中国参与慈善的方式还是停留在较传统和单一的层次上。103 人(28.3%)人比较倾向于直接与受助者建立联系。另外,21.43%的人愿意参与慈善机构组织的志愿者活动;10.71%的人愿意通过网络"微公益"(如通过微信、微博等发起的求助信息)等活动奉献自己的爱心;6.32%的人愿意通过慈善基金去参与慈善活动。由此可见,网络慈善方式、慈善基金在普通民众的心目中的影响力还不是太高。

(五)影响慈善行为的内在和外在因素

为了了解影响我国公民慈善行为取向的内在和外在因素,课题组专门设置了一组与影响行为取向相关的问题,包括较少或不参与慈善的原因、慈善机构在慈善行为选择中的影响力、对于慈善(捐赠)结果的关注度以及公众所认为的影响慈善事业发展的原因等,具体调查结果见表 14—表 17。

表 14　较少或者不参与慈善活动的原因(多选题)

选项	小计	比例
A.缺少捐赠渠道或好的参与项目	183	50.27%
B.经济实力不够	221	60.71%

续　表

选项	小计	比例
C.担心捐款去向	199	54.67%
D.觉得跟自己没有关系	11	3.02%
E.没有闲暇时间	54	14.84%
本题有效填写人次	364	

表 14 数据显示,221 人(60.71%)是因为经济实力不够所以较少或者不参与慈善活动;199 人(54.67%)担心捐款去向而不参与;同时,183 人(50.27%)不参加是因为缺少捐赠渠道或好的参与项目;只有 54 人(14.84)和 11 人(3.02%)是因为没有闲暇时间和觉得跟自己没关系而不参加慈善。表 14 显示,经济因素是影响慈善参与度的一个重要原因,因为自己的经济实力不够所以并没有多余的钱去帮助他人。另外,由于我国目前慈善体系不完善(渠道少、慈善项目少、款项取向不清晰等),所以存在担心捐款去向和想捐不知道去哪里捐的情况。

表 15　慈善机构在慈善行为选择中的影响力认识(单选题)

选项	小计	比例
A.该组织的公信度	129	35.44%
B.该组织的知名度	5	1.37%
C.该组织的慈善项目(受助群体)	77	21.16%
D.该组织的运作流程是否规范透明	153	42.03%
本题有效填写人次	364	100%

表 15 数据显示,153 人(42.03%)在慈善过程中关注的是该组织的运作流程是否规范透明,129 人(35.44%)看重的是组织的公信度,另外有 77 人(21.15%)关心的是慈善的项目(受助群体),只有 1.37%即 5 个人看重慈善组织的知名度。这些数据表明,当人们准备向一个慈善组织捐赠时,较看重组织的运作流程和公信力,这两者其实都是指一个慈善组织在人们心中的可信任度,说明参与慈善的人最关心的是自己的慈善行为到底是否帮助到了那些需要帮助的人,自己的爱心到底是否传达到了受助群体。可见,一个慈善组织名声响亮不等于受信任度高,具有公信力才是关键。

表 16　对于慈善(捐赠)结果的关注点(单选题)

选项	小计	比例
A. 贪污、截留和挪用	185	50.82%
B. 发放使用效率太低	52	14.29%
C. 运作缺乏透明度	86	23.63%
D. 并不会想那么多	41	11.26%
本题有效填写人次	364	100%

　　表 16 数据显示,有超过一半即 50.82% 的人担心捐款被挪用、截留和贪污,23.63% 的人担心运作缺乏透明度。这两种担心的内容实质上是相同的,都是对我国慈善事业的不信任,表明公众对于自己所选择的慈善组织是理性的,慈善腐败的存在(挪用、截留和贪污)已经成为影响公众慈善行为的重要的外在原因。14.29% 的人担心捐款的发放使用效率太低,当然,也存在 11.26% 的人对于自己的捐款并不会想那么多,抱有顺其自然的心态。这一调查显示,公众参与慈善最为关心的是自己的慈善行为有没有帮助到需要帮助的人,慈善机构的公信力和运作效率是公民慈善行为选择中的较大影响因素。

表 17　对影响我国慈善事业发展的主要原因的认知(多选题)

选项	小计	比例
A. 政府在慈善事业发展中监管和立法缺位	250	68.68%
B. 慈善组织自身运作不成熟和社会公信力差	291	79.95%
C. 缺少现代意义上的慈善基金会	121	33.24%
D. 缺少优质的参与性强的慈善项目	138	37.91%
E. 经济发展水平受限	111	30.49%
F. 理念普及和文化传播不够	205	56.32%
本题有效填写人次	364	

　　表 17 数据显示,在谈到影响我国慈善事业发展的主要原因时,A、B、F 三个选项入选的频率较高,分别占到 50% 以上,而认为是慈善组织原因达 79.95%,认为是政府监督立法原因的占 68.68%,认为是理念原因的也高达 56.32%。C、D、E 三项入选概率各占 30% 以上,相对来说较低,但是,从整体上看,以上六个选项的被选概率是相近的,这其实表明上述六个原因相对较大地影响着我国慈善事业的发展。只是,慈善组织的公信力、政府的监督立法以及慈善理念的普及

与传播三者对慈善事业发展的影响力更大一些,可见人们特别关注社会(慈善组织)、政府在慈善事业中的角色扮演问题,慈善组织要有公信力,而政府要发挥好监督管理作用。另外,慈善文化的教育普及在我们社会发展中也相当重要。与此同时,倡导建立一些可信度高的基金会、鼓励发展一些优质的可参与性强的慈善项目,在未来慈善事业发展中也至关重要。

(六)与慈善相关的其他问题的认知

为了了解我国公民对于慈善相关的其他问题的认知,课题组设置了互联网慈善认知以及慈善责任体认知两道题项,调查结果见表18和表19。

表 18　对由互联网时代带来的网络慈善方式的认知(单选题)

选项	小计	比例
A. 觉得是真实事件,要给予帮助	45	12.36%
B. 很想帮助,但是担心受骗	124	34.07%
C. 对这种渠道的信息,压根不相信	28	7.69%
D. 觉得是一种很好的方式,但是希望政府能够规范	167	45.88%
本题有效填写人次	364	100%

表18数据显示,167人(45.88%)觉得网络慈善是一种很好的方式,但是希望政府能够规范;124(34.07%)人很想帮助,但是担心受骗;而认为是真实事件的有45(12.36%)人;不相信来自这种渠道的信息的有28人(7.69%)。从调查数据来看,我国公民对于互联网发起的慈善活动方式是秉承积极态度的,有所担心的是互联网信息的真实可靠性。对此可以肯定,信息化时代,社会缺少一个规范化的真实可信的互联网平台。只要互联网慈善方式得到规范,那么诸如此类的新型慈善方式还是被公众所认可的。

表 19　对帮助和照顾弱者、不幸者责任主体的认知(多选题)

选项	小计	比例
A. 国家和政府	272	74.73%
B. 单位和领导	67	18.41%
C. 富人	53	14.56%
D. 慈善机构	123	33.79%
E. 弱者家属自身	100	27.47%
F. 每一个公民	239	65.66%
本题有效填写人次	364	

表 19 数据显示,74.73％的人认为国家和政府应该在照顾弱者中发挥重要的作用,这体现了中国慈善以政府为主导的特色。其次,65.66％的人认为每一个公民都有责任和义务去帮助弱者和需要帮助的人,表明我国公民具有慈善的意识以及做慈善的意愿。另外,慈善机构在其中的作用也是不可小觑,占比33.79％。由此可见,人们对慈善组织在社会中发挥的作用还是认可的。除此之外,27.47％的人认为弱者需要其家属自身给予帮助,这正体现了中国的家庭特色,而在现实生活中,弱者也通常是由家庭本身给予关怀和帮助的。18.41％的人认为所在单位和领导也需要对弱者给予一定的关爱和照顾,14.56％的人认为,富人可以在扶助弱者中承担起责任。

五、我国公民慈善意识现状评述

(一)全社会已经有慈善意识和社会氛围,但慈善形式较传统单一

从调查结果来看,我国公民普遍能积极正面地认识慈善,能准确把握慈善和共享的关系,并对国内的慈善项目有一定程度的了解,有六成以上的人认为每一个公民都有责任和义务去帮助弱者和需要帮助的人。但是我们也可以发现,我国公民的慈善意识相对还是停留在较浅层面上,我国慈善公益氛围依然不浓厚。这表现在两个方面:一是对慈善项目的关注度上,大多数人只是对一些大型的慈善组织或者项目有所了解,对于一些新型的慈善项目并不知晓,经常会主动去关注慈善方面事情的占比只有 10.99％;二是对慈善参与的方式上,大多数人是被动的参与单位、学校等组织的慈善活动,而主动寻找慈善项目的人占比不足50％。所以,有 56.32％的人认为关于慈善的理念普及和文化传播不够,可以看出人们对于社会公益和慈善活动的了解还不够深入,还有很大的提升空间,因此对于慈善事业的宣传还有很大的提升空间。另一方面,我们也可以看出,相对于国外慈善项目的丰富性,如秘鲁的"阴影 WiFi,沙滩上的公益'抗癌'"、美国的"没有人会孤独死去"、伊朗的"'爱心墙'温暖德黑兰"、法国的"超市未售罄食物将捐慈善组织"、英国的"鼓励残障人士独立使用公共交通"等,我国的慈善活动,无论从内容还是形式上都是相对较传统和单一的,我国公民最多参与的慈善活动是"捐款",尤其是特殊时期的捐款活动,或者再拓展一点,就是做义工、支教、志愿者等,而持续性地参与这些慈善活动的人也是不多的。

(二)社会成员有参与慈善的意愿,但缺少参与渠道

从调查结果来看,我国慈善意识的社会总体态度还是积极的,绝大多数人都

参与过慈善活动,尤其是在重大灾难面前,公民都愿意尽一份自己的绵薄之力。有九成以上的人会经常或偶尔关注慈善信息并且对慈善捐助与志愿者活动对弱势群体的作用持肯定态度,像志愿者、义务献血这类传统的慈善行为,公众的参与度一直很高。同时,九成以上的公民愿意去帮助有困难的亲朋好友或陌生人,虽然由于捐助对象处境的不确定性,导致两者差距悬殊,但是在重大灾难面前,帮助困难陌生人也是绝大部分的人选择。与此同时,社会经济发展水平也极大地影响了人们参与慈善的意愿,在做"不参加慈善的原因"选择时,有六成以上的人选择了经济实力不够。在正确认识我国公民参与慈善的意愿的同时,也可以看到,我国公民参与慈善的渠道是相当狭窄的,大多数人参与过的慈善活动就是单位学校组织的捐款活动,而这类捐款活动往往是发生在特殊灾难时期;有少部分人会通过义务献血或者志愿者行动来参加慈善;另外有部分人会帮助身边的亲友来进行慈善。除了上述几样普遍性的慈善参与方式,我国其他慈善渠道都不太畅通,究其原因,还是由于我们国家的慈善项目不够多元丰富。所以,在做"当前影响我国慈善事业发展的主要问题"选择时,有 33.24% 的人认为我国缺少现代意义上的慈善基金会,37.91% 的人认为我国是缺少优质的参与性强的慈善项目的。

(三)慈善组织诚信缺失,社会影响力较弱

从调查结果来看,慈善组织在我国公民参与慈善活动中发挥着重要的载体作用,而遗憾的是我国的慈善组织在公民心中的公信力普遍较差。在做"较少或者不参与慈善活动的原因"选择时,有五成的人选择了"担心捐款去向";在做"慈善结果关注点选择时",有五成以上的人担心捐赠款的贪污、截留和挪用;在做"对影响我国慈善事业发展的主要原因的认知"选择时,有近八成的人选择了"慈善组织自身运作不成熟和社会公信力差"。可见,公民参与慈善最为关心的是自己的慈善行为有没有有效帮助到需要帮助的人,而慈善组织公信力差极大地影响了公民参与慈善的积极性。所以,这就涉及慈善组织的公信度建设问题,这一方面主要涉及两个主导目标,一是慈善机构自身的廉洁建设,强化慈善机构运作流程的规范化和透明性;二是提高慈善的效果,即捐赠款物真正用到了救助最迫切需要援助的弱势群体或者项目中。

(四)"微公益"等新型慈善形式快速发展,但亟需规范化

在互联网盛行的背景下,"微公益"等新型慈善形式蓬勃发展,"微公益"是个人利用互联网传播快、影响大、互动强、效率高等优点开展的慈善活动,但是快速

成长的网络慈善却常常"遇人不淑",被他人恶意使用。据本次调查显示,高达45.88％的人认为互联网求助事件是一种很好的方式,但是希望政府能够有效地规范,可见,我国公民还是极为认可网络慈善方式的,而关注的问题是网络慈善的可信度。由此可见,网络的虚拟性和开放性使得慈善信息真假难辨,互联网信息的真实性还不能完全让人信服,网络慈善信息失真极大影响了互联网慈善事业的发展。针对这一现象,45.88％的人希望政府能够规范网络信息,这也反映了社会公民的普遍想法。而针对一些欺骗性质的网络慈善,如之前出现的罗一笑事件,相关法律人士曾讲到"网络募捐是个新生事物,希望这次事件成为相关制度完善和成长的契机,更好监督和管理网络募捐资金的使用"。

六、思　考

（一）拓展慈善认知度

由于慈善本身不附带任何的强制义务,始终遵循自愿原则。所以,只有拓展公民对慈善的认知程度,使更多的人参与到慈善活动中,才能促进慈善事业的壮大和发展。为此,需要提升公民对慈善内涵的正确认识,消除"慈善是富人的专利""慈善是政府的事""慈善就是对自己熟悉或亲近之人的援助"等一系列错误认识,使"人人皆可慈善"的现代慈善理念深入人心,让慈善的火种遍布各地。需要提升公民的社会责任意识,使人们能深刻地认识到自我、他人和社会之间的密切联系,认识到每个人都对社会价值的实现有着不可推卸的责任,从而自觉自愿地去关怀社会弱者,积极主动地去参与慈善活动。需要重视媒体的宣传引导作用,通过有效利用新闻媒体的各类传播渠道,广泛宣传慈善文化,深度聚焦需要救济的困难群体,及时报道突发性或重大事件,营造良好的慈善舆论环境,使慈善活动能在更广的范围内开展。除此之外,还需要强化相关的理论研究,通过多种学科和多种研究方法的综合运用,提高相关理论的科学性、系统性和前瞻性,为解决当前及未来面临的重大问题提供智力支持,为推动我国慈善事业的健康发展提供理论支撑。

（二）加强慈善机构公信力

慈善组织公信力的缺失直接影响到慈善组织的良性发展,进而制约整个慈善事业的发展。对此,当务之急应重塑慈善组织的公信力,在分析我国慈善之公信力现状和缺失原因的基础上,提出相关对策:第一,完善相关的法律法规。保障法律的全面性,确保慈善事业有法可依。同时要规范目前存在的相关政策法规,使两者统一协调,提高其可操作性,保证执法的顺利进行。对于私自挪用善款的组织或者个人,要给予严厉的制裁,以保证法律的威严,从法律层面创造良好的氛围。第二,加强组织的自身能力。慈善组织在人事任免、财务管理和业务运作等方面必须进行自我管理,减少组织外部的有影响力的人员参与,保证组织内部的独立性和自主性。另外,慈善组织自身也要完善规章制度,通过道德教育提高工作者的自律意识,通过法律教育警示工作者的行为,严厉处分贪污受贿人员,保证慈善组织的内部环境。第三,健全有效的监督机制。充分发挥政府、公众、媒体的外部监督作用,特别要加强对慈善组织的法律监督、行政监督、舆论监督、公众监督,使其逐步形成自律机制和监督管理机制。政府要积极引导慈善的发展方向,规范慈善组织;媒体要发挥其全面、影响力广泛等优势,对慈善组织进行客观全面的监督。同时,慈善组织内部也要主动公布相关的项目信息,让民众有所了解。通过各方的合力配合,慈善机构公信力的提升便指日可待。

(三)创新丰富慈善活动内容和形式

21世纪是一个资本的时代,一个走向共享的时代,一个必须用共享治理资本的时代,所以慈善的活动和形式也应走向21世纪慈善,积极探索发展以"共享"为主题的现代慈善形态。在我国,传统的慈善模式通常以动员式捐赠为主,慈善组织多是由政府主办,募捐活动的行政色彩相当浓厚。跟随全球大环境的发展,我国的慈善形式也要随之创新,如新近慈善领域出现的"公益创投""风险慈善""社会企业家""微博公益"等就是慈善模式创新的典型代表。政府应该积极引导成立一些新型的慈善组织,形成一些新型的慈善组织模式、慈善活动形式和内容,使得我们国家的慈善体系更加多元丰富,使得人们都能畅通并且积极地参与到慈善活动中去。让人欣喜的是,近年来,更多的App参与到慈善活动中来,增加了慈善活动渠道,例如支付宝的种树活动,虽然公民不用捐款,但是通过平时的购物和行走等方式帮虚拟的树苗浇水,到达一定的重量后在干旱沙漠地区种下一棵真正的树这样的形式,也不失为一种创新的慈善活动。

(四)理清政府、社会和个人在慈善中的关系

慈善本身是一个社会性的事物,而相较于国外的慈善,我们国家的慈善事业带有浓厚的行政色彩,公募权被官办基金会垄断,民间组织在注册、筹款等方面都颇受限制,政府过多地参与到慈善的具体事业中,而在与慈善相关的激励引导机制、法律法规制度、监督保障体系等制定方面政府又相对缺位,这给慈善组织

以及慈善事业的发展带来极大的阻碍。政府应该将具体的慈善事业交给社会，转而承担起法律法规制定以及监督等职能。社会在慈善事业中承担起主体角色，不仅要扩大影响力，更要提升公信力。同时，也要创新出形式多样、组织高效的慈善活动，以充分调动公民的慈善积极性，使慈善成为人们的自觉意识和自觉行动。而每一个公民应该增强对慈善的认识、判断和感知能力，能够自觉主动地参与慈善，将慈善作为提升人生价值的一个重要方面，从而形成良好的慈善氛围。通过厘清政府、社会和个人的在慈善中的关系，推动我国的慈善事业向更加专业化、制度化和规范化发展。

参考文献

[1] 陈津利.中国慈善组织个案研究[M].北京:中国社会出版社,2008.

[2] 亚瑟·C.布鲁克斯.谁会真正关心慈善[M].北京:社会科学文献出版社,2008.

[3] 亚当·斯密.道德情操论[M].北京:商务印书馆,1997.

[4] 罗伯特·H.伯姆娜.捐赠:西方慈善公益文明史[M].北京:社会科学文献出版社,2017.

[5] 郑功成,等.当代中国慈善事业[M].北京:人民出版社,2010.

[6] 盛正子.当代西方慈善伦理及其启示[D].上海:上海师范大学,2013.

[7] 任平.论马克思主义慈善观[J].学术研究,2010(5).

[8] 陈东利.论邓小平理论视野下的中国特色慈善理念[J].重庆理工大学学报,2012(10).

[9] 刘新玲.论个体慈善行为的基础[J].福州大学学报(哲学社会科学版),2006(4).

[10] 程立涛.论慈善事业的道德支撑[J].石家庄学院学报,2006(2).

[11] 罗坚元,李萍.论慈善意识淡薄的培养与慈善事业的发展[J].湖北社会科学,2009(2).

[12] 慈善蓝皮书:中国慈善发展报告(2016)[EB/OL].中国公益慈善网,http://www.charity.gov.cn.

[13] 张亚月.慈善伦理与公民意识培育[J].思想理论教育,2012(1).

[14] 张彦.公益伦理与价值排序——评《当代中国公益伦理》[J].道德与文明,2010(6).

[15] 蔡勤禹.慈善意识论[J].天府新论,2006(2).

[16] 许琳,张晖.关于我国公民慈善意识的调查[J].南京社会科学,2004(5).

[17] 韩振秋.我国公民慈善意识的影响因素与对策思考[J].《桂海论丛》,2015(2).

[18] 邹海贵.论现代社会救助正义与慈善伦理生态的构建[J].道德与文明,2011(5).

[19] 武晓峰.情感、理性、责任:个人慈善行为的伦理动因[J].道德与文明,2011(2).

[20] 张亚月.慈善伦理与公民意识培育[J].思想教育研究,2012(2).

[21] 黄家瑶.论中西方慈善传统的差异性[A]// 上海社会科学界联合会.2008年度上海市社会科学界第六届学术年会文集(政治·法律·社会学科卷).上海:社会科学界联合会,2008.

［22］俞建良.突出共享理念 推动新常态下社会福利和慈善事业新发展［N］.中国社会报，2015-12-7.

［23］李迎生.慈善公益意识的养成靠什么［N］.文汇报，2006-5-9.

［24］Jenny Harrow. Third Sector Research，2010：121-137.

［25］Robert Mark Silverman. The Culture of Charity. Qualitative Sociology，Vol. 25（1），Spring 2002：159-163.

［26］Claire Barratt. Ribbon culture：charity，compassion and public awareness［J］. Mortality，2010，15(2).

［27］Douglas Almond，Janet Currie，Emilia Simeonova. Public vs. private provision of charity care? Evidence from the expiration of Hill - Burton requirements in Florida［J］. Journal of Health Economics，2010，30(1).

佛教伦理在社会转型期的价值探究

崔亚超①

【摘　要】我国自改革开放以来进入了一个全面的、加速的社会转型时期。社会转型一方面促进了社会的进步和发展，另一方面也带来了一些社会问题。我国当前的社会问题主要表现在个人的道德信仰缺失、社会的行为失范，生态环境的不断恶化三个方面，对营造和谐社会产生了消极影响。佛教伦理中的心性染净的人性论、众善奉行的社会观和众生皆有情的生态观为认识和解决我国现时代存在的各种社会问题提供了丰富的思想和理论依据。

【关键词】佛教伦理；人性观；社会观；生态观

社会转型期是关涉政治、经济、文化、思想等方面整体性的发展和转型时期。我国自改革开放以来，经历了从传统社会向现代社会的转变。在这一阶段，我国实现了经济的快速发展、政治民主化的快速推进、文化的极大繁荣、人民生活水平的稳定提高和综合国力的增强等积极目标。但在社会转型过程中也出现了道德信念淡化、社会行为失范和纷争不断、生态环境恶化等问题。如何解决转型期的社会问题是当前我国面临的主要问题之一。众所周知，在社会转型期，社会经济、政治结构的转变随之带来的是思想意识和价值观念的转变。"其中价值观念即是社会转型的判断依据，也是社会转型变迁的必然结果，即价值体系的变化。"②本文认为转变人的价值观念是解决社会问题的重要途径。佛教的教义中包含着丰富和深厚的伦理思想，佛教的伦理思想主要是从塑造人的思维方式和价值观念出发，以达到利乐有情、庄严净土的目的。

树立人的价值观念，最重要的是把握社会转型时期思想意识发展变化的新

---

① 崔亚超，中共浙江省委党校哲学部硕士研究生。
② 刘慧婷：《社会转型时期我国意识形态发展的困惑及特点》，《思想政治教育研究》，2009 年 6 月。

特点,不仅要以先进文化为指导,继承中华民族优秀文化传统和汲取各国优秀文明成果,而且要充分重视宗教文化资源,充分发挥宗教文化的积极因素。佛教的伦理思想在净化人的心灵、规范社会行为等方面提供了有益的价值。

一、社会转型期我国面临的主要问题

(一)个人的价值意识淡化,精神空虚

经历过市场经济的洗礼之后,人们进入了一个彻底的伦理碎片时代,被裹挟着卷入信息爆炸的洪流之中,这个时代的人有更大的自由,更大的做梦的余地,却也有了更深的孤独感。在社会转型期,经济的快速发展给人们提供了快捷且便利的生活条件,但是"快餐式"的文化带给人们的是精神的空虚。网络信息的多样化让人难以辨别真假,欧美大片和KTV的娱乐模式更是让人的空虚感加深,一些人过着"今朝有酒今朝醉"的生活,沉迷于纸醉金迷的物质生活中,在金钱、权力、欲望面前不堪一击,走向"意义虚无主义"。一些人的理想越来越物质,越来越自我和功利,随之而来的是道德情感的弱化和道德人格分裂,他们的精神世界开始分崩离析,对人生丧失了价值的选择和追求,没有奋斗的目标和方向,整日无所事事,强烈的空虚感、孤独感和失落感充斥着整个心灵。

(二)社会的道德问题多样,金钱至上

市场经济的发展给一些人带来最深刻的思想变化,即把金钱看做衡量一切的标准,为了金钱不惜损害社会利益,见利忘义,唯利是图。表现在:经济领域,一些不法的生产商为了节约成本获取更大的利润,采取不正当的手段制造假冒伪劣产品,破坏市场经济秩序,造成极其恶劣的社会影响。政治领域,一些人行贿受贿,权钱交易,以权谋私,跑官卖官,贪赃枉法,使党和国家蒙受了巨大的损失。文化领域,教育也走上了急功近利的道路,一些学校和辅导班致使教育投资加大,校园暴力事件越来越突出。其次,"网红"文化的兴起也带来了各种不健康现象。另外,部分影视制作为了金钱不讲职业道德,粗制滥造,恶意炒作。社会领域,医患矛盾等都体现着以金钱来衡量人的价值的观念。社会的平等、公正、正义的力量在社会转型时期显得力不从心。金钱至上的思想严重阻碍着我国先进文化和思想体系的构建,不利于提高整个民族的凝聚力和号召力。

(三)人与环境的矛盾突出,环境恶化

我国的环境问题日渐显著,在经济发展的过程中,随着科学技术的发展,人

类生活领域的扩大,人把自然看作身外之物,过度强调经济发展的作用,不合理地利用自然中的有限资源,忽略了生态环境的必要性,导致人与自然界的平衡遭到破坏,人类的生存环境极度恶化。现阶段,我国是荒漠化危害严重的国家之一,水土流失日趋严重,森林资源锐减,水污染严重、水资源短缺,雾霾更是与人们日常生活息息相关的环境污染问题。人类只是地球上的一种生物,不能单独在世上生存,人类的生存在许多方面是离不开周围事物的。人和环境之间矛盾的突出最终会威胁到人类的生存和发展,缓解人与环境的矛盾的主要责任在于人的思想、意识和态度。

在特殊的社会发展阶段中,解决众多且繁杂的社会问题,不仅要发挥儒家文化和思想政治教育的作用,而且也要充分挖掘和利用有利于社会进步的、与社会主义核心价值观相符的伦理道德因素,佛教伦理教义和清规戒律的威力在净化心灵、规范社会秩序和慈悲护生等方面符合和谐社会的发展理念。

二、佛教伦理与社会和谐相契合

佛教是世界三大宗教之一,浩瀚如烟的佛经中包含着丰富的佛教教理、戒律、清规等内容,这些教理教义、戒律清规中包含着佛教内外人与人、人与社会、人与自然关系为主旨的伦理规范和准则。中国佛教是以大乘佛教为主体,同时也融汇小乘佛教为一体的融合型佛教。佛教在传入中国之后,中国的佛教学者更是结合中国本土的社会实际,将儒家的传统道德和佛教的基本教义融合在一起,逐渐演变为具有实践性和可操作性的中国特色的佛教教义。中国佛教中的伦理道德规范也是大乘佛教和小乘佛教教理的融合,同时也吸收了儒家的仁义礼智信忠孝等道德范畴,形成了以佛教的善恶因果报应论为基础和逻辑,与佛教戒律和宗教活动密切结合的一种伦理规范。

中国佛教伦理在发展的过程中形成的注重心性和明显的入世性的特征,[①]使其更加具有实践性意义。同样,陈永革教授在《传承与发展:当代中国佛教之省思》中认为:"讨论佛教的社会责任,应该高度关注中国社会伦理的内在构成及其现实需求,重视中国佛教的责任伦理。"这指出了佛教的伦理思想和现实社会的需求具有契合性。社会转型期出现的各种社会问题,需要我们正确认识和对待佛教伦理的价值。正如印顺法师所说,佛教伦理分为"最一般的道德"和"佛化

---

① 王月清:《中国佛教伦理研究》,南京大学出版社 1999 年版,第 239—243 页。

道德"，"最一般的道德"是各民族、各时代、各宗教所共有的道德，实际上就是人在社会中的为人之道，处理人际关系的基本道德原则；"佛化道德"才是对出家人的要求，①所以佛教并不是要求所有人都走向消极遁世的道路，也主张人遵守社会的"最一般的道德"和正确冷静地处理社会的各种矛盾。

中国佛教的伦理观念不仅可以达到佛教原有的"自知其心、自治其心、自净其心"的净化个人心灵的作用；而且中国佛教中的"五戒""十善""六度""慈悲"等具有行为规范意义的道德原则可以教人止恶行善，慈悲爱人、遵守社会公德等，对重建社会道德规范起着重要作用。

（一）明心见性与和谐身心

1. 灭贪嗔痴，破除邪见

每个人在现实中生活总会受到"利、衰、毁、誉、称、饥、苦、乐"这些诱惑与困境，利、誉、称、乐的诱惑会让人心生贪欲，割舍不断，一旦求之不得，又会陷入"求不得苦"；"衰、毁、饥、苦"的困境会让人心生悲苦，怨天尤人，陷入"怨憎会苦"。尤其是在社会转型时期，经济的快速发展引起人内心的躁动，归根结底是人对其内心欲望的无止境追求。佛教认为，"贪欲、瞋恚，及以愚痴，皆悉缘我根本而生"，②人所有的"三毒"就是由我执引起的，而我执就是因为不明了万法无自性、诸法因缘生。佛教伦理观之所以被推崇，是因为有其自身的调节方法：第一，明了和领悟因缘法和缘起法，这是佛教教义的基础。佛教认为"法不孤起，终须四缘"，世间的任何现象都是四缘和合而生，四缘之中因缘是结果产生的最直接的内在原因。所以要使人心安宁，就要通达主客体之间的因缘本相，即了解和掌握事物之间变化的规律，规律是客观存在的，不随人的内心所变，人要正确地看待客观规律。第二，"诸恶莫作，众善奉行，自净其意，是诸佛教"③，佛教伦理的本质是善，教导人们内心要善念相续，时时勤行善举，以善为心中之主，心不随外境所移，常行善事以自净其意。第三，修养"戒、定、慧"。佛教教义认为消除"三毒"重要方法就是修养"戒、定、慧"。"戒"指内心自发性地持守防止语言、思想、行为过失的规律，"定"摒除内心的一切杂念，专心致志修养，达到"慧"的境界，即能止息恶的意念，通达四缘，不以物喜，不以己悲，随缘成就一切资生事业，这样的道德修养是个人精神的、自律的。

---

① 许抗生：《佛教的中国化》，宗教文化出版社 2008 年版。

② 《过去现在因果经》，求那跋陀罗译，金陵刻经处 2009 年版。

③ 《曾一阿含经》，转引自林清玄：《浩瀚星云》，河北教育出版社 2015 年版，第 141 页。

2. 以心为本，诚心唯善

在佛教的修行中，认为"心性本净"是修行的前提和基础。《佛遗教经》说："此五根者，心为其主。是故汝等，当好制心。心之可畏，甚于毒蛇、恶兽、大火越逸，未足喻也。"佛教修行重视心的作用：首先，人通过五官与外界接触，只有通过心的活动，才会发生作用，即"心生则种种法生"。其次，在道德修养上，认为善恶须在心地上论，要解除烦恼，必须先治心，治心然后精进修行。人的行为总是受到意识活动的支配，佛教伦理在宗教实践和道德修养方面都给予"心"足够的重视。修身先治心，这与儒家的慎独修身有异曲同工之妙。

佛教伦理中的心性观可以起到心理慰藉的作用。在现实生活中当人们遇到许多无法改变而导致心慌意乱时，就会求助于宗教，用宗教的理念来弥补自己的认识不足和缓解内心的焦虑。社会转型时期，宣扬和鼓励个人自由、倡导个性解放，人的无穷欲望和实际能力产生的冲突是引起人焦躁不安的主要原因。佛教伦理中的自知其心的心性观告诉人们如何正确对待自身的欲望，这种心性观是主体对自身的认识、剖析和慰藉，认为只有通过诚心，才能成善；只有治心，才能解除"三毒"。人要正确认识明白事物之间的因缘即客观规律才能获得大智慧，而对于现代人来说，正确认识自身的实际能力和内心的真正所需才是缓解内心浮躁的根本。

(二) 慈悲为怀与和谐人际

1. 行菩萨道，舍己利人

改革开放以来，中国表面上迅速融入了国际化的文化氛围中，崇尚西方进步的自由主义精神。但在某种程度上引发了利己主义和享乐主义的盛行，在追求个性的道路上走向了极端，主要表现在没有集体观念，追求我行我素；没有长远意识，追求当前的享乐与安逸，这对整个社会的发展产生了消极影响。而佛教中的慈悲精神教导人们应当学菩萨的慈悲喜舍，把小我转化为大我，把一切众生看作自己的父母而给予爱和关怀，常思与乐拔苦，不应怀瞋恨恼怒之心，要助人离苦得乐。菩萨的"舍己利人"要从两个方面理解：第一，舍己利人是受内在的慈悲心的驱使，以众生的需要为对象，关爱自己的同时也关爱他人，是一种利他行为；第二，这种利他行为具有实践意义，主张利他不仅要从自他和乐的悲行中去净化自心，而且还应参与一切正常生活，广作利益有情的事业。太虚法师提倡"人生佛教"的根本宗旨在于：以大乘佛教舍己利人、饶益有情的精神去改进社会和人类,建立完善的人格、僧格。①

2.众生平等,慈悲为怀

佛教主张一切众生平等,反对人与人之间的不平等和众生与人之间的相互残杀。认为一切众生对自己都有恩惠,众生之间应该以慈悲心和包容心待之,积极对待人生。在"报众生恩"的基础上,佛教还主张"慈悲喜善"即帮助别人、除强扶弱、行慈善之道。菩萨主张以慈悲之心救护一切众生,帮助社会中的弱势群体,使一切众生得到解脱。如《大方广佛华严经十回向品》中云:"菩萨摩诃萨人一切法平等性故,不于众生而起一念非亲友想,设有众生子菩萨所起怨害心,菩萨亦以慈眼视之,终无恚怒。"菩萨以慈悲之心普度众生的一种实践即行慈善,大乘佛教中的"四摄"即布施、爱语、利行、同事也为行慈善提供了理论基础和具体方法。在当代实践中,佛教的修行者也不再一味追求那种离群索居式的修持方式,而是强调以佛教的慈悲精神为怀,积极投身于有益于民众的各种慈善活动,努力利乐有情,造福社会,把作各种善事看成修成正果、趋向涅槃的重要途径。这有利于发扬佛教服务社会的精神,同时也承担起开展慈善福利和推动社会救助的责任。正如觉光法师在"世界佛教论坛"上说:"慈悲为万善之基,众德之藏,慈悲精神是佛道之根本。"②慈悲精神是推动社会公益事业的理论基础。

慈悲心是佛教道德精神的体现,慈悲精神是通过培养人与人之间的同理心,引发相同的情感,从而达到互帮互助的效果,有利于克服利己主义,对营造友爱互助的社会氛围起着重要的作用。这种精神无论是在佛教修行中还是在道德修养实践中都具有重要的作用,用以鼓励僧众和信众从现实人生出发,从自身当下做起去关爱他人和社会。

(三)戒生护生与和谐相生

在佛教看来,环境与人的关系不是简单的外在关系,环境是无情有性的,是有佛性的,是人的一种业报体现。"依正不二"是佛教基于缘起教义而对人人与环境之间关系的一种论述。人作为一种生命主体,可以称之为"正报",而生命主体所依存的环境对于人而言是一种"依报"。人之作为"正报"与环境作为"依报"是一体不二、息息相关的,③佛教的缘起、无我、佛性、慈悲等观念都能为佛教生态伦理提供思想的资源。

---

① 李明友:《太虚及其人间佛教》,浙江人民出版社 2000 年版。
② 国家宗教事务研究中心组:《中国五大宗教论和谐》,宗教文化出版社 2010 年版,第 42 页。
③ 同②,第 19—20 页。

1. 佛性平等,和谐相生

佛教生态观的哲学基础是缘起论,认为自然界中的一切都是因缘和合而生而不是孤立的存在。在缘起论的基础之上,佛教认为人与环境之间的关系具有整体性和无我性两大特征,佛教伦理建立了一种宇宙主义的生态观[①],即从宇宙的立场将人视为自然的一部分,而不是人把自然视为实现其自私自利的手段。宇宙主义的观点让人和自然的相处既和谐又不失个性。此外,佛教《大乘玄论》认为:"不但众生有佛性,草木亦有佛性……若众生成佛时,一切草木亦得成佛,故经云'一切法皆如也'。""众生皆有佛性"是指所有有情生命均有佛性,均具有成佛的可能性。在当代环境破坏严重的背景下,人更应立足于自然万物与人类一样有感情、有觉悟、有灵性、有生存的权利和生命的尊严这一观点。如实地认识和感受自然、维护自然万物的生存权利与生命尊严,揭示并遵循自然界万物之间的运动规律,寻求人与自然之间和谐的生存方式,对自然怀有深深的报恩心和敬畏心,才能达到共荣共生的境界。

2. 戒禁杀戮,慈悲护生

一些人往往以"特权者"自居,把杀戮、侵害其他生命、肆无忌惮地破坏环境当作满足自己欲望的工具。佛教提倡不杀生,不仅从行为上反对杀生,也不允许有杀生的意识;即使心生恶念或见作随喜,乃至咒杀,也属于杀生罪业。此外,佛教还主张护生和放生,这三者均是从慈悲心出发爱护生命的表现,这对于从根本上戒除杀生行为具有深远的意义。佛教主张"慈悲护生"就是要与众生"拔苦与乐",慈悲之心不仅仅是用于拯救人类,而是包含一切动植物在内的所有有生命的物体。慈悲护生是建立在众生皆有佛性的基础之上的,只有体认众生平等,才会有对生命痛苦的认同和心灵情感的体验,才会产生对其他生命的关怀。佛教给予所有生灵的大慈大悲之爱是佛教精神的象征,也是当代社会人类必须具备的高贵品质。

---

① 魏德东:《佛教的生态观》,《中国社会科学》1999 年 9 月。

三、探究佛教伦理的时代意义

(一)有利于鼓励个人遵纪守法,重识人生价值和意义

佛教又被称为"治心的宗教",在传统社会中具有挽救世道人心和引导社会向善的作用。当今社会,享乐主义、拜金主义、利己主义盛行之势冲击着人心的安宁与个人的发展。在佛教看来,物质条件愈是丰富,人的贪欲就愈强。人的私欲一旦膨胀,往往会导致迷失自我,沦为物欲的奴隶,都是因"无明"产生"我执"与"他执"而不能自觉,执着愈深,烦恼愈多,欲壑难填,作恶多端,最终获得一个"现世报"。佛教主张抑制人的不合理欲望,做到心性本净。此外,佛教认为善是一种精神追求,"善"指导着人们的思维方式、行为规范和价值准则。佛教的伦理思想从一定程度上约束着人的思想和行为,引导人们认识到道德的存在和人生的意义,对于塑造人的价值观和世界观有着举足轻重的作用。

(二)有利于规范社会的道德,重塑社会风尚

佛教伦理中的因果报应论是规范人们行为方式的重要基础,因果论讲善有善报,恶有恶报。这一理论是人们在极端化追求自身利益或享乐的同时,会顾及到因果论中所讲的恶果,这样不仅有利于规范个人一时的行为,而且还起到了净化心灵的作用,促使人们对自己的行为进行反省。此外,佛教伦理中慈悲、舍己利人的伦理思想有利于鼓励人们扶贫济困和造福社会。在当代社会中,有不少人自觉不自觉地遵从慈悲心行事,虽然他们在某些意义上还是相信佛教的因果论思想,希望善行得到善报,但是很多人做好事已经不局限于现世或者来世的利益动机,而是靠发自内心的慈悲和利他精神行事。这种精神的广泛传播会重塑社会道德风尚,规范社会行为,形成和谐友善的社会风气。

(三)有利于化解人与自然的矛盾,改善生态环境

佛教"众生皆有佛性"的思想不仅肯定一切众生本来就有佛性,而且还肯定了一切众生具有了悟真如佛性的智慧,具有进行现实修行,积累五度功德的能力,这一观点从本性、品格和道德意义上肯定了不同生命的平等价值。[①] 在众生平等基础上,佛教出于慈悲心主张不杀生、护生和放生的生态观。佛教的生态观以其特有的思想深度为尊重生命的伦理提供了深层的理论依据。众生与我们属

---

① 陈红兵:《佛教生态哲学研究》,宗教文化出版社 2011 年版,第 79 页。

于统一的生命共同体,皆有提升自身、改变自身生存境遇的机会和潜能,这就要求我们尊重其他生命的存在价值,认识到自身与其他生命的一体性,从而爱护和尊重生命。同时,佛教也从整体的角度考察不同生命体之间相互关联和相互渗透的关系,对于我们认识到人类与其他生命存在相依相存、共荣共生的关联,从而对自然界的一切生命发起"同体大悲"的关爱之情,树立关爱生命、尊重生命的观念,具有重要的价值。

我们在享受社会转型带来的成果时,更应该关注到社会发展中的问题。树立人的正确且积极的价值观可以推进社会问题解决的进程。优秀的伦理思想资源有助于世界和平、人际和睦、团体和合、身心和乐、自然亲和等和谐社会愿景的实现。正确看待和梳理符合时代、顺应人心的佛教伦理观有利于照亮人的意识盲区,同时也有利于让佛教承担应有的社会责任,为社会的和谐发展作贡献。

参考文献

[1] 刘慧婷.社会转型时期我国意识形态发展的困惑及特点[J].思想政治教育研究,2009(6).

[2] 国家宗教事务研究中心组编.中国五大宗教论和谐[M].北京:宗教文化出版社,2010.

[3] 方立天.论中国佛教伦理的理论基础[J].伦理学研究,2003(4).

[4] 陈红兵.佛教生态哲学研究[M].北京:宗教文化出版社,2011.

[5] 卓新平."全球化"的宗教与当代中国[J].中国宗教,2009(9).

[6] 白晋波.当代中国社会转型背景下道德代价问题研究[D].燕山大学,2012.

[7] 陈永革.传承与发展当代中国佛教之反思[J].中国佛教,2015(5).

[8] 王月清.中国佛教伦理研究[M].南京:南京大学出版社,1999.

[9] 业露华.中国佛教伦理思想[M].上海:上海社会科学院出版社,2000.

[10] 姚卫群.佛教思想与文化[M].北京:北京大学出版社,2009.

[11] 魏德东.佛教的生态观[J].中国社会科学,1999(9).

[12] 王月清.佛教伦理与和谐社会[J].江海学刊,2008(7).

后　记

　　传承着丰厚的伦理资源,当代浙江学人从未停止过对伦理的学术兴趣与研究。早在 1983 年,浙江省伦理学研究会就开始了有组织的学术活动。但直到 2009 年,浙江省伦理学会才正式获得合法的组织身份。在此期间,浙江省伦理学者们虽然在各自的研究中取得了不错的成绩,但浙江省内的伦理学学术交流却并不充分,相互间的支持明显不够。正是基于这种现状,浙江省内的伦理学者们才共同勉力,最终促成了浙江省伦理学会的正式成立。当时,大家的共同心愿实乃在于加强省内伦理学者间的交流与合作。2009 年以来,浙江省伦理学会也一直以致力于省内、国内伦理学交流平台的建构为自己的最重要使命,并为此做了大量的工作。在这个意义上,《浙江伦理学论坛》是全省伦理学工作者们多年来共同努力的结果,它的诞生也实现了浙江伦理学工作者们多年来的期盼,这实在是一件值得欣慰的事。

　　为了凝聚全省伦理学理论研究队伍,持续开展浙江省伦理学研究,更好地反映浙江省伦理学理论研究状况和进展,为浙江省伦理学者提供学术交流平台,浙江省伦理学会在《浙江伦理学论坛Ⅰ》《浙江伦理学论坛Ⅱ》《浙江伦理学论坛Ⅲ》的基础上继续推出了《浙江伦理学论坛Ⅳ》。《浙江伦理学论坛Ⅳ》一书主要收录了 2016 年浙江省内部分高校学者以及博士研究生、硕士研究生的部分优秀成果,共 20 余篇。需要说明的是浙江省伦理学会拟每年选取当年的一批优秀成果,持续推出《浙江伦理学论坛》,以及时反映浙江省伦理学研究的进展情况。敬请全省从事伦理学研究的专家、学者惠赐佳作,批评指正。

　　本期《浙江伦理学论坛》得到了郑仓元教授、陈寿灿教授、何建华教授、汪俊昌教授等省伦理学会领导与专家的大力支持与帮助。浙江财经大学的李金鑫博士等人也为《浙江伦理学论坛Ⅳ》的编录工作提供了极其有益的帮助,在此特表谢意。

　　本期《浙江伦理学论坛》由郑根成负责具体的书稿统稿、编辑工作,陈寿灿参与统稿并最终定稿。限于我们的水平,书中难免有错漏之处,敬请赐教惠正。

编　者

2017 年 8 月